"十三五"
国家重点出版物出版规划项目

国之重器出版工程
制造强国建设

空间机器人系列

空间机器人
操控模拟训练设计

Training Design for Manipulation and Remote Control of Space Robots

刘传凯 袁春强 王晓雪 著

人民邮电出版社
北 京

图书在版编目（CIP）数据

空间机器人操控模拟训练设计 / 刘传凯，袁春强，
王晓雪著. -- 北京：人民邮电出版社，2021.4（2021.11重印）
（国之重器出版工程. 空间机器人系列）
ISBN 978-7-115-55805-3

Ⅰ．①空… Ⅱ．①刘… ②袁… ③王… Ⅲ．①空间机
器人－机器人控制－控制系统设计 Ⅳ．①TP242.4

中国版本图书馆CIP数据核字(2021)第037866号

内 容 提 要

本书基于作者多年来承担国家重大航天工程项目取得的研究成果编写而成，主要内容包括
空间机器人及其遥操作概述、空间机器人操控模拟训练体系设计、在轨服务机器人操控模拟训
练设计、星表巡视探测机器人操控模拟训练设计以及星表采样机器人操控模拟训练设计等。

本书既可作为高等学校相关专业高年级本科生和研究生的教材，也可作为从事空间机器人
技术研究及应用的研发人员及工程技术人员的参考书。

◆ 著　　　　刘传凯　袁春强　王晓雪
　　责任编辑　刘盛平
　　责任印制　焦志炜

◆ 人民邮电出版社出版发行　　北京市丰台区成寿寺路 11 号
　　邮编　100164　　电子邮件　315@ptpress.com.cn
　　网址　https://www.ptpress.com.cn
　　固安县铭成印刷有限公司印刷

◆ 开本：720×1000　1/16
　　印张：14.5　　　　　　　　2021 年 4 月第 1 版
　　字数：268 千字　　　　　　2021 年 11 月河北第 2 次印刷

定价：99.80 元

读者服务热线：(010)81055552　印装质量热线：(010)81055316
反盗版热线：(010)81055315

专家委员会委员（按姓氏笔画排列）：

于　全　　中国工程院院士

王　越　　中国科学院院士、中国工程院院士

王小谟　　中国工程院院士

王少萍　　"长江学者奖励计划"特聘教授

王建民　　清华大学软件学院院长

王哲荣　　中国工程院院士

尤肖虎　　"长江学者奖励计划"特聘教授

邓玉林　　国际宇航科学院院士

邓宗全　　中国工程院院士

甘晓华　　中国工程院院士

叶培建　　人民科学家、中国科学院院士

朱英富　　中国工程院院士

朵英贤　　中国工程院院士

邬贺铨　　中国工程院院士

刘大响　　中国工程院院士

刘辛军　　"长江学者奖励计划"特聘教授

刘怡昕　　中国工程院院士

刘韵洁　　中国工程院院士

孙逢春　　中国工程院院士

苏东林　　中国工程院院士

苏彦庆　　"长江学者奖励计划"特聘教授

苏哲子　　中国工程院院士

李寿平　　国际宇航科学院院士

李伯虎	中国工程院院士
李应红	中国科学院院士
李春明	中国兵器工业集团首席专家
李莹辉	国际宇航科学院院士
李得天	国际宇航科学院院士
李新亚	国家制造强国建设战略咨询委员会委员、中国机械工业联合会副会长
杨绍卿	中国工程院院士
杨德森	中国工程院院士
吴伟仁	中国工程院院士
宋爱国	国家杰出青年科学基金获得者
张　彦	电气电子工程师学会会士、英国工程技术学会会士
张宏科	北京交通大学下一代互联网互联设备国家工程实验室主任
陆　军	中国工程院院士
陆建勋	中国工程院院士
陆燕荪	国家制造强国建设战略咨询委员会委员、原机械工业部副部长
陈　谋	国家杰出青年科学基金获得者
陈一坚	中国工程院院士
陈懋章	中国工程院院士
金东寒	中国工程院院士
周立伟	中国工程院院士

郑纬民	中国工程院院士
郑建华	中国科学院院士
屈贤明	国家制造强国建设战略咨询委员会委员、工业和信息化部智能制造专家咨询委员会副主任
项昌乐	中国工程院院士
赵沁平	中国工程院院士
郝　跃	中国科学院院士
柳百成	中国工程院院士
段海滨	"长江学者奖励计划"特聘教授
侯增广	国家杰出青年科学基金获得者
闻雪友	中国工程院院士
姜会林	中国工程院院士
徐德民	中国工程院院士
唐长红	中国工程院院士
黄　维	中国科学院院士
黄卫东	"长江学者奖励计划"特聘教授
黄先祥	中国工程院院士
康　锐	"长江学者奖励计划"特聘教授
董景辰	工业和信息化部智能制造专家咨询委员会委员
焦宗夏	"长江学者奖励计划"特聘教授
谭春林	航天系统开发总师

前　言

　　随着科学技术的不断发展和各类空间探索计划的稳步推进，人类探索太空的活动得到了持续延伸，完成了从近地空间到月球再到太阳边际的探测征程。2020 年年底，我国已完成探月工程"绕、落、回"三步走计划中的最后一步，并将于 2021 年一次完成火星"绕、着、巡"的探测目标。另外，我国空间站进入全面实施阶段，力争 2022 年前后完成在轨建造计划。在这些重大航天工程项目中，空间机器人的应用日渐增多，空间机器人及其地面遥操作系统的作用日渐凸显，已成为决定项目成败的关键要素之一。

　　空间机器人包括在轨服务机器人和星表探测机器人，主要用于协助或代替航天员在空间或者星球表面（简称"星表"）完成大量复杂的操作任务，如舱段搬移、在轨维修、载荷照料、科学目标考察、样品采集和大型装备建造等。空间机器人具有移动便利、操作灵活、易于控制等特性，并能够很好地应对太空微重力、高真空、强辐射和大温差等危险环境，已经成为空间复杂任务中最重要的执行载体。然而，受限于当前人工智能技术的发展水平，空间机器人还难以自主完成各类复杂的空间操作任务，大多数情况下仍然需要在地面人员的支持下通过遥操作控制的方式实施，以确保任务全程的安全性和可靠性。

　　空间机器人遥操作是人类感知能力与行为能力向太空任务的延伸，可以将人类的智慧和经验与机器人的操作能力相结合，完成空间远距离条件下的作业任务。然而，由于空间机器人系统的复杂性、操控任务的多样性和工作环境的未知性，地面人员对空间机器人的遥操作控制存在较大困难，需要利用空间机器人获取的有限遥操作现场信息快速进行感知与决策，为操作任务的实施提供支持，这对地面人员的操控能力提出了很高的要求。为此，本书针对空间机器人的地面遥操作问题，介绍了在轨服务机器人、星表巡视探测机器人和星表采样机器人等典型空间机器人操控模拟训练系统的设计与实现方法，以期为地面人员操控机器人、延伸拓展人类感知能力和行为能力提供重要支撑。

在本书中，作者面对空间机器人操控训练的任务，结合丰富的工程经验，凝练出统一的操控训练系统体系架构，分别以在轨服务机器人、星表巡视探测机器人和星表采样机器人为对象对该体系架构进行实例化阐述。书中不仅描述了任务流程和地面操作过程，还对涉及的基础理论和算法实现进行了详细介绍。在反映本领域研究前沿的基础上，注重可实现性和工程应用是本书的一个重要特点。编写本书的目的是为参与航天任务的科研人员提供一本较系统、全面的参考书籍，提升航天科技工作者尤其是遥操作岗位人员的体系认知水平。

全书由5章构成。第1章为空间机器人及其遥操作概述，概括介绍了空间机器人的主要类型和地面遥操作现状；第2章为空间机器人操控模拟训练体系设计，提出了空间机器人操控训练子系统和空间机器人操控训练评估子系统的基础框架；第3章为在轨服务机器人操控模拟训练设计，阐述了在轨服务机器人操作过程模拟、在轨服务机器人地面操控训练系统设计与实现和在轨服务机器人地面操控训练评估与管理；第4章为星表巡视探测机器人操控模拟训练设计，详细描述了星球车巡视探测过程模拟、星球车巡视探测地面操控训练系统设计与实现和星球车巡视探测地面操控训练评估；第5章为星表采样机器人操控模拟训练设计，涉及星表采样过程模拟、采样机器人地面操控训练系统设计与实现和采样机器人地面操控训练评估等方面的内容。

本书由刘传凯牵头编写并负责全书统稿。其中，第1章和第3章由刘传凯撰写；第2章和第5章由袁春强撰写；第4章由王晓雪撰写。

本书在写作和出版过程中得到了北京航天飞行控制中心各级领导和遥操作团队的大力支持与帮助。在本书的审定过程中，得到了周建亮、谢剑锋、崔晓峰等专家的详细指导和支持，同时王泰杰、刘茜、张济韬、李东升等同志对本书的出版做了大量工作，在此一并致以诚挚的谢意。

本书引用、借鉴和参考了哈尔滨工业大学、西北工业大学、北京理工大学、北京邮电大学等合作单位以及其他国内外同行专家的研究成果，在此表示衷心的感谢。由于作者水平有限，书中难免有不妥之处，敬请广大读者批评指正。

作者

2020 年 11 月于北京航天城

目　录

第1章

空间机器人及其遥操作概述

受智能化水平和自主能力的限制，空间机器人在近地空间或星表等非结构化环境中难以完全自主执行复杂的在轨服务任务或探测任务，人在回路的遥操作模式是目前和将来很长一段时间内空间机器人工作必须依赖的重要手段。本章从空间机器人的分类入手，对当前典型的在轨服务机器人、星表巡视探测机器人和星表采样机器人执行的任务进行综述与分析，在此基础上对每类机器人的地面遥操作现状进行论述，进而总结和分析每类空间机器人遥操作的特点，为空间机器人操控模拟训练体系的设计奠定基础。

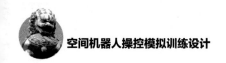
|1.1 空间机器人的特点|

随着空间技术的不断发展，航天器的规模和复杂程度达到了前所未有的水平。例如，国际空间站（International Space Station，ISS）包括 13 个舱段，历时 10 余年才在轨组装而成，而未来的空间太阳能发电站则需在轨构建尺寸达千米级的大型空间设施。人类对于深空的探索方兴未艾，月球、火星、小行星等星体的探测成为当前热点，深空探测的深度和广度也达到了一个新的阶段，太空已成为人类另一个生存和工作的空间。但太空环境具有微重力、高真空、强辐射、大温差的特点，威胁着航天员对太空的进一步探索。在这样危险的环境中，采用空间机器人协助或代替航天员完成大量艰巨而又危险的任务已成为世界各航天大国的共识[1-3]。

特殊的应用环境导致空间机器人本身具有以下特点[4]：

（1）空间环境适应性强。空间机器人能适应的环境包括发射段动力学载荷、空间高低温、轨道微重力或星表重力、超真空、空间辐照、原子氧、复杂光照、空间碎片等。

（2）长寿命、高可靠。空间机器人能在资源受限的星上实现长寿命工作，以及在无维护情况下具备高可靠性能。

（3）多任务适应能力强。空间机器人面临的任务包括捕获、搬运、固定、更换、加注、重构、移动等，是集多功能于一体的系统。

（4）经历工况更加复杂。空间机器人需经历地面验证段、发射段、在轨段（甚至在地外天体着陆段、表面工作段）等不同工况，使系统设计约束大幅增加。

（5）地面验证难度大。由于上述特点，再考虑空间机器人自由度多、应用场景存在不确定性等因素，导致空间机器人地面验证难度大幅增加。

|1.2　空间机器人的分类|

空间机器人指的是用于代替或协助航天员在太空中执行空间站建造与运营支持、卫星组装与服务、星表探测与科学实验等任务的特种服务机器人[5]。按照用途不同，空间机器人大致可以分为在轨服务机器人和星表探测机器人两大类。其中，在轨服务机器人分为舱内/外服务机器人和自由飞行机器人。舱内/外服务机器人一般是指安装或工作于空间站，协助航天员完成各种任务的机器人系统；自由飞行机器人一般是指在小型航天器（卫星）上安装多自由度机械臂并用于空间在轨服务的机器人系统。星表探测机器人一般是指执行地外星表探测的机器人系统，又可分为星表巡视探测机器人和星表采样机器人。

1.2.1　在轨服务机器人

在轨服务机器人主要通过机械臂捕捉失效卫星并进行回收利用、在轨修理飞行器及补充燃料以延长飞行器工作寿命、进行大型空间机构的搬运和组装、清理太空垃圾以避免与卫星相撞、进行航天飞机和空间站的对接与分离操作等。1981 年，加拿大研制的航天飞机遥控机械臂系统（Shuttle Remote Manipulator System，SRMS）（又称为加拿大 1 号臂）随 "哥伦比亚号" 航天飞机入轨，成为世界上第一个实现在空间应用的在轨服务机器人。之后，德国研制了小型空间机械臂系统（Robot Technology Experiment，ROTEX），对机器人地面遥操作技术进行了全面而深入的验证。1997 年，日本发射了世界上第一颗搭载机械臂的工程试验卫星（ETS-Ⅶ），并完成了空间目标抓捕、卫星模块更换等在轨操作技术验证工作。2007 年，美国通过 "轨道快车系统"（Orbital Express System，OES）项目也完成了类似的验证，该项目希望展示若干卫星服务操作和技术，包括交会、接近操作和站点保持，捕获、对接、流体转移（特别是该任务中的肼）和轨道可更换单元（Orbital Replacement Unit，ORU）转移，该项目的一项重要的军事任务是为侦察卫星加注燃料，以便能够改善它们的覆盖范围，提高卫星的在轨寿命和工作效率。国际空间站的建设与运营需求有力地推动了空间机器人技术的发展：2001 年，国际空间站遥控机械臂系统（Space Station Remote Manipulator System，SSRMS）入轨；2008 年，加拿大专用灵巧机械臂（Special Purpose Dexterous Manipulator，SPDM）、日本实验舱遥控机械臂系统（Japanese Experiment Module Remote Manipulator System，JEMRMS）相继进入国际空间站，上述机器人在国际空间站的建造、维护和舱外实验等方面获得了成功应用[6]。2011 年，仿人形机器人航天员（Robonaut 2）进入国际空间站，并成功开展了各类灵巧操作的技术验证，证明了空间机器人在代替航天员执行空间操作方面存在着巨大潜力[7]。目前，基于灵巧操作机器人的航天器在轨组装与服务技术成为各国研究的热点（如美国提出了"凤凰计划"、德国提出了"轨道服务任务"等），可以预见，未来在轨服务机器人的发展将更加迅猛。下面详细介绍几类典型的在轨服务机器人。

1. 航天飞机遥控机械臂系统

航天飞机遥控机械臂系统（SRMS）即加拿大 1 号臂，由加拿大 MD Robotic 公司生产，用于将航天飞机上的有效载荷放入预定轨道，协助航天员对发生故障的航天器进行维修，以及校正偏离预定轨道的人造卫星等[8-11]。加拿大 1 号臂（见图 1-1）具有 6 个自由度，臂长 15.2 m，直径 33 cm，质量 410 kg，能够以 0.06 m/s 的速度操纵质量高达 14 515 kg 的有效载荷，最大应急操作有效载荷的质量为 265 810 kg。在空载条件下，加拿大 1 号臂可达到 0.6 m/s 的最大平移速率。

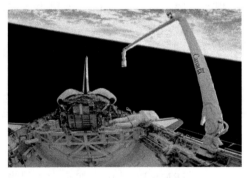

图 1-1 加拿大 1 号臂

然而，加拿大 1 号臂在地球上无法支撑自身的重量，在验收测试和装运期间，它必须由专门的地面处理设备来支撑。虽然加拿大 1 号臂处理的有效载荷的质量非常大，但其尖端的运动控制非常精确，允许精确操控精密的有效载荷。加拿大 1 号臂也可以由航天员通过安装在机械臂上的控制器和闭路电视以相同的精度手动操作。加拿大 1 号臂的设计寿命为 10 年或执行 100 次任务。在"哥伦比亚号"航天飞机失事之后，加拿大 1 号臂与轨道器遥控臂传感器系统配合使用，用来检查航天飞机隔热系统的损伤。另外，该机械臂还参与过修理哈勃太空望远镜等任务[12-13]。

2. 国际空间站遥控机械臂系统

继 SRMS 之后，MD Robotic 公司又开发了国际空间站移动服务系统（Mobile Serving System，MSS）。MSS 于 2001 年开始在国际空间站服役，主要由活动基座（Mobile Remote Servicer Base System，MBS）、空间站遥控机械臂系统（Space Station Remote Manipulator System，SSRMS）和 SPDM 组成[9,14-17]。其中，SPDM 即加拿大手（Dextre），SSRMS 即加拿大 2 号臂。加拿大 2 号臂由 2 个臂杆组成，有 7 个自由度，总长 17.6 m，总质量 1 500 kg，直径 35 cm，广泛参与了轨道实验室的组装工作，如空间站的维护；移动物资、设备、加拿大手以及航天员；执行"宇宙捕获"任务，抓住来访的飞船并将它们停靠在国际空间站上。加拿大 2 号臂的组成部件可在太空中进行更换，如果某部件磨损或失效，可以单独将其更换掉。例如，2002 年 6 月，一名在太空行走的航天员为其替换了一个腕关节。2018 年，航天员为其替换了一套新的闭锁式末端执行器。加拿大 1 号臂和加拿大 2 号臂的对比情况如表 1-1 所示。

表 1-1　加拿大 1 号臂和加拿大 2 号臂的对比情况

项目	加拿大 1 号臂	加拿大 2 号臂
位置	安装在每架航天飞机上并返回地球	在国际空间站上永久停留
活动范围	以手臂的长度为限	安装在移动基座上的，可在整个空间站移动
固定端	一端固定在航天飞机上	没有固定端
自由度/个	6	7
关节转角	肘部旋转限制为 160°	每个关节在每个方向上的旋转限制为 270°，共 540°
触觉	没有触觉	力矩传感器提供"触摸"感；自动避碰
长度/m	15	17
质量/kg	410	1 497
直径/m	0.33	0.35
运行速度/（m·s⁻¹）	空载：0.6 负载：0.06	空载：0.37 负载：0.02（地面操控时）；0.15（航天员操控时）
材料成分	16 层高模量碳纤维环氧树脂	19 层高强度碳纤维热塑性塑胶
维修方式	在地球上修理	太空中维修。其由可拆卸部分组成，可在空间中单独更换

续表

项目	加拿大 1 号臂	加拿大 2 号臂
操控方式	由航天飞机上的航天员控制	由地面或国际空间站的航天员控制
相机	2 个（肘部 1 个，腕部 1 个）	4 个（肘部两侧各有 1 个，手部 2 个）

3. 日本实验舱遥控机械臂系统

日本实验舱（Japanese Experiment Module，JEM），又称"希望号"，是日本宇宙航空研究开发机构（Japan Aerospace Exploratin Agency，JAXA）制造的国际空间站舱组。

日本实验舱遥控机械臂系统（JEMRMS）是装在"希望号"加压模块（Pressurized Module，PM）左舷上的机械臂，主要用来服务曝露设施（Exposed Facility，EF）和移动物件到实验后勤模块（Experiment Logistics Module，ELM），如图 1-2 所示[18-20]。

JEMRMS 由主臂和小臂两部分组成。主臂由臂杆、关节、电视相机、相机云台、照明灯和抓取有效载荷的末端执行器（夹具）组成。其中，视觉设备（电视相机、相机云台和照明灯）安装在主臂的 3 个臂杆上。小臂由一些电子设备、臂杆、关节、末端执行器和电视相机组成。主臂和小臂都有 6 个关节，为 JEMRMS

图 1-2 日本实验舱遥控机械臂系统
（JEMRMS）

提供了很大的自由度，可实现仿人类的运动。JEMRMS 控制台安装在加压模块中，由数据管理处理器、笔记本电脑、手控器、电视监视器和抓取电子设备组成。通过使用机械臂，机组人员可以在曝露设施和实验后勤模块暴露部分上替换曝露设施的有效载荷或轨道替换单元。长度为 10 m 的主臂用来处理（抓取和移动）有效载荷和大型物体，长度为 2.2 m 的小臂则主要用来处理较小的物体。JEMRMS 的任务设计寿命是在轨道上运行十年以上，因此，JEMRMS 采用了可更换和可修复的设计。这些机械臂可以通过舱内或舱外活动进行维修。主臂和小臂的详细说明如表 1-2 所示。

表 1-2　JEMRMS 主臂和小臂的详细说明

项目	主臂	小臂
结构	小臂连在主臂上，两臂都有 6 个关节	
自由度/个	6	6
长度/m	10	2.2
质量/kg	780	190
操控质量	最大 7 000 kg（载荷尺寸：1.85 m× 1.0 m×0.8 m，质量小于 500 kg）	符合控制模式下，最大 80 kg；不符合控制模式下，最大 300 kg（ORU 尺寸：0.62 m×0.42 m×0.41 m，质量最大 80 kg）
定位精度	平移:±50 mm	平移:±10 mm
	旋转:±1°	旋转: ±1°
最大指尖力/N	大于 30	大于 30
使用年限	10 年以上	

4. 舱内灵巧空间机械臂

舱内灵巧空间机械臂主要包括德国的小型空间机械臂系统（ROTEX）和 ROKVISS 系统。

德国的 ROTEX 项目于 1986 年启动，它是一个小型六轴机器人系统[21-23]，工作空间约为 1 m，其手爪是一个多传感器融合的智能手爪（安装有 2 个六维力/力矩传感器、9 个激光测距传感器、1 个抓取力传感器和 2 个小型精密相机）。ROTEX 于 1993 年发射，并成功地完成了机械装配、拔插电插头和抓取物体等多个实验，是世界上第一个具有地面遥操作能力的空间机器人系统，如图 1-3 所示。

ROKVISS 系统是德国宇航局开发的空间机器人技术实验系统，其组成如

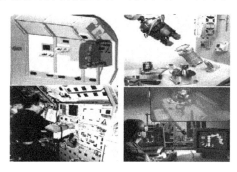

图 1-3　小型空间机械臂系统（ROTEX）

图 1-4 所示，目的是验证空间机器人的关节技术和对不同控制模式的演示[24-26]。它由 1 个两关节机器人、1 个控制器、1 个照明系统、电源系统和 1 个周线设备组成，以用于验证机器人的功能和性能。2004 年 12 月，ROKVISS 系统随俄罗斯"进步号"宇宙飞船升空，并在 ISS 上进行了关节元件的空间验证、遥现场监视下的自主操作模式的验证和地面遥操作模式验证[27-29]。

5. 日本工程试验卫星机械臂

工程试验卫星（Engineering Test Satellite Ⅶ，ETS-Ⅶ）由日本东芝公司研制，于 1997 年发射，如图 1-5 所示，是以 JAXA 为主研制的技术演示卫星，总的任务目标是进行空间机器人实验，并证明其在无人轨道操作和维修任务（交会对接技术）中的实用性[30-31]。ETS-Ⅶ系统由两颗卫星组成：一颗为总质量 2 540 kg 的跟踪星（Hikoboshi）和另一颗为质量 410 kg 的目标星（Orihime），2 m 长的机械臂安装在跟踪星上，拥有六自由度的操纵能力，具体信息如表 1-3 所示。两颗卫星都是三轴稳定的，任务设计寿命为 1.5 年。该任务完成了漂浮物体抓取、ORU 更换、通过跟踪星上的机器臂补充推进剂、视觉监测、空间目标操作与捕获等实验，为空间服务积累了宝贵的经验[32]。

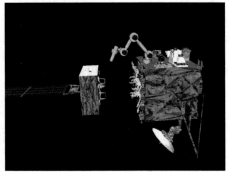

图 1-4　ROKVISS 系统　　　　图 1-5　日本工程试验卫星（ETS－Ⅶ）机械臂

表 1-3　ETS－Ⅶ机械臂信息

项目	说明
机械臂长度	2 m
机械臂驱动方式	直流无刷电机，谐波传动轮系
机械臂定位	端部定位精度：1.3 mm；最大端部速度：50 mm / s，5°/s
机械臂控制方式	通过 TDRS 从地面站进行远程操作
机械臂制造商	日本东芝公司

6. 仿人形机器人航天员

仿人形机器人航天员（Robonaut）是美国国家航空航天局（National Aeronautics and Space Administration，NASA）开发的空间类人机器人。Robonaut

作为人类的助手，是一个具有 47 个自由度的灵巧机器人。Robonaut 每个上肢包括 7 个自由度的臂和 12 个自由度的手，顶端还装配有一个 2 个自由度的机械臂，该机械臂作为一个传感器平台，其上装有 4 个相机和一个红外温度传感器，每对相机有 2 个自由度，还有一个 3 个自由度的关节式腰身，以提供某种程度的机动性。在它的微重力结构中，还另外加了 4 个自由度的膝盖和脚踝。它能够工作于遥操作模式和有限自主模式，能大大减少航天员舱外活动的负荷，执行日常的维修服务，可以在航天员舱外活动（Extra Vehicular Activity，EVA）之前、之中和之后与航天员一起工作[33-35]。其升级产品 Robonaut 2（见图 1-6）于 2011 年随"发现"号航天飞机飞往国际空间站，成为人类史上首个机器人航天员，并与那里的人类航天员们一起工作。

与 Robonaut 相比，Robonaut 2 更紧凑、更灵巧，传感器探测的范围更深和更广，同时 Robonaut 2 的移动速度比 Robonaut 快 4 倍以上。Robonaut 2 的先进技术包括优化的双臂工作空间、一系列弹性关节技术（可延长手指和拇指操控范围）、微型六轴称重传感器、冗余力感应、超高速关节控制器、极限颈部行动范围、高分辨率相机和红外系统[36-37]。

图 1-6　Robonaut 2

1.2.2　星表探测机器人

星表探测机器人主要指工作在月球、行星、小行星等地外天体上的机器人，通常以着陆器（或巡视器）为基座，能够执行极端区域探测、样品采集、科学实验、星表基地建设、辅助航天员探测等任务。

1. "月球车 1 号"和"月球车 2 号"

"月球车 1 号"（Lunokhod 1）是苏联成功研制的世界上第一辆无人月球车，于 1970 年 11 月 17 日由"月球 17 号"探测器送上月球，并一直在雨海地区工作至 1971 年 10 月 4 日[38]。其质量约为 756 kg，高 1.35 m，长 2.2 m，宽 1.6 m，如图 1-7（a）所示。该月球车依靠 4 对电驱动、电磁继电器制动的轮子实现机动。

在 1973 年 1 月，"月球 21 号"探测器登陆月球，并部署了苏联的第二辆月球车——"月球车 2 号"（Lunokhod 2）[38]，如图 1-7（b）所示。"月球车 2 号"高 1.35 m，长 1.7 m，宽 1.6 m，其主要任务与"月球车 1 号"相同，也是收集月球表面照片，全车拥有 3 个摄像头、激光测距、X 射线探测仪、磁场探测仪等装置。"月球车 2 号"总共工作了 4 个月，拍摄了 86 张月球全景照片和 8 万张月球表面照片。

（a）"月球车 1 号"　　　　　　　　　（b）"月球车 2 号"

图 1-7　"月球车 1 号"和"月球车 2 号"

2. "玉兔号"系列月球车

"玉兔一号"月球车［见图 1-8（a）］是我国设计制造的月球车，随"嫦娥三号"月球探测器于 2013 年 12 月 14 日 21 时 12 分成功软着陆于月球表面，同年 12 月 15 日凌晨 4 时 35 分，"玉兔一号"月球车从"嫦娥三号"月球探测器中走出，成为自 1973 年苏联的"月球车 2 号"以来再次踏上月球表面的无人驾驶月球车。"玉兔一号"月球车呈长方形盒状，长 1.5 m，宽 1 m，高 1.1 m，重 136 kg，有 6 个轮子，两片可以折叠的太阳能帆板，1 个地月对话通信天线，4 个位于顶部的导航相机及全景相机，前方还装有避障相机以及 1 个机械臂，机械臂具有 3 个自由度，长约 0.5m，携带红外成像光谱仪、激光点阵器等 10 多套科学探测仪器。其主要以太阳能电池供电，可耐受月面 300℃的温差。2016 年 7 月 31 日，"玉兔一号"月球车停止工作并超额完成任务，共工作 972 天，远远超出预期的 3 个月。

"玉兔二号"月球车［见图 1-8（b）］随"嫦娥四号"月球探测器于 2019 年 1 月 3 日 10 时 26 分成功软着陆于月球背面南极-艾特肯盆地内的冯·卡门撞击坑。2019 年 1 月 3 日 22 时 22 分，"玉兔二号"月球车与"嫦娥四号"月球探测器完成分离，成功踏上月面，成为第一辆踏上月球背面的月球车。"玉兔二号"月球车基本继承了"玉兔一号"月球车的外形和状态，呈长方形盒状，长 1.5 m，宽 1 m，高 1.1 m。"玉兔二号"月球车携带有全景相机、探月雷达、红外成像光谱仪和与瑞典合作的中性原子探测仪等设备。"玉兔二号"月球车的电缆设计与材料应用等均有改进，可以爬 20° 斜坡，跨越 200 mm 的障碍，以确保科学探测任务的圆满完成。"玉兔二号"月球车具有感知、移动、探测、充电、安全、月昼转月夜、休眠、月夜转月昼等工作模式，可以应对不同工作环境、适应不同工作状态的要求。

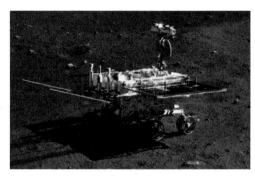

（a）"玉兔一号"月球车　　　　　　　　　（b）"玉兔二号"月球车

图 1-8　"玉兔号"系统月球车

3. "机遇号"和"勇气号"火星车机械臂

NASA 的"火星探测漫游者计划"（Mars Exploration Rover，MER）于 2003 年 6 月 10 日和 7 月 7 日分别发射了"孪生兄弟"——"勇气号"（Spirit）和"机遇号"（Opportunity）火星车，并于 2004 年 1 月 3 日和 1 月 24 日登陆火星[39]。

IDD（Instrument Deployment Device）是美国喷气推进实验室（Jet Propulsion Laboratory，JPL）于 2003 年为"机遇号"（Opportunity，MER-B）与"勇气号"（Spirit，MER-A）火星车所设计的轻型机械臂，如图 1-9 所示。IDD 具有 5 个自由度，长约 1 m，质量约 4 kg，最大负载 2 kg，末端定位误差 ±5 mm，重复定位误差 ±4 mm。该机械臂末端携带穆斯堡尔谱仪（MB）、阿尔法粒子 X 射线谱仪（APXS）、显微成像仪（MI）、岩石研磨工具（RAT）等科研仪器，可对火星表面土壤样品进行采样分析。

图 1-9　"机遇号"或"勇气号"火星车及其机械臂

4. "凤凰号"火星探测器机械臂

"凤凰号"火星探测器（见图 1-10）于 2007 年 8 月 4 日发射，并于 2008 年

5 月 25 日成功在火星北极软着陆[41]。这项计划的主要目的是将一枚着陆器送往火星的北极地区，对火星的极地环境进行探测，搜索适合火星上微生物生存的环境等。"凤凰号"火星探测器主要搭载的科学和工程仪器包括机械臂，机械臂相机，着陆相机，立体相机，高温气体分析仪，显微、电化学和导电率分析仪，气象站等。其中，"凤凰号"的机械臂具有 4 个自由度，长约 2.35 m，能够挖掘到沙地表面以下 0.5 m 处；此外，机械臂相机能够拍摄彩色照片，以确认采集的样品是否被送回到探测器，并拍摄被挖掘区域的图像。2008 年 5 月 28 日，"凤凰号"火星探测器的机械臂先后挖到了位于土壤下方的高纯度水冰以及掺杂在土壤中的水冰，并且拍摄了着陆器下方的冰层以及阳光下水冰的升华。

（a）"凤凰号"火星探测器 　　　　（b）机械臂

图 1-10　　"凤凰号"火星探测器及其机械臂

5."好奇号"火星车机械臂

"好奇号"火星车于 2012 年 8 月成功登陆火星表面，是世界上第一辆采用核动力驱动的火星车，如图 1-11 所示。其主要任务是探索火星的盖尔撞击坑[40]。"好奇号"火星车的大小是"勇气号""机遇号"的 2 倍，质量是"勇气号""机遇号"的 5 倍。

图 1-11　　"好奇号"火星车及其机械臂

该火星车上安装有长约 2.1 m 的机械臂，携带有化学和矿物学分析仪、火星样本分析仪等设备，用于辅助完成岩石和土壤样品的获取、加工、分析等操作。

6. "洞察号"火星探测器机械臂

2018 年 11 月 26 日，"洞察号"火星探测器（见图 1-12）在火星成功着陆，执行人类首次探究火星"内心深处"奥秘的任务，任务设计时间为 2 年。"洞察号"火星探测器携带 50 kg 载荷，包括火星震测量仪、温度测量装置以及旋转和内部结构实验仪三部主要科学设备，用于开展火星内部结构地震实验、自动钻入式热流计实验和自转与内部结构实验。

"洞察号"火星探测器携带长为 2.4 m 的多自由度机械臂，用于完成火星震测量仪、温度测量装置的安放和实验过程的维护工作。此外，"洞察号"火星探测器还装备两台相机，机械臂上和着陆器上各一台，用于监测仪器设备在火星表面上的操作，同时拍摄探测器周围的环境以及对气压、温度和风速等进行测量，以便修正火星震测量仪数据的噪声。

图 1-12　"洞察号"火星探测器及其机械臂

7. "隼鸟号"系列小行星探测器机器人

JAXA 研制 "隼鸟 1 号"小行星探测器的主要目的是用于采集 25143 号小行星上的样品并将采集到的样品带回地球。"隼鸟 1 号"小行星探测器在宇宙中旅行了 7 年，穿越了约六十亿千米的路程。这是人类第一次针对对地球有威胁的小行星进行物质搜集研究。"隼鸟 1 号"小行星探测器于 2010 年 6 月 13 日返回地球，本体在大气层烧毁，而内含样品的隔热胶囊与本体分离后在澳大利亚内陆着陆。

"隼鸟 2 号"小行星探测器是"隼鸟 1 号"的后续计划。这项计划的主要目的是将"隼鸟 2 号"小行星探测器送往 162173 号小行星的龙宫（Ryugu），并采集样品后返回地球[42]。该探测器搭载的 2 个微型鼓状机器人（MINERVA-II1A 和 MINERVA-II1B，如图 1-13 所示）的尺寸为 18 cm×7 cm，它们不会像"好奇号"等火星车那样在龙宫表面行驶，而是在龙宫表面跳跃并

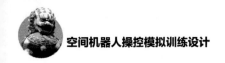

对龙宫表面进行探测。"隼鸟 2 号"小行星探测器着陆后，利用其上的撞击器向龙宫表面发射大金属弹丸，金属弹丸击中小行星后，探测器收集被金属弹丸激起的有关物质，并于 2020 年年底带回地球进行分析。

（a）MINERVA-Ⅱ1A （b）MINERVA-Ⅱ1B

图 1-13 "隼鸟 2 号"小行星探测器上的微型鼓状机器人

|1.3 空间机器人的遥操作|

空间机器人的遥操作是指地面操作员操作人机交互设备，通过信道向空间机器人发出操作指令，同时空间机器人将操作的图像、位置和作用力等信息反馈给操作员，从而完成空间操作任务的一种操作方式，是空间机器人领域具有挑战性的研究方向之一。利用遥操作方式，可以将人类的智慧和技术与空间机器人的适应能力相结合，从而完成空间远距离条件下的作业任务。

1.3.1 在轨服务机器人的遥操作

考虑到太空的恶劣环境、航天员人身安全和成本等因素，遥操作技术成为了在轨服务机器人在轨维护或抓捕卫星（见图 1-14）的有效手段。利用该技术，在轨服务机器人还可用于执行空间站舱外的货物运输、巡检和舱内的精细维护任务。

图 1-14 空间机器人抓捕卫星的地面遥操作

1. 航天飞机机械臂的遥操作

（1）基于 ROTEX 机器人的遥操作

针对在轨服务和利用机器人对空间目标执行抓捕任务，世界各国已经开展了较多的研究工作。最早的具有地面遥操作能力的空间在轨操作机器人系统是德国宇航中心于 1986 年启动、1993 年成功搭载"哥伦比亚号"航天飞机实现飞行验证的 ROTEX 项目[22]。ROTEX 项目开展遥操作的实验场景如图 1-15 所示。项目验证了多传感器手爪技术、大时延遥操作技术和具有时延补偿能力的三维图像仿真技术，完成了桁架结构装配、ORU 转移操作和漂浮物体捕获等基本操作任务。为了实现对漂浮物体的抓捕，项目基于局部闭环的思想设计了遥操作控制结构（见图 1-16），航天员或地面人员根据相机系统获取的图像和预测仿真结果判断机器人操作状态，并通过手柄、万向球或键盘控制机器人完成空间漂浮物体的抓捕。

图 1-15 ROTEX 项目开展遥操作的实验场景

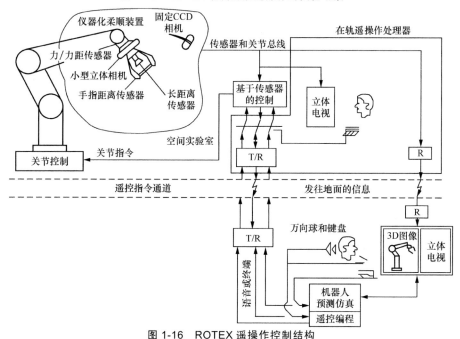

图 1-16 ROTEX 遥操作控制结构

（2）基于加拿大 1 号臂的遥操作

加拿大 1 号臂在轨遥操作系统（见图 1-17）由 3 个相机和操作舱内的显示器组成，能够实时将机械臂末端的位置、方向和速度显示给操作员。其操作模式包括预编程模式和手动模式。加拿大 1 号臂共执行了 91 次任务，主要包括卫星救援和维修等任务。软件上具备电机速率检测功能，以保证机械臂的平稳运行。由于操作舱和机械臂较近，所以该在轨遥操作系统的时延很低[10]，对机械臂控制稳定性影响较小。

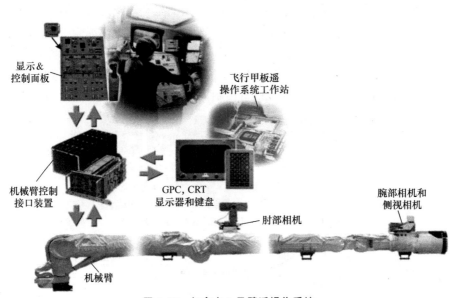

图 1-17　加拿大 1 号臂遥操作系统

2. 空间站机械臂的遥操作

（1）基于 ROKVISS 系统的遥操作

德国宇航中心于 2004 年在国际空间站上进行了 ROKVISS 系统实验，验证了轻型机械臂的关节技术。ROKVISS 系统实验设备由一个安装在通用工作台上的两关节机器人、控制器、照明系统、立体成像系统、电源系统等组成，用于验证机器人的功能和性能。通过重复、自主地执行预先定义的任务来测试机器人关节，为未来空间机器人的进一步运用奠定基础。

ROKVISS 系统设计了自主控制模式和遥操作控制模式（见图 1-18）[25, 27]。在遥操作控制模式下，地面接收机器人的力反馈和立体视觉反馈信息，操作员通过力反馈控制设备控制远距离的机器人，将产生的力和位置作为指令上传，驱动机器人关节运动到期望的状态。在遥操作控制模式下，操作员被纳入闭环控制的回路中，实现了地面对空间操作的同步控制。遥操作控制模式下面临的最大困难是时延的处理问题（天地数据之间的传输存在 500 ms 左右的时延）。为了解决时延对控制产生的影响，ROKVISS 系统建立了精确的运动学和动力学模型，采用基于模型的图像预测与时延预测方法，对闭环控制时延进行了测量，设计了时延补偿控制策略，最终实现了变时延条件下的稳定控制。

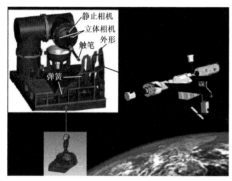
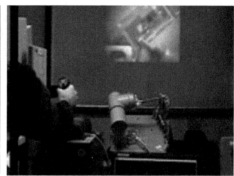

图 1-18　ROKVISS 系统及其遥操作实验

（2）基于加拿大 2 号臂的遥操作

国际空间站上另一个成功应用的机械臂遥操作系统是加拿大 2 号臂遥操作系统[43]。该系统是基于加拿大 2 号臂的在轨控制系统，是通过在地面指令控制软件中增加遥操作接口和外扩独立的安全监视系统实现的。安全监视系统包括了视觉显示模块、指令规划与编辑模块、动力学引擎模块和视觉引擎模块 4 个部分，能够对空间机械臂的时延状态进行图像显示，并根据动力学引擎和视觉引擎模块建立预测仿真模型，预测机械臂的真实运动状态，通过指令规划与编辑模块实现了地面指令的生成与仿真验证。加拿大 2 号臂及其地面遥操作控制中心如图 1-19 所示。

（a）加拿大 2 号臂　　　　　　　　　（b）地面遥操作控制中心

图 1-19　基于加拿大 2 号臂的遥操作

此外,加拿大航天局(Canadian Space Agency, CSA)还基于加拿大 2 号臂地面遥操作技术开发了加拿大手遥操作系统[44],使得地面遥操作小组得以在加拿大航天局的机器人任务控制中心 (见图 1-20) 规划、监测和控制国际空间站上的加拿大 2 号臂和加拿大手开展任务。

图 1-20　加拿大航天局的机器人任务控制中心

地面遥操作小组主要由飞行控制小组和工程支持小组共同组成,其中飞行控制小组通常由下面 3 类人员组成。

① 机器人技术员:通过协调机器人技术活动和分配任务优先级来领导团队。

② 系统技术员:预测机器人可能出现的问题并制订相应的紧急程序。

③ 任务技术员:负责辅助系统技术员并对任务进行记录。

该小组的主要任务包括:对加拿大 2 号臂和加拿大手的任务进行规划、测试、模拟及最后的操控,并在空间机器人执行任务期间为航天员提供支持,以及监视所有的系统和活动。

工程支持小组则主要由 CSA 和加拿大 MDA 公司的工程师和专家组成,并在任务的规划和执行过程中提供技术支持。

不同任务的复杂性不同,这使得遥操作的准备工作长达 9 天至 3 年不等。当飞行控制小组分配到一个项目时,该小组首先将加拿大 2 号臂和加拿大手的活动与国际空间站的其他系统(如通信、电气和计算机系统)进行协调,然后规划相机的位置和机器人的路径,确定所需的软件更新,并预判可能影响机器人操作的各种问题,最后在执行阶段,飞行控制小组成员操作加拿大 2 号臂和加拿大手协助航天员,并在出现问题时执行纠正措施。工程支持小组则在整个过程中提供技术援助。

(3)基于 JEMRMS 的遥操作

JEMRMS 于 1997 年进行了空间实验,该空间机器人由 2 条六自由度机械臂组成。其传感器系统包含摄像头和小臂手腕处的力/位置传感器,其遥操作模拟系统具有虚拟现实人机界面和 2 个主端机器人,如图 1-21 所示。由于操作员在密封舱内进行遥操作任务,所以时延很小。其遥编程模式包括预编程和单关节速率控制 2 种;遥操作模式包括双边遥操作模式、主从遥操作模式和重定义位姿模式 3 种。除了典型的遥操作任务外,研究者还对机械臂的振动抑制问题进行了一系列研究。

此外，JAXA 还为 JEMRMS 开发了机器人操作地面观测系统（Robotics Operation Ground Observatory, ROGO），其具有 3 个主要功能：机器臂任务的遥测显示、载荷停靠时的图像处理以及反映实时遥测数据的 3D 图形显示（见图 1-22）。ROGO 现已被用于操控人员和工程团队的培训，以及实时操作，如 JEMRMS 的初始在轨检查和实验载荷的安装等。

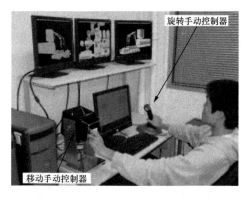

图 1-21 JEMRMS 遥操作模拟系统

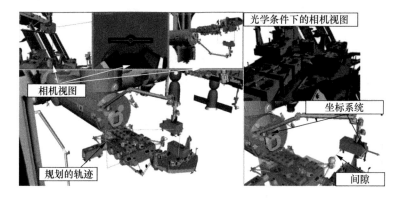

图 1-22 实时遥测数据的 3D 图形显示

（4）基于"天宫二号"机械臂和灵巧手的遥操作

2016 年，我国的"天宫二号"空间实验室完成了在轨维修验证实验。实验包括拆卸电连接器、撕开多层防护、旋拧电连接器、使用电动工具拧松螺钉等遥操作任务，同时验证了遥编程、遥操作、局部视觉反馈控制和演示编程等多种遥操作模式[45]。由哈尔滨工业大学、中国航天科技集团公司第五研究院以及北京理工大学联合研制的机械臂及灵巧手系统进行了人机协同在轨遥操作控制（见图 1-23），这是国际上首次人机协同在轨维修技术实验，该实验系统包括用以控制六自由度机械臂的空间鼠标、控制五指灵巧手的数据手套、遥操作工作站以及机器人本体。在实验中，航天员通过遥操作控制设备向机器人发送期望位置指令，遥操作工作站负责接收指令并进行预处理，即把从数据手套接收到的位置指令转换成灵巧手的期望关节位置，再基于机械臂逆运动学把空间鼠标给出的期望三维位姿转换为机械臂关节期望位置。

此外，"天宫二号"遥科学实验任务还采用了中国科学院空间应用工程与技术中心研制的基于虚拟现实技术的沉浸式遥操作实验平台（见图 1-24）。利用高分辨率的立体投影显示技术和多通道视景同步技术，该平台几近真实地复现出太空环境和空间科学实验场景，大大延伸了科学家的感知能力，使科学家在地面就可以"实时在线"连续观察实验过程。同时，虚拟环境中融合了多通道的三维交互技术，支持科学家以地面实验室类似的交互方式，身临其境地对空间实验进行最有效的干预[46]。

图 1-23　航天员控制"天宫二号"机械臂和灵巧手

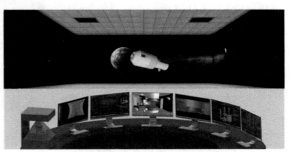

图 1-24　沉浸式遥操作实验平台

3. 在轨服务卫星机械臂的遥操作

（1）ETS-Ⅶ系统机械臂的遥操作

JAXA 在 ETS-Ⅶ的实验中建立了完善的地面遥操作控制系统（见图 1-25）[47]。该系统包括程序控制和手柄控制 2 种模式。在程序控制模式中，地面平台对操作进行规划和仿真验证，生成控制指令，指令以代码的形式上传，机器人控制系统对这些指令进行译码并产生机械臂末端轨迹，通过逆运动学计算进行关节伺服控制。在手柄控制模式中，地面指令通过平移和旋转 2 条三自由度的手柄产生，以机器人末端位姿数据的形式，每隔 250 ms 上传一次，实现对机器人的实时操作控制。利用这 2 种遥操作模式，操作员开展了机械臂末端曲线运动、手眼相机视觉监视和桁架结构展开与恢复等任务。

图 1-25　ETS-Ⅶ系统机械臂遥操作实验

（2）我国"试验七号"卫星机械臂的遥操作

我国在"试验七号"卫星任务中也开展了机械臂在轨抓捕的遥操作验证实

验（见图 1-26）。针对空间维护技术科学实验的要求，采用自主、遥编程、主从等多种遥操作控制模式，开展了空间机械臂的跟踪接近、目标捕获和遥操作等关键技术验证[45, 48]。2013 年，利用 3 类遥操作控制模式对"试验七号"卫星的机械臂开展了自主模式直线运动、遥编程模式圆弧轨迹跟踪、主从模式视觉监测实验以及相关的扩展实验，成功验证了空间六自由度机械臂的空间自维护技术和地面遥操作能力。在地面遥操作系统中设置了任务规划子系统、预测仿真子系统、人机交互子系统、信息管理子系统和地面验证子系统，以共同支撑空间在轨任务的规划与验证、过程信息存储和地面操作员的控制等功能。

图 1-26 我国"试验七号"卫星机械臂在轨抓捕的遥操作实验

4. 类人空间机器人的遥操作

Robonaut 2 的遥操作系统（Robonaut Teleoperation System，RTS）具有基于力反馈设备和 VR 设备的直接反馈控制和共享控制模式，也具有局部自主程度更高的监督控制模式[49]。RTS 的软件架构十分灵活，主要包括资源层、控制层、规划层和仲裁层。其中，资源层涉及传感器和执行器以及相应的驱动程序；控制层具有实现多种类型任务的算法包；规划层负责实现操作技巧和任务规划；作为核心层的仲裁层由操作员根据其他层的操作技巧、资源以及安全信息等创建执行脚本以实现具体任务操作。此外，该系统未来还将扩充状态估计层，以提高任务执行的精确性。分层控制的难点在于如何解决各种复杂的控制、如何跨层实现数据共享、如何解决状态估计的不确定性和子任务级别裁决的模糊性等问题。目前，RTS 使用流行的开源机器人操作系统（Robot Operating System，ROS）解决跨层数据共享问题，利用开源算法库 Orocos 解决控制问题。该系统

利用 Python 语言编写完成，同时还利用了 ROS 的消息、时间和传参等机制，其软件多层架构如图 1-27 所示。

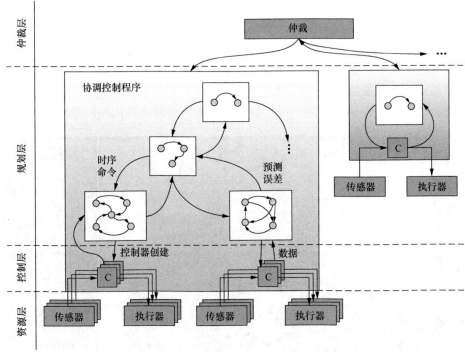

图 1-27　Robonaut 2 的多层遥操作系统

综上所述，由于空间机器人工作环境非结构化及工作任务变化的特点，并且受计算机、控制、人工智能和机构等关键支撑技术发展的制约，目前研制出能在空间环境下进行完全自主工作的空间机器人还很难实现[50]。切实可行的方法是利用遥操作技术来完成空间目标抓捕或维护任务，通过地面任务规划、预测仿真和人机交互等技术实现地面对空间机器人的高效、稳定控制。随着未来空间在轨服务技术的发展，其操作对象与环境的不确定性也越来越大，所面临的任务需求也日趋复杂和多样，例如，在狭小空间环境下的复杂作业，部件更换乃至维修维护以及精细在轨操作实验等，这些都需要操作员对任务进行实时的判断、规划和操作。

1.3.2　星表探测机器人的遥操作

1. 苏联月球车的遥操作

苏联 "月球车 1 号" 和 "月球车 2 号" 的控制模式均为地面遥操作模式[51]。

月球车上装有 4 部用于拍摄月面高分辨率图像的电视相机。地面控制工作组由指挥员、驾驶员、领航员、定向天线操作员和参数分析工程师 5 人组成，当月球车将其拍摄的图像传输到地面后，地面操作员以图像作为参考，完成障碍辨别、确定到障碍的距离、分析道路可穿越性以及巡视器运动控制和月球车的行驶方向规划等工作。月球车自身只负责利用正向/逆向运动学将操作员发送的速度与方向指令转化成轮系的速度及转角，或将轮系速度及转角转化成速度与方向信息反馈给操作员，为制订下一步动作做准备。地面遥操作模式需要地面控制工作组发送详细的工作指令，这对通信带宽提出了较高的要求。遥操作的质量由操作员决定，这不仅需要花费很长的时间训练操作员，而且操作员工作时劳动强度大、易疲劳，难以完成高精度的操作。此外，由于下传图像画面质量不高，地面操作员只能进行概略的测量和分析，识别月球车的大致位置和行驶方向，使得月球车导航定位结果的精确度和可靠性均较低。但是这种操作模式大大降低了对月球车自主能力的要求，减少了月球车车载计算机系统的负担。

上述月球探测任务至今较为久远，受当年技术水平限制，其遥操作方式相对目前任务已经较为落后。

2. 美国火星车的遥操作

美国陆续进行了多次火星无人探测任务，火星车软着陆后，在地面控制中心的遥操作下，对星体表面开展了巡视探测实验。其操作模式主要是利用火星车采集的图像和遥测数据，在地面构建图形化的操作平台，帮助地面操作员了解火星星表环境和任务进展状态，产生控制指令和规划方案，并传送到火星车执行并监视其运行过程。较有代表性的火星车有美国"火星探测漫游者计划"（MER）的"勇气号"和"机遇号"。

"勇气号"和"机遇号"火星车的控制采用了地面遥操作+自主模式，这对降低系统能源消耗、扩大火星车的巡视范围、提高探测效率、减轻通信系统负担、克服时延影响具有重要意义。火星车在巡视探测过程中可由其自身装载的计算机系统进行自主决策，操作员仅根据需要发出阶段运行的指令并进行监控即可。

地面遥操作＋自主模式一般包括 3 个回路：远程回路、监控回路和本地回路。远程回路利用传感器反馈信息，由火星车自主完成操作现场的工作目标；监控回路包括操作员在内，估计火星车的工作性能，设立新的工作目标，在必要时由操作员直接控制火星车动作；本地回路基于遥现场和遥操作技术，提供火星车状态和工作环境信息，得出下一步的控制策略。

"火星探测漫游者计划"采用了"科学活动规划"（Science Activity Planner，SAP）作为其遥操作平台，主要提供了以下几个功能。

（1）处理火星车下传的数据。数据主要包括9部摄像系统采集的图像数据和多光谱数据。SAP图像数据的处理功能非常强大，如全景图拼接、图像添加索引及实现点击图像内任意点显示其三维坐标等。

（2）生成上传到火星车的指令序列。指令序列主要包括3个层次的功能：首先是目标的标记功能。即对科学家感兴趣的目标进行标记以备用于今后的任务；其次是任务规划功能。任务规划的基本单位是行为以及一些相关行为的集合。科学家们通过会议商讨各自制订的行为来确定火星车在下一个火星日将要执行的任务序列；再次是仿真功能。SAP不仅对火星车和环境进行了建模，而且还提供了能源消耗模型。通过将制订的任务序列送入仿真系统，可以得到即时的执行结果反馈。仿真系统提供了资源图表、三维显示及图像足迹3种显示仿真过程和结果的方式。

"勇气号"和"机遇号"火星车遥操作的特点如下：需要火星车具有较高的自主能力；将操作员排除在远程工作回路之外，与半自主模式相比，避免了时延的影响；操作员可以随时干预火星车的工作情况，与火星车自主能力的结合，不仅大大提高了火星车的工作效率，而且增加了遥操作系统的灵活性。

上述任务通过构建图形化显示界面和较为直观的操作交互方式，提高了任务执行效率，但主要采取的仍是监控模式，尚未达到地面的连续直接控制。

"好奇号"火星车于2012年8月6日着陆火星，其工作目标与"勇气号""机遇号"火星车基本相同，任务实施流程也非常相似，主要不同体现在性能方面有了较大的提升。"好奇号"火星车的导航定位模式和"勇气号""机遇号"火星车极为相似，在火星车上均配备了由惯性导航系统（简称"惯导"）、陀螺仪、双目导航相机和太阳敏感器组成的自主导航定位系统，惯导和陀螺仪组合可实现连续不间断的导航，双目导航相机辅助可对滑移路段进行定位修正，而太阳敏感器则不定期地对方向漂移进行校正。与此同时，地面遥操作中心也利用火星车下传的火星表面图像开展遥操作任务，对其进行更加精确地定位，并基于定位结果对火星车的探测方向进行中长期规划和制图。美国火星车的导航定位与制图过程如图1-28所示。

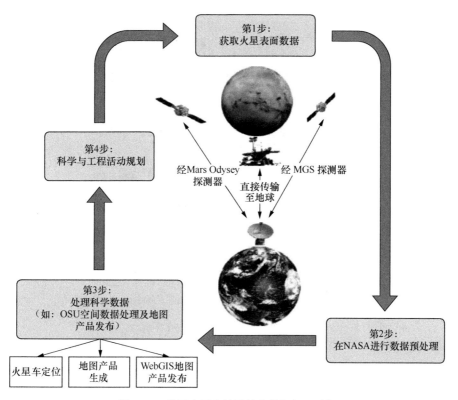

图 1-28 美国火星车的导航定位与制图过程

3. 我国月球车的遥操作

我国已经在探月工程任务实施过程中完成了星表遥操作系统的建立和应用。在我国"嫦娥三号""嫦娥四号"任务中，探测器在月面软着陆后，释放"玉兔一号"和"玉兔二号"月球车对周围月面进行了巡视探测。巡视探测过程以遥操作的方式实施，由北京航天飞行控制中心作为巡视探测的地面遥操作中心，负责任务数据通信、探测任务规划、月球车导航、指令生成等工作。遥操作实施步骤：①月球车通过立体相机获得周围月面图像并传回地面遥操作中心；②地面遥操作中心根据接收到的月面图像后建立月球车周围的三维地形，并对下一步的探测计划进行规划；③生成月球车控制指令序列，发送给月球车实施[52]。月球车在执行地面指令时，要具备应急避障能力，地面主要对执行情况进行监视。在执行任务过程中，为实现"玉兔号"系列月球车的月面移动，需要月面地形建立、视觉定位、路径规划、机械臂探测规划等多个岗位协同工作，如图 1-29 所示。

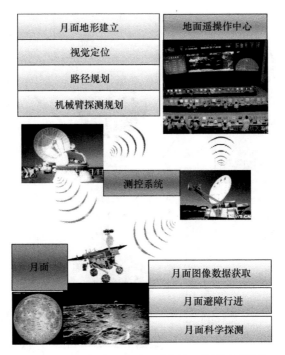

图 1-29 "玉兔号"系列月球车的巡视探测遥操作

4. 混合现实遥操作

早在 2003 年,美国国家航空航天局艾姆斯研究中心在总结星表探测实践经验时,从系统工程的角度对参与工程任务的人员、设备、软件、数据、文档等因素进行了统一建模,提出了天地一体化管理理念[53],如图 1-30 所示。2016 年,美国国家航空航天局又提出混合现实遥操作理念,并联合微软公司启动火星之旅共享项目(OnSight),期望利用混合现实技术打造天地一体、虚拟共融系统,一方面为科学家、工程师、操作员提供高效的规划与决策平台,另一方面将火星探测的成果以虚拟展示的方式分享给所有火星爱好者。OnSight 系统如图 1-31 所示。

OnSight 系统将"好奇号"火星车和火星轨道器(MRO)获取的火星图像进行自动拼接,形成火星表面大范围地貌场景,然后利用全息影像技术将火星场景投射到真实世界中,在地面重现虚拟火星表面,给科学家、工程师和操作员以高度逼真和沉浸的感受,在场景中就如同在火星表面与"好奇号"火星车同步工作一般,直接为其指定探测目标和规划路径。目前,OnSight 系统已经利用火星车获取的大量图像重建了广阔的火星表面大致景观,并在肯尼迪航天中心向游客开放，开启了虚拟火星之旅。长期研究发现，人处于火星虚拟场景环顾周围，对距离判断的准确度提高了 2 倍，对特定位置方位的判别精度提高了 3 倍，对工具的使用更加灵便，这将更有利于遥操作规划与决策的高效实施。

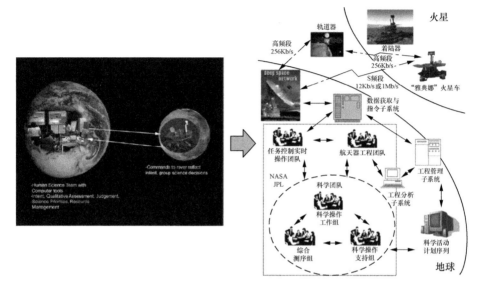

图 1-30　艾姆斯研究中心的天地一体化管理理念

图 1-31　基于混合现实技术的 OnSight 系统

5."凤凰号"火星探测器的机械臂采样遥操作

指导"凤凰号"火星探测器的机械臂（RA）遥操作的系统是探测器序列和可视化程序（RSVP），该软件已用于火星探路者、火星探测漫游者、"凤凰号"火星车、火星科学实验室等项目[54]。RSVP 根据全景图像数据指定目标位置，通过宏编程生成命令子序列，模拟机械臂运动，检测碰撞，估计指令持续时间，并输出完整的指令序列文件上传至着陆器。

"凤凰号"火星车配备的机械臂的遥操作在很大程度上依赖于来自地表立体成像仪（SSI）和机械臂相机（RAC）的成像数据。这些数据可生成机械臂工作空间的数字高程模型（DEM），以定义机械臂的活动，如挖掘、刮削、样品采集、岩石推动和将热和导电率探头（TECP）插入火星地表等，如图 1-32 所示。在进行涉及与地形相互作用的机械臂活动之前，都需将相应的成像数据和 DEM 导入 RSVP，然后通过 RSVP 的内置序列编辑器生成机械臂指令序列，再经由操作员使用 RSVP 的运动模拟器目测验证每个序列中的机械臂运动指令之后，最后上传至着陆器执行。

图像数据还可用来验证每次机械臂活动后的结果，如对沟槽剖面、抓爪的放置和喷溅物、刮擦后的表面形貌、TECP 插入地表的印痕、采集的样品数量和样品递送的过程等进行评估。此外，可将机械臂传感器的数据导入 RSVP 并回放机械臂运动，以验证机械臂活动的完成情况。回放在确定挖掘过程中遇到硬化层（如冰层）的位置时非常有用，因为它们直观地显示了机械臂进入地表的位置以及硬物阻碍机械臂运动的时间，如图 1-33 所示。

图 1-32　第 84 火星日的 SSI 图像生成的 RSVP 结果

图 1-33　"凤凰号"火星车机械臂在第 140 火星日挖掘时遇到硬物

6. "洞察号"火星探测器的仪器安放遥操作

"洞察号"火星探测器配备了仪器部署系统（IDS）、科学载荷以及安装在着陆器上的辅助外围设备。这些科学载荷包括内部结构地震实验仪（SEIS）、风热屏蔽罩（WTS）、热传感物理特性箱（HP3）以及自转和内部结构实验仪（RISE），主要用于对火星内核、地幔和地壳的大小和状态进行探测。

在部署这些科学载荷之前,"洞察号"火星探测器的遥操作团队需要获得相应坐标系下工作区的地形信息,并生成双目拼接图像从而得到工作区 DEM 图像。为了减小立体基线误差,在保持其他关节不变的情况下,通常只移动一个机械臂关节,得到仪器部署相机(IDC)立体图像对。当左右立体图像的重叠度达到 80%,便可以生成与火星探测漫游者、"凤凰号"火星车、火星科学实验室等计划类似的 DEM[55]。

这些 DEM 和相应的图像由科学和工程团队组成的仪器位置确定工作组(ISSWG)进行审查,以选择最终合适的地点放置科学载荷。一旦确定了 SEIS/WTS 和 HP3 的最终位置,IDS 遥操作团队就负责构建序列,将科学载荷放置在仪器展开臂(IDA)的工作区中:IDS 遥操作团队将 RSVP 用于构建和模拟序列,RSVP 提供仪器展开臂、着陆器、仪器设备、工作区地形(DEM)的高保真三维建模和 IDA 动作的详细模拟(见图 1-34)。该模拟由仪器展开臂软件(IDAFSW)的地面版本驱动,并输出一个完整的指令序列文件上传至着陆器。

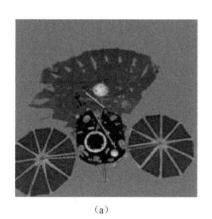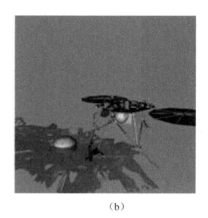

(a)   (b)

图 1-34　由 56 张 IDC 图像生成的 RSVP 结果

对于每个科学载荷,使用标准的"重复示教"(示教点如图 1-35 所示)技术来对着陆器甲板上的抓钩进行定位:通过将抓爪定位在各自的抓钩位置上,并将抓爪移动到科学载荷抓钩上方 4 cm。抓爪在该位置的绝对位置记录在笛卡儿坐标系中,作为科学载荷示教点,虽然这些示教点是以地球重力模拟获得的,但 IDAFSW 将利用 IDA 的偏转角运动学来调整示教点,以补偿重力和着陆器倾斜的影响。

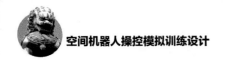

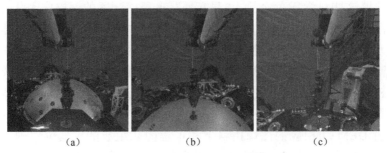

（a）　　　　　　　　　（b）　　　　　　　　　（c）

图 1-35　IDC 拍摄的 3 个科学载荷的示教点

| 参考文献 |

[1]　KING D. Space servicing: past, present and future[C]//6th International Symposium on Artificial Intelligence and Robotics & Automation in Space: i-SAIRAS. 2001: 18-22.

[2]　BEJCAY A K, VENKATARAMAN S T, AKIN D. Introduction to the special issue on space robotics[J]. IEEE Transactions on Robotics and Automation, 1993, 9(5): 521-521.

[3]　张文辉, 叶晓平, 季晓明, 等. 国内外空间机器人技术发展综述[J]. 飞行力学, 2013, 31(3): 198-202.

[4]　林益明, 李大明, 王耀兵, 等. 空间机器人发展现状与思考[J]. 航天器工程, 2015, 24(5): 1-7.

[5]　王燕波, 李晓琪. 智能机器人——未来航天探索的得力助手[J]. 宇航总体技术, 2018, 2(3): 62-70.

[6]　SASIADEK J Z. Space robotics—present and past challenges[C]//19th International Conference on Methods and Models in Automation and Robotics (MMAR). Piscataway, USA: IEEE, 2014: 926-929.

[7]　FLORES-ABAD A, MA O, PHAM K, et al. A review of space robotics technologies for on-orbit servicing[J]. Progress in Aerospace Sciences, 2014, 68: 1-26.

[8]　HILTZ M, RICE C, BOYLE K, et al. Canadarm: 20 years of mission success through adaptation[C]//6th International Symposium on Artificial Intelligence and Robotics & Automation in Space: i-SAIRAS. 2001:1-8.

[9]　GIBBS G, SACHDEV S. Canada and the international space station program: overview and status[J]. Acta Astronautica, 2002, 51(1-9): 591-600.

[10] JORGENSEN G, BAINS E. SRMS history, evolution and lessons learned[C]// SPACE 2011 Conference & Exposition.Reston,VA: AIAA, 2011: 1-24.

[11] GREAVES S, BOYLE K, DOSHEWNEK N. Orbiter boom sensor system and shuttle return to flight: Operations analyses[C]//Guidance, Navigation, and Control Conference and Exhibit. Reston,VA: AIAA, 2005: 1-7.

[12] AIKENHEAD B A, DANIELL R G, DAVIS F M. Canadarm and the space shuttle[J]. Journal of Vacuum Science & Technology A: Vacuum, Surfaces, and Films, 1983, 1(2): 126-132.

[13] SACHDEV S S. Canadarm—a review of its flights[J]. Journal of Vacuum Science & Technology A: Vacuum, Surfaces, and Films, 1986, 4(3): 268-272.

[14] CRANE III C D, DUFFY J, CARNAHAN T. A kinematic analysis of the space station remote manipulator system (SSRMS)[J]. Journal of Robotic Systems, 1991, 8(5): 637-658.

[15] BELGHITH K, NKAMBOU R, KABANZA F, et al. An intelligent simulator for telerobotics training[J]. IEEE Transactions on Learning Technologies, 2011, 5(1): 11-19.

[16] KUJATH M R, GRAHAM W B. Measurement system testbed for the robotic evaluation and characterization of the space station remote manipulator system[C]//Cooperative Intelligent Robotics in Space Ⅲ. Bellingham,WA:SPIE, 1992, 1829: 91-101.

[17] COLESHILL E, OSHINOWO L, REMBALA R, et al. Dextre: improving maintenance operations on the international space station[J]. Acta Astronautica, 2009, 64(9-10): 869-874.

[18] MATSUEDA T, KURAOKA K, GOMA K, et al. JEMRMS system design and development status[C]//NTC'91-National Telesystems Conference. Piscataway, USA: IEEE, 1991: 391-395.

[19] DOI S, WAKABAYASHI Y, MATSUDA T, et al. JEM remote manipulator system[J]. Journal of the Japan Society for Aeronautical and Space Sciences, 2002, 50(576): 7-14.

[20] WAKABAYASHI Y, MORIMOTO H, SATOH N, et al. Performance of Japanese robotic arms of the international space station[J]. IFAC Proceedings Volumes, 2002, 35(1): 115-120.

[21] HIRZINGER G, BRUNNER B, DIETRICH J, et al. Sensor-based space robotics-ROTEX and its telerobotic features[J]. IEEE Transactions on Robotics and Automation, 1993, 9(5): 649-663.

[22] HIRZINGER G. Experimental robotics Ⅲ[M].Berlin:Springer, 1994.

[23] BRUNNER B, HIRZINGER G, LANDZETTEL K, et al. Multisensory shared autonomy

and tele-sensor-programming-key issues in the space robot technology experiment ROTEX[C]//1993 IEEE/RSJ International Conference on Intelligent Robots and Systems (IROS'93).Piscataway,USA: IEEE, 1993, 3: 2123-2139.

[24] PREUSCHE C, REINTSEMA D, LANDZETTEL K, et al. Robotics component verification on ISS ROKVISS-preliminary results for telepresence[C]//2006 IEEE/RSJ International Conference on Intelligent Robots and Systems. Piscataway,USA: IEEE, 2006: 4595-4601.

[25] LANDZETTEL K, PREUSCHE C, ALBU-SCHAFFER A, et al. Robotic on-orbit servicing-DLR's experience and perspective[C]//2006 IEEE/RSJ International Conference on Intelligent Robots and Systems. Piscataway,USA: IEEE, 2006: 4587-4594.

[26] PREUSCHE C, REINTSEMA D, LANDZETTEL K, et al. Robotics component verification on ISS ROKVISS-preliminary results for telepresence[C]//2006 IEEE/RSJ International Conference on Intelligent Robots and Systems. Piscataway,USA: IEEE, 2006: 4595-4601.

[27] LANDZETTEL K, ALBU-SCHÄFFER A, BRUNNER B, et al. ROKVISS verification of advanced light weight robotic joints and tele-presence concepts for future space missions[C]//9th ESA Workshop on Advanced Space Technologies for Robotics and Automation (ASTRA). Noordwijk,The Netherlands:ESA, 2006:1-8.

[28] ALBU-SCHAFFER A, BERTLEFF W, REBELE B, et al. Rokviss-robotics component verification on iss current experimental results on parameter identification[C]// 2006 IEEE International Conference on Robotics and Automation. Piscataway, USA: IEEE, 2006: 3879-3885.

[29] REINTSEMA D, LANDZETTEL K, HIRZINGER G. Advances in telerobotics [M]// Berlin: Springer, 2007.

[30] ODA M, KIBE K, YAMAGATA F. ETS-Ⅶ, space robot in-orbit experiment satellite[C]//IEEE International Conference on Robotics and Automation. Piscataway, USA: IEEE, 1996, 1: 739-744.

[31] YOSHIDA K. Engineering test satellite Ⅶ flight experiments for space robot dynamics and control: theories on laboratory test beds ten years ago, now in orbit[J]. The International Journal of Robotics Research, 2003, 22(5): 321-335.

[32] YOON W K, Goshozono T, Kawabe H, et al. Model-based space robot teleoperation of ETS-Ⅶ manipulator[J]. IEEE Transactions on Robotics and Automation, 2004, 20(3): 602-612.

[33] AMBROSE R O, ALDRIDGE H, ASKEW R S, et al. Robonaut: NASA's space humanoid[J]. IEEE Intelligent Systems and Their Applications, 2000, 15(4): 57-63.

[34] PETERS R A, CAMPBELL C L, BLUETHMANN W J, et al. Robonaut task learning through teleoperation[C]//2003 IEEE International Conference on Robotics and Automation. Piscataway,USA: IEEE, 2003, 2: 2806-2811.

[35] BLUETHMANN W, AMBROSE R, DIFTLER M, et al. Robonaut: A robot designed to work with humans in space[J]. Autonomous Robots, 2003, 14(2-3): 179-197.

[36] DIFTLER M A, MEHLING J S, ABDALLAH M E, et al. Robonaut 2-the first humanoid robot in space[C]//2011 IEEE international conference on robotics and automation.Piscataway,USA: IEEE, 2011: 2178-2183.

[37] TZVETKOVA G V. Robonaut 2: mission, technologies, perspectives[J]. Journal of Theoretical and Applied Mechanics, 2014, 44(1): 97-102.

[38] 江磊, 姚其昌, 何亚丽, 等. 星球车行走系统和它的研制者们——俄罗斯篇[J]. 机器人技术与应用, 2008(03):17-19.

[39] Lindemann R A, Bickler D B, Harrington B D, et al. Mars exploration rover mobility development[J]. IEEE Robotics & Automation Magazine, 2006, 13(2): 19-26.

[40] GROTZINGER J P, CRISP J, VASAVADA A R, et al. Mars Science Laboratory mission and science investigation[J]. Space science reviews, 2012, 170(1-4): 5-56.

[41] BONITZ R, SHIRAISHI L, ROBINSON M, et al. The phoenix mars lander robotic arm[C]//2009 IEEE Aerospace conference. Piscataway,USA: IEEE, 2009: 1-12.

[42] WATANABE S, TSUDA Y, YOSHIKAWA M, et al. Hayabusa2 mission overview[J]. Space Science Reviews, 2017, 208(1-4): 3-16.

[43] REMBALA R, AZIZ S. Increasing the utilization of the ISS mobile servicing system through ground control[J]. Acta Astronautica, 2007, 61(7-8): 691-698.

[44] AZIZ S. Development and verification of ground-based tele-robotics operations concept for Dextre[J]. Acta Astronautica, 2013, 86: 1-9.

[45] 刘宏, 李志奇, 刘伊威, 等.天宫二号机械手关键技术及在轨试验[J].中国科学: 技术科学,2018,48(12):1313-1320.

[46] 倪得晶. 面向空间机器人遥操作的环境建模与人机交互技术研究[D]. 东南大学, 2018.

[47] ODA M, DOI T. Teleoperation system of ETS-Ⅶ robot experiment satellite[C]// 1997 IEEE/RSJ International Conference on Intelligent Robot and Systems. Piscataway,USA: IEEE, 1997, 3: 1644-1650.

[48] 吴广鑫. 空间机器人遥操作系统及局部自主技术研究[D]. 哈尔滨: 哈尔滨工业大学, 2019.

[49] BERKA R, GOZA S M. Telerobotics on Robonaut 2[J]. Journal of the Robotics Society of Japan, 2012, 30(6): 565-567.

[50] 蒋再男. 基于虚拟现实与局部自主的空间机器人遥操作技术研究[D]. 哈尔滨: 哈尔滨工业大学, 2010.

[51] BASILEVSKY A T, KRESLAVSKY M A, KARACHEVTSEVA I P, et al. Morphometry of small impact craters in the Lunokhod-1 and Lunokhod-2 study areas[J]. Planetary and Space Science, 2014, 92: 77-87.

[52] 吴伟仁, 周建亮, 王保丰, 等. 嫦娥三号 "玉兔号" 巡视器遥操作中的关键技术[J]. 中国科学: 信息科学, 2014, 44(4): 425-440.

[53] SIERHUIS M, CLANCEY W J, SEAH C, et al. Modeling and simulation for mission operations work system design[J]. Journal of Management Information Systems, 2003, 19(4): 85-128.

[54] BONITZ R, SHIRAISHI L, ROBINSON M, et al. The Phoenix Mars lander robotic arm[C]// IEEE Aerospace Conference. Piscataway, USA: IEEE 2009:1-12.

[55] ABARCA H, DEEN R, HOLLINS G, et al. Image and data processing for insight lander operations and science[J]. Space Science Reviews, 2019, 215(2): 22.

第 2 章

空间机器人操控模拟训练体系设计

空间机器人操控是指针对空间机器人在轨运行或在星表执行任务的一种远程控制手段。由于空间环境和星表环境的未知性和操控任务的复杂性，这就要求地面操作员在执行空间机器人操控任务前要经过系统性训练，以建立精准、安全的遥操作能力。本章从空间探测过程模拟、空间机器人操控训练子系统设计和空间机器人操控训练评估子系统设计 3 个方面介绍了空间机器人操控模拟训练体系的架构，同时对地面条件下开展操控训练需要建立的模拟内容、操控训练子系统功能组成和训练评估子系统需要评估的内容进行了概要设计，以此为在轨服务机器人、星表探测机器人的操控训练设计提供基础框架。

| 2.1 概述 |

在一些特殊应用环境，如太空微重力、强宇宙辐射和地外星表等，空间机器人受限于自身计算能力，智能化程度较低，在执行任务过程中还离不开人类的辅助决策与控制。遥操作正是为了让人类远离险恶的工作现场，远距离监视操控机器设备的一种远程控制技术[1-4]。

随着空间站建设、深空探测等航天任务的不断推进，以空间机器人控制为目标的遥操作技术越来越受到重视，并已在一些航天任务，如美国的火星探测系列任务、德国宇航中心的 ROTEX 和 ROKVISS 项目、日本的 ETS-Ⅶ项目和我国的"天宫二号""嫦娥三号"和"嫦娥四号"任务中得到广泛应用，形成了多种类型的遥操作系统。按照操作员所处位置的不同，这些遥操作系统大体上可以分为空间遥操作和地面遥操作 2 类。空间遥操作指航天员发送操作指令直接对空间操作对象进行控制，其操作环路时延小；地面遥操作是目前遥操作的主要模式，即通过地面控制站对空间飞行器和操作对象进行控制，一般采用"运行-等待"的工作方式进行，实时性较差，系统复杂。本书主要讨论地面遥操作。

图 2-1 所示为在轨服务、巡视探测和就位采样等任务的地面遥操作过程。对于一次特定的任务，科学家团队负责制定科学目标和宏观规划，并跟踪各类宏观规划的实施，收集各类科学载荷数据，并对数据进行分析处理，产生科学

产品和科学结论;工程师团队负责监视空间服务与科学探测等任务的实施过程,获取空间机器人下传的各类遥测数据,判断和分析空间机器人的运行状态,确保空间机器人工作正常;操控团队负责空间机器人操作任务的规划、控制和任务实施状态的监视判断,能够根据科学目标和宏观规划,规划空间机器人操作过程,制订详细的空间机器人操控计划并生成遥控指令,按照详细计划控制机器人操作,同时接收和处理各类遥测数据、科学载荷数据,并分发给科学家团队和工程师团队。3 个团队密切配合共同完成空间任务的实施。

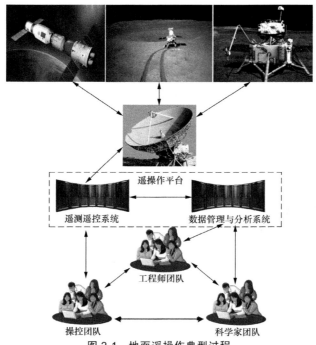

图 2-1　地面遥操作典型过程

　　地面遥操作系统是空间机器人操作员参与任务实施的基础平台,但受限于数据条件、独立运转能力等因素,使得其无法用于操作员的岗位训练。当前的地面遥操作系统主要针对任务实施过程进行设计和研制,通常假定空间机器人已经位于空间或者星表,地面遥操作系统通过预设的实施方案对空间机器人的任务进行规划,对其行为进行精准控制。然而,现有的地面遥操作系统通常与航天器任务系统绑定,需要获取任务现场数据或者地面模拟数据才能运转,缺少独立运行的能力,因此在开展操控训练时体现出 2 个方面的不足:一方面只注重地面遥操作感知、规划与控制能力的建设,对空间探测过程模拟的能力较弱;另一方面未考虑操作员操控训练管理与操控技能的提升等因素,缺乏对参训人员进行操控能力评估的手段,未能建立有效的操控能力训练和考核机制。这使得难以利用现有的地面遥操作系统对操作员进行全方位训练，尤其是在探测器未成形或者只具备半实物硬件的任务前期准备阶段，难以开展遥操作相关技术的验证工作。因此，亟需结合空间环境与地面的显著差异和任务的复杂性要求，建设空间机器人操控的通用性训练平台，为执行复杂操控任务的操作员训练与技能提升提供必要支持。

为了对现有地面遥操作系统进行功能扩展，本章介绍一种空间机器人操控模拟训练系统整体框架，如图 2-2 所示。

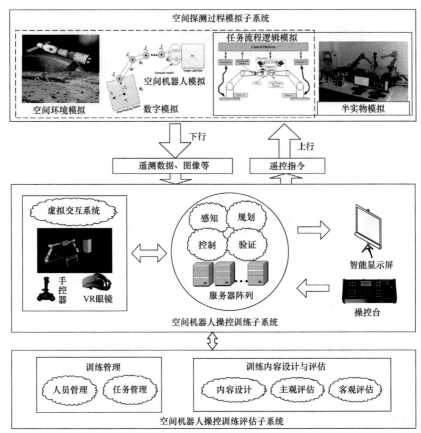

图 2-2　空间机器人操控模拟训练系统整体框架

该系统包括空间探测过程模拟子系统、空间机器人操控训练子系统和空间机器人操控训练评估子系统 3 个部分。空间探测过程模拟子系统主要基于数字或者半实物的方式对空间环境、空间机器人以及任务流程逻辑等内容进行模拟。空间探测过程模拟子系统一方面为空间机器人操控训练子系统提供输入数据，包括遥测数据、图像等，另一方面也接收空间机器人操控训练子系统的遥控指令，通过内嵌的数字模型或者半实物硬件做出正确的响应。空间机器人操控训练子系统根据空间探测过程模拟子系统输入的数据，完成感知、规划、控制和验证等遥操作主要功能，并借助终端交互设备将遥控指令发送至空间探测过程模拟子系统，实现对虚拟空间机器人或者半实物硬件的远程控制，空间机器人操控训练子系统与现有遥操作系统具有相似的功能。空间机器人操控训练评估子系统一方面对参训人员和训练项目进行系统性统筹管理，另一方面针对各项训练内容对操作员的操控能力进行主观和客观评价，以此为特定操作员制订训练科目，也为特定训练任务分配适合的操作员。3 个子系统将在后面分别进行详细介绍。

2.2　空间探测过程模拟

空间探测过程主要涉及空间环境和空间机器人 2 类对象。空间机器人在空间环境中与特定的空间目标进行交互，完成指派的任务，其功能和性能受制于空间环境的众多因素，这些因素大体可以分为 2 类：一类是影响空间机器人操控的因素，主要包括地形地貌、微重力、太阳光照等；另一类是影响空间机器人长期运行、抗干扰性的因素，此类因素主要体现在产品设计与防护中，如低温低压、火星风、月尘、火星尘等。对于在轨服务机器人，空间目标为在轨卫星或者空间碎片；对于星表探测机器人，与其相互作用的空间目标为地形或者土壤，本节将空间目标也视作一类特殊的空间环境因素。

2.2.1　空间环境模拟

在不具备实物探测器和空间环境的前提下，可基于实物（半实物）或者数字手段对空间探测过程涉及的内容进行模拟。数字模拟基于数学或者物理模型对探测过程进行建模与仿真，这依赖于对理论模型的理解和抽象，实现起来难度大。相比之下，半实物模拟用硬件设备代替数字模拟算法中全部或者部分较难建模的模块，实现起来简单，而实物模拟则是用相近的地面实物环境模拟空间环境。本节首先介绍空间环境的实物模拟，然后介绍如何对主要的空间环境进行数字模拟。

1.　空间环境实物模拟

如前所述，空间探测过程中涉及的空间环境因素包括地形地貌、微重力、太阳光照、低温低压、火星风、月尘、火星尘、在轨目标等[5]。下面对这些因素的地面模拟方法进行简要描述。

（1）地形地貌实物模拟

在空间探测过程中，不同阶段对地形地貌的关注内容是不同的。在探测器着陆过程中，重点关注土壤的承载能力；在巡视移动实验中，则关注松软的土壤对巡视探测器的影响；在土壤采样过程中，主要考虑土壤质地对采样器的影响。不同情况下的土壤环境模拟均需要求满足实验所需要的物理力学性能[6]。

在制备模拟月壤的过程中需要考虑粒径级配比，并通过淋洒和压实处理以满足内摩擦角和内聚力等参数指标。如图2-3所示，在"嫦娥三号"模拟环境实验中，根据工程任务需求研制了4种不同性能指标的模拟月壤。其中，TYII-1、TYII-2和TYII-3这3种模拟月壤是以我国某地区的火山灰为原料，它们的中值粒径分别为200 μm、45 μm和85 μm；TYII-4模拟月壤为低密度月壤，实现在1g地面重力环境下的各项力学性能近似达到(1/6)g重力环境下月壤的力学性能[7]。

图2-3 "嫦娥三号"内场模拟月壤

火星土壤类似于地球上密度适中的土壤，如同混入了沙子、细砾和卵石的黏土。侵蚀现象导致特定区域的土壤表层坚硬而里层松软，这些土壤可能在火星车行驶时出现塌陷，给火星车造成伤害。"勇气号"火星车就是因为车轮卡陷而永远丧失移动能力。因此火星车移动系统通常会设计成主动式移动悬架结构，以具备防塌陷和塌陷脱困的能力。为了保证火星车的安全行驶，在地面必须进行充分的实验和验证。

（2）微重力实物模拟

微重力场对月球车和空间机器人的影响不可忽略[8]，如果不经过严格的设计，这些机械装置一旦处于微重力环境中就可能被直接损坏。因此，进入外太空之前，长时间的微重力模拟实验是必不可少的，这既可以训练航天员在微重力环境下的行走技巧，也可以检验月球车和空间机器人设计的合理性。

由于地面和空间重力环境差异较大，为了得到空间机器人在近似真实运行环境下的各种性能，必须首先在地面建立微重力环境模拟系统。根据模拟效果可以将微重力环境模拟方法分为2类：模拟环境和模拟重力环境效应。模拟环境的方法主要是指人为制造的短时间失重环境，包括沿特定轨迹的空中飞行方法和自由落体法，实现手段有高空气球、微重力落塔和失重飞机搭载〔见图2-4（a）〕等。模拟微重力环境效应的方法主要是指利用一些手段克服物体的重力，包括漂浮法、力平衡法和中性浮力模拟法等。漂浮法是利用气浮〔见图2-4（b）〕或者液浮将试件托起，以提供一定的自由运动；力平衡法是根据试件的设计特点，设计不同的支持结构，以抵消重力的作用。例如，利用控制斜面的角度进行太阳能帆板在微重力条件下的展开实验；中性浮力模拟法是将试件全部浸没在水中，利用增加配重或者漂浮器使试件与水的密度相同，通过浮力抵消重力来模拟微重力，如 NASA 的液悬浮装置 [见图 2-4（c）]。

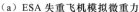

（a）ESA 失重飞机模拟微重力

（b）我国的气浮装置

（c）NASA 液悬浮装置

图 2-4　微重力实物模拟

（3）太阳光照实物模拟

太阳光照实物模拟的主要功能是模拟月面或者火星表面的幅照条件，以此来测试光学敏感器的功能和性能[9]。通常的做法是采用多种光源的复合组阵技术，实现大辐照面积下可见光和红外谱段复合的 0.2 个太阳常数辐照模拟。光照高度角可在 15°～48°连续可调，最大范围可覆盖 20 m×20 m，能够满足巡视器的导航相机、全景相机和避障相机的成像需求，如图 2-5 所示。类似的方案也可以用来模拟在轨服务机器人所处的光照条件。

（4）低温低压实物模拟

月球表面没有空气，昼夜温差极大。白昼平均温度为 107 ℃，最高达到 130 ℃；夜晚平均温度为–153 ℃，最低达到–180 ℃。根据夜间的月面温度分布，巡视器舱外设备所需要的实验温度用传统的液氮制冷（100 K）方法无法实现，目前通常采用 20 K 的气氦循环制冷方法。

火星的地表和大气与地球相比有更低的热容，日温变化周期非常明显[10]。火星温度的最小值出现在黎明前，其后温度迅速升高，在午后达到最大值，然后快速降低，直至黎明前降到最低。在纬度 0°～30°范围内，火星表面温度白昼最高为 27 ℃、夜晚最低为–103 ℃。火星表面气压为 500～700 Pa，只有地球表面气压的 0.6%，火星大气密度约为地球大气密度的 1%，主要成分是 CO_2。由于 CO_2 的季节性凝结，在冬天凝结为干冰，气压减小，全年气压变化 30%。火星通常选择大气压是 610 Pa 的线作为零海拔线。火星的低气压环境模拟可利用抽气装置来实现，低温模拟则通常在热真空实验设备中利用热沉技术实现降温。图 2-6 所示为"好奇号"火星车的空间环境模拟器，该模拟器由美国喷气推进实验室（Jet Propulsion Laboratory，JPL）研制，舱体内的温度和气压均按照火星表面的实际情况进行设定。

图 2-5　太阳光照模拟装置

图 2-6　"好奇号"火星车在空间模拟器中准备测试

（5）火星风实物模拟

火星上的夜间平均风速为 2 m/s，白天为 6～8 m/s，尘暴时最大风速可以达到 150 m/s。但火星大气密度很小，因此不会产生很大的横向风力。当出现尘暴时，火星表面能见度将再次降低，衰减率为 0.18～0.95。局部性和全球性的尘暴常发生于热带和南半球的夏季，1 个火星年内可发生约 100 次局部尘暴和 1 次或多次区域型以上尘暴，局部尘暴持续时间为几天，区域型以上尘暴持续时间从 5 天到 70 天不等[11-12]。

在执行火星着陆任务时，应避开尘暴发生阶段。火星风对降落伞的影响，也需要在地面进行验证。尘暴期间热交换速度快，沙尘附着会改变火星车车体表面热特性，因此需考虑尘暴期间对热控制的特殊要求。另外，还需要对探测器进行休眠功能设计与测试，在长期尘暴期间让探测器进入休眠或待机模式。

火星风洞是模拟火星环境实验的容器，通过风源带动火星尘运动，可以模拟火星尘对飞行器和材料的影响，包括极端环境下火星尘暴对星表活动的影响，如模拟火星尘暴和尘卷风条件下的耐压太空服评估实验；模拟火星地面风对探测器表面火星尘的聚集和吹除作用等。建造一座火星风洞是一项涉及多种高精尖技术的大型工程，目前世界上只有美国 NASA 的 MARSWIT 火星风洞、日本 Tohoku 大学的火星风洞和丹麦 Aarhus 大学的火星风洞（见图 2-7）等，我国的火星风洞正在建设之中。

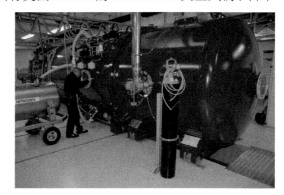

图 2-7　Aarhus 大学的火星风洞

（6）月尘、火星尘模拟

月尘、火星尘主要是由 5 个因素导致，包括自然激扬（火星）、自然沉降、发动机羽流喷射、着陆冲击和星球车（如月球车、火星车等）移动[13]。月尘、火星尘对星球车的影响主要表现在 5 个方面：①吸附在光学设备表面，导致其成像性能的下降；②进入机构内部，影响机构正常运动；③吸附在太阳电池阵表面，影响其输出功率；④黏附在 OSR 片、热控涂层或隔热多层表面会导致其性能下降，改变探测器的温度分布；⑤在星球车释放过程中，如果附着在转移机构上，则会改变车轮与转移机构间的接触状态，影响释放过程的安全性。因此，在设备设计和研制阶段必须考虑月尘或火星尘的模拟和相应的除尘措施。

模拟方法是首先将火山灰原料进行研磨，然后参考月尘或火星尘的颗粒直径分布进行粒径级配比。在此基础上，对月尘、火星尘的敏感器设备开展实验，验证它们的防尘措施的有效性[14]。防尘措施分为 2 类：一类是在敏感器表面上采取被动防尘方法，例如，在太阳电池阵盖片表面设计防尘微观形状，以减少尘土黏附；另一类是在大型探测器上采用主动除尘方法，如机械法或者静电法除尘（见图 2-8）。

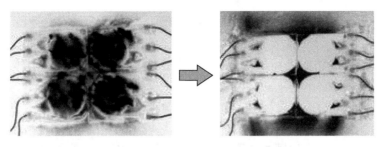

图 2-8　美国 NASA 的 EDS 电帘除尘效果

（7）在轨目标模拟

在轨目标的模拟需要考虑 2 个因素：形状模拟和运动过程模拟。受限于场地约束和速度限制，在地面上模拟空间目标的在轨飞行过程技术上很难实现。如果不考虑轨道飞行，只是模拟空间机器人向空间目标的逼近过程，空间目标模拟就相对简单。首先，根据实验要求制作特定形状的实物。由于实物形状已知，可以将其与重建的三维形状进行对比，评估重建算法的有效性。然后，将实物放置到具有移动或者旋转能力的平台上，如六自由度平台（见图 2-9）或者具有六自由度机械臂的地面半物理任务验证平台（见图 2-10），模拟其运动。因为移动或旋转参数已知，这样就可以用来评价视觉定位或者位姿估计的精度。

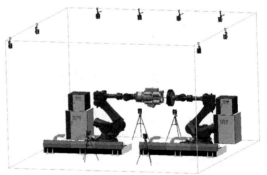

图 2-9　天誉科技六自由度平台　　　图 2-10　我国的地面半物理任务验证平台

2. 空间环境数字模拟

空间探测过程涉及地形地貌、微重力、太阳光照、低温低压、火星风、月尘、火星尘、在轨目标等空间环境因素。对于任何一个因素，要利用数学物理模型对其进行精准模拟，如模拟太阳光照与太阳能帆板的能量转换过程或太阳光照与视觉成像过程，以及低温低压因素与设备部件状态的关系，都是非常困难的。尽管如此，数字模拟仍然是重要的验证评估手段，主要有 3 个原因：①不受制于于场地和硬件设备，部署相对容易；②虽然模型不完备但易于修改和延拓，随着人们在理论认知和仿真度的提升，模型越来越接近真实工况，可用性越来越强；③大部分的空间探测过程并不需要完全仿真物理过程，简化的模型也能达到分析和模拟的功效[15]。

因此，本节着重对地形地貌、月尘、火星尘、在轨目标的数字模拟方法进行简要介绍，太阳光照与视觉成像过程的关系将在第 3 章进行介绍。微重力、火星风、低温低压等因素通常作为遥操作仿真和规划模型的参数，故不做进一步介绍。

（1）地形地貌数字模拟

地形地貌数字模拟的主要目的是使用计算机仿真技术来模拟一块与星表相似的高分辨率地形地貌数据，主要有 2 类方法：一类是基于规则的方法，该类方法假定地形具有分形的特征，首先利用分形噪声对高程进行建模，然后基于陨石坑和石块分布的统计规律在第一步得到的高程中叠加地形的细节特征，以实现凹凸不平的星表；另一类是基于三维重建的方法，该类方法利用从外场或者内场拍摄的序列图像或者激光雷达数据重建地形的高程和影像图。第一类方法实现简单，但需要反复调整建模参数；第二类方法自动化程度较高，但算法实现的难度较大。

上述高程数据能够满足采样区分析或者路径规划等需求，但是不能充分反映土壤对巡视器牵引力的影响以及土壤质地对采样器的影响。为了模拟不同情况下土壤环境的物理力学特性，除了高程（几何）和影像（纹理），还需要考虑引入表征土壤质地的图像通道，甚至在局部区域以三维粒子系统[16]的形式对地形进行表示。如果土壤质地在垂直方向上均匀分布，则只需构造一个土壤质地图像通道（常见于巡视过程）。否则，必须构造多个（层）质地图像通道才能表征土壤的垂直分层特性（常见于钻取过程或者采样坑较深的表取过程）。

（2）月尘、火星尘数字模拟

探测器在降落月面过程中或快速行进中会激发月尘的飞扬，在火星表面，由于气压差甚至会导致尘暴现象。月尘飞扬或火星尘暴不但影响设备仪器性能，而且会显著降低相机成像的清晰度。通过仿真不同强度的沙尘现象不仅有利于增强遥操作训练系统的应急处理能力，而且还可以用于验证地形重建和视觉定位算法的稳定性和可靠性。

月面或火星的沙尘现象可以通过三维粒子系统[16]进行模拟。三维粒子系统常用来模拟自然界中的模糊现象，这类现象包含的物体常常具有不确定的外形，如火、烟、水流、云、雾、雪、沙尘等。每个粒子根据发射器的位置及给定的生成区域在特定的三维空间位置生成，并根据发射器的参数初始化各自的速度、颜色、生命周期等参数。三维粒子系统根据生成速度以及更新间隔计算新粒子的数目，然后检查每个粒子是否已经超出了生命周期，一旦超出就将这些粒子剔出模拟过程，否则就要根据物理模拟更改粒子的位置与特性。

（3）在轨目标数字模拟

与实物模拟相比，数字模拟具有更强的建模能力，其最大的优势在于可以准确模拟各个飞行阶段，如自由飞行段、抵近飞行段、绕飞段和抓捕段。这些飞行阶段可以无缝切换，因为各阶段的不同坐标系存在明确的转换关系。对于运行在特定轨道上的在轨目标，首先要在本体坐标系下模拟它的几何外形以及它的自旋运动，然后以指定的姿态将其放置到特定的运行轨道。

如图 2-11 所示，在轨目标的运行轨道包括 J2000 地心平赤道惯性坐标系和轨道坐标系（RTN 坐标系）。其中，J2000 地心平赤道惯性坐标系原点为地球质心，参考平面为 J2000.0 时刻的地球平赤道面，Z 轴正向指向北极，X 轴正向指向平春分点。RTN 坐标系原点为在轨目标质心，R 轴为地心到质心的向径方向，T 轴在轨道面内与 R 轴垂直，为在轨目标运动方向，N 轴为轨道面法向。RTN 坐标系与质心的轨道位置有关，RTN 坐标系可以转换到惯性坐标系。在轨目标本体坐标系 $\xi\eta\zeta$ 是在轨目标的局部建模坐标系，它与 RTN 坐标系具有相同的原点，均为在轨目标质心，2 个坐标系的相对姿态通过欧拉角进行描述。

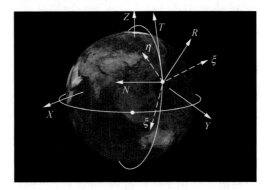

图 2-11　在轨目标轨道

2.2.2　空间机器人模拟

在轨目标，如空间碎片或者失效的卫星，是一类典型的非合作目标，与外界进行较少的通信，甚至不存在通信，且缺乏自主决策的能力，可以近似当作具有特定几何形状的黑盒子，因此模拟在轨目标时只需要模拟其轨道位置、外形、纹理和姿态即可。相比之下，完备的空间机器人模拟则极为复杂。除了要对空间机器人自身的分系统，如热控系统、电源系统、载荷系统和活动机构分系统（如定向天线）进行建模和仿真外，还需要模拟空间机器人与环境的交互过程。另外，空间机器人携带了各类相机，这些相机拍摄的图像是地面遥操作最重要的数据源，相机成像模拟也是空间机器人模拟的重要方面，同样可以视作空间机器人的各类相机与包括空间机器人在内的整个环境的交互过程。如图 2-12 所示，空间机器人系统一般可抽象为 4 个部分，即热控、电源、机构、载荷等分系统、空间机器人与环境交互分系统、器载计算机模拟分系统和遥测遥控处理分系统。遥测遥控处理分系统负责处理测控网与器载计算机模拟分系统之间的数据通信，器载计算机模拟分系统根据遥控数据对各分系统进行控制，并将各分系统的执行状态封装成遥测数据发送给遥控遥测处理分系统。空间机器人与环境交互分系统负责模拟空间机器人与所处环境中主要目标的交互过程，如机械臂运动过程、星球车与地面的轮地交互过程、采样器与土壤的采样过程以及相机成像过程。

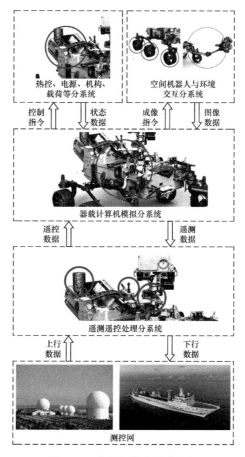

图 2-12　空间机器人系统框架

1. 空间机器人半实物模拟

空间机器人半实物模拟与特定的应用场景有关，主要是通过硬件设备来实现重要分系统的主要功能，而不是所有的分系统的全部功能。例如，在空间机器人模拟训练中，遥操作参训人员更关注机器人与环境的交互，对于热控、电源、载荷等分系统则可以简单模拟甚至可以忽略。

图 2-13 所示为一个典型的空间机器人半实物系统，该系统由半实物执行机构、器载计算机和遥测遥控接口计算机组成。半实物执行机构可以是携带多类相机的机械臂（包括末端执行器）或者星球车的移动机构，主要用于模拟空间机器人与环境的交互过程。器载计算机由空间机器人正样器的器载计算机改造形成，主要用于接收半实物执行机构的状态和图像数据，形成遥测数据，然后经过控制律计算，获得对执行机构的控制指令，同时与遥测遥控接口计算机进行通信，完成遥测下传和遥控上行数据接收响应。

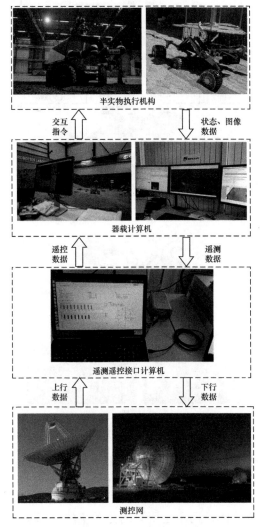

图 2-13　空间机器人半实物模拟系统组成

2. 空间机器人数字模拟

数字模拟旨在用数学物理模型来代替硬件设备。即便表征完备的数学物理模型存在极大的困难，数字模拟仍然是一种重要的模拟手段，主要原因有：①当基础实物环境不具备如地形本身就是虚拟的三维模型，如果需要模拟机器人与地形环境的交互过程，基于数字模拟更有优势；②当空间机器人还处于设计阶段，为了验证和优化其功能必须借助数字模拟；③当场地或者设备数量有限时，待数字模拟软件进行多机部署后，可以支持更广泛的操控和训练。

空间机器人的器载计算机和遥测遥控接口计算机的主要功能本身就是基于软件实现的，只不过运行在特定的计算硬件设备上。这些功能是通用的，不仅只适用于遥操作系统，也不是本书的重点，因此不再赘述。下面主要围绕执行机构的数字模拟进行简单介绍，包括机械臂运动过程、星球车移动过程、采样过程、相机成像过程等。

（1）机械臂运动过程数字模拟

当空间机器人逐渐接近在轨目标或采样器末端逐渐接近土壤进行采样时，机械臂运动过程的本质上是让机械臂末端从当前姿态运动到目标姿态。目前机械臂通常支持2类控制模式：一类为地面控制，即在对空间环境的分析基础上，操作员依次完成机械臂可达性分析和路径规划。可达性分析保证存在一组关节角度使得能够机械臂达到目标位姿，路径规划则保证对路径上任意一个中间点均存在一组关节角度使得机械臂能够达到，且不与自身碰撞，同时与环境中其他物体也均不发生碰撞；另一类为自主模式，即只需地面指定机械臂末端的位姿，完全由机械臂自主进行可达性分析和路径规划。如果机械臂周围环境未知或者已有的环境发生较大变化，则在关键环节仍需要地面操作员对控制参数进行复核，以保证机械臂安全运行。

由于运动路径上各点的关节角度已求出，则可借助三维可视化技术驱动三维机械臂模型进行正向运动，直观展示机械臂的运动过程，同时对可达性进行分析和验证路径规划的正确性。

（2）星球车移动过程数字模拟

星球车移动过程就是星球车与星表的轮地交互过程，即根据星球车的位置、航向与地形高程以及星球车的构型特性、作用力响应特性，求解星球车的姿态，属于典型的非线性逆运动学求解问题，它可转化为正向运动学搜索问题进行求解，即通过寻找轮地接触状态与某个车体位姿的最优匹配关系，最终可得到星球车在给定位置下的最优姿态。根据上述方法可模拟实现星球车移动过程中每个位置的姿态调整。

在单个位置轮地匹配模拟的基础上，星球车可以根据移动模式和移动轨迹不同调整自身的行驶状态，实现对任意移动轨迹的模拟。以曲率行走为例，模拟过程首先按照曲线的形状生成 2 个点之间的路径，然后对路径采样形成关键点序列，最后针对每一个关键点计算星球车的位姿，并在相邻关键点之间进行位姿插值，以保证星球车移动时的平滑显示。星球车移动具有曲率行走和原地转弯等多种模式。

（3）采样过程数字模拟

采样过程是指采样器与土壤进行交互的过程，即土壤如何从星表采样并转移到样品容器的过程。在实际任务中，采样包含钻取和表取 2 种类型。钻取是在地形垂直剖面上进行土壤样品收集，这种样品适用于分析土壤的分层结构；表取是在地形表层进行采样，而这种样品更适用于分析土壤的表层结构。

对于钻取模拟，采样器钻头从星表向下到指定深度的整个过程都在持续进行样品收集，一方面可以根据钻头垂直向下的速度实时减少局部高程值来模拟地形的改变；另一方面在局部区域里通过高程差估计样品体积，并将样品定量地分布到样品容器里。与钻取相比，表取采样模拟相对复杂，采样坑的形状依赖于采样器的形状、初始位姿和运动轨迹，以及地形的高程和土壤质地参数，准确模拟采样坑的形成过程极其困难，可采取基于几何求交的方法进行近似计算，即通过将运动轨迹上所有采样器形状的并集与地形的交集作为采集的土壤样品。

（4）相机成像过程数字模拟

空间机器人通常会携带多个相机，不同的相机具有不同的安装和成像参数，相机成像过程就是模拟这些相机如何拍照形成遥测图像的过程，涉及的主要因素包括空间机器人、地形、星空背景、太阳等，要构造逼真的成像效果必须满足 2 个条件：①对空间机器人和地形的形状、纹理和材质、太阳的光强和方向进行准确建模，不仅需要预先构建它们的初始形状，还需要仿真运动或者变形后的形状；②对物体与光的交互过程进行接近物理真实的模拟，即采样基于物理的绘制模型[17-19]生成辐射亮度图像。

辐射亮度图像并不能等价于遥测图像，因此需要结合接收光学系统和像探测器的能量传递特性、空间频率传递特性、噪声模型以及视场内的恒星背景，甚至还需考虑与星表沙尘现象相关的能见度因素，综合对辐射亮度图像进行处理，最终模拟出适用于操作员使用的遥测图像。

| 2.3 空间机器人操控训练子系统设计 |

尽管空间机器人操控训练子系统与空间机器人遥操作系统具有相近的功

能，但对操作员却提出了不同的要求：①空间机器人操控训练子系统强调训练效果，要求操作员不仅要熟悉操作流程，还需要了解底层的数学物理模型和软件设计机理，这样才有利于他们尽快掌握操作流程、配置正确的核心参数、理解和判定操作结果的正确性；②为了提高训练效果和任务执行能力，空间机器人操控训练子系统被设计成暴露给操作员更多的参数，以达到更大的操控自由度，因此空间机器人操控训练子系统具有更丰富的界面元素；③空间机器人操控训练子系统的研制通常会先于适用于实际工程任务的空间机器人遥操作系统。空间机器人操控训练子系统一方面可以用来预先训练操作员，另一方面还可以在不同操作员的重复使用过程中，明晰用户需求、发现系统存在的问题、验证理论模型、优化体系设计，最终打造简洁、稳定和安全的空间机器人遥操作系统。

由于空间机器人操控训练子系统与空间机器人遥操作系统具有较大的相似性，所以可以基于现有空间机器人遥操作系统的设计理念和体系结构，并通过扩展其功能来搭建空间机器人操控训练子系统。空间机器人操控训练子系统以空间探测过程模拟子系统生成的遥测数据特别是图像数据为输入，完成对空间目标的感知与分析，根据任务要求和空间机器人的状态进行空间机器人规划与验证，并通过三维可视化界面对空间机器人进行交互式控制。

2.3.1　空间目标感知与分析功能设计

空间目标感知与分析是空间机器人操控训练子系统必须首先考虑的问题，包含重建和定位 2 个子问题。对于重建问题，如果空间机器人为巡视探测器或者采样机器人，则空间目标是地形，需要关注如何从图像重建三维地形、如何提取地形的几何特征；如果空间机器人为在轨服务机器人，则可以借助激光雷达数据估计距离，并利用序列图像反演三维形状。视觉定位同样属于感知的范畴，其目的不是重建整个三维场景，而是利用关键信息从图像中估计空间机器人与空间目标的相对位置。

1. 地形重建与分析功能设计

由于我们对月表或者火星表面了解较少，为了保证任务的安全执行，空间机器人通常会配备多类相机用于感知星表地形。地形重建正是从双目视觉测量原理[20]出发，利用重建技术恢复星表地形，主要产品为数字正射影像图（Digital Orthophoto Map, DOM）和数字高程模型（Digital Elevation Model, DEM）。地形重建的精度至少与 2 个因素有关，即相机内外参数的标定精度和

特征点匹配精度。由于局部星表纹理呈现相似的特性，尤其是在阴影区域和一些平坦的区域，自动特征点检测和匹配存在较大不确定性，故操作员必须手动修改或者添加匹配点对。匹配点对的编辑相当耗时，操作员需经过多次训练才能掌握要领。

重建高程后，就可以直接利用高程计算地形的几何特征，如坡度、坡向和粗糙度等。进一步，还可以利用原始遥测图像或者数字正射影像图检测石块或者凹陷的区域，甚至还可以基于机器学习的方法对土壤质地进行分类。基于这些信息可以为星球车设计一条既可以躲避障碍又不至于卡陷的路径，也可以为采样机器人挑选一些平坦、安全且质地适宜的采样点。

2. 在轨目标重建与分析功能设计

当空间机器人与在轨目标的相对距离较近时，在轨目标在光学相机中能够清晰成像，其三维重建与分析要解决 2 个问题：一个问题是构建在轨目标的三维表面模型。首先通过从序列图像中提取几何特征，建立序列图像之间的匹配关系；然后基于光束法平差算法[20]建立稀疏点云模型，并插值生成稠密点云模型；最后将点云模型转换为三维表面模型。另一个问题是绕飞安全区计算。安全区是空间机器人与在轨目标不发生碰撞的空间区域，近似为在轨目标包围盒以外的空间。安全区分析为空间机器人逼近在轨目标提供了安全保障。

3. 视觉测量与定位功能设计

视觉测量与定位主要是利用视觉手段，测量感兴趣目标的位姿或者自身的位姿的功能。当采样机器人或在轨服务机器人在接近和操作目标时，必须提前确定与目标之间的相对位姿。目前，近距离高精度定位只能通过器载相机提供单目或双目图像。双目定位基于立体视觉原理[21]，与地形重建类似，通过双目交汇来确定目标在相机坐标系的位置。单目定位则需要利用自然特征（如罐口椭圆）或者靶标特征（如棋盘格）来确定目标的位置和姿态。

由于车轮可能存在打滑现象，星球车并不能完全按照路径规划方案达到地形的预定位置，故需要对其进行定位，以确保下一步行驶方向的正确性。传统的无线电测量精度约为百米级，不能满足科学探测定位需求。虽然通过自身携带的惯导系统也可以进行导航定位，但定位精度仍然不能满足需求，且存在误差累积效应。与在轨服务机器人和采样机器人类似，星球车定位只能依靠不同位置（站点）拍摄的序列图像，主要过程为通过搜索前后站中最大重叠区域的图像，确定图像的对应点，根据对应点前一站位姿计算当前站点的位姿，这里同样使用了光束法平差算法[21]。

2.3.2　空间机器人规划与验证功能设计

空间机器人规划包括 3 个层次：整体规划、周期规划和单元规划，如图 2-14 所示。三层规划至顶向下、逐步求精，实现空间机器人安全、高效地从起点运动到目标位置。其中，整体规划根据任务总体目标确定一系列科学探测点，如在轨服务机器人的抓捕点、星球车的目标位置和采样机器人的采样点；周期规划根据任务性能需求或者资源约束在 2 个相邻探测点之间确定一系列导航点，完成 2 个探测点之间的路径分段；单元规划根据资源或者环境约束确定 2 个导航点之间的可通行路径。

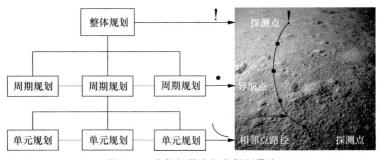

图 2-14　空间机器人任务规划层次

1.　空间机器人整体规划功能设计

对于在轨服务机器人，整体规划根据在轨目标的三维外形分析和提取目标的几何特征，将易于抓捕的位置（如局部凸区域）作为抓捕点。对于星球车，整体规划则根据低分辨率图像（如卫星影像或者降落相机图像）选定具有科学探测意义的目标点，同时保证降落位置到这些目标点存在一条大致安全的路线。对于采样机器人，整体规划通常根据自身携带的相机拍摄的图像对局部采样区地形进行重建和分析，进而基于地形约束和机械臂构型约束设定候选采样点。

2.　空间机器人周期规划功能设计

对于在轨服务机器人和采样机器人，导航点的设定是安全性和执行效率的平衡结果。在保证可达的情况下，前几个导航点通常空间间隔较大，用于实现大范围转移，侧重运动效率；后续的导航点位置分布较为接近，用于实现小范围转移，侧重安全逐步逼近。对于星球车，导航点的选择主要受限于局部地形的有限范围。星球车到达特定位置后会对周围地形进行拍照成像，重建三维地形数据，包括地形高程和数字正射影像数据。在局部地形数据上，参照探测点位置，在保证安全可达的情况下选择离星球车较远的少量位置作为导航点。

3. 空间机器人单元规划功能设计

无论是在轨服务机器人还是采样机器人，单元规划的目的都是实现机械臂末端从一个导航点转移到另外一个导航点。转移过程中要考虑几个因素：①是否可达，机械臂构型及转动角度约束会导致存在不可达空间；②是否碰撞，机械臂投放和收拢过程可能与本体或周围环境产生碰撞；③是否采用关节空间规划或者笛卡儿空间规划。如果是笛卡儿空间规划，则需要进一步利用逆向运动学求解关节角度。如果是规划对象是关节角度，可直接将生成的路径输入机械臂控制系统。对于星球车，单元规划即路径规划的主要功能是在 2 个导航点之间搜索一条可通行路径。首先，从地形和环境信息中提炼坡度坡向、粗糙度、太阳光照和通信链路等特征构造环境综合代价图。然后，基于移动路径搜索算法在环境综合代价图中找出一条从起始导航点到目标导航点且与障碍物无碰撞的优化路径。

4. 空间机器人规划结果验证功能设计

空间机器人的规划结果验证主要是利用数字仿真模型对机器人运动和操作相关的功能进行验证。结合空间机器人的动力学特性，根据控制指令按照时间轴推演空间机器人在任务执行过程中的力、力矩、碰撞关系、安全性等指标，确保机械臂运动过程中不发生力和力矩超限、不发生与周围环境的碰撞，确保星球车在星表行驶不发生卡陷的问题。

空间机器人类型和执行任务类型不同，验证内容和要求也有区别。对于在轨服务的空间机器人，主要分析机械臂抓捕操作的可行性和安全性、机械臂操作轨迹的最优性、机械臂操作对基座本体的扰动性、关节范围和力矩的超限可能性等问题。对于星球车，主要分析轮地交互的力学特性、相机云台及和定向天线等活动机构运动的正确性、能源计算和太阳能帆板设置的合理性等指标；对于采样机器人，主要分析机械臂的可达性和安全性、机械臂运动轨迹的最优性、机械臂与环境的碰撞关系以及采样与放样操作的精确性等指标。

2.3.3 三维可视化与交互控制功能设计

空间机器人操控训练任务具有图像信息依赖高、人机交互频繁、多岗位协同作业的特点。人机协同意味着一方面需要基于计算机软硬件平台提供强大的数据处理能力，利用计算机视觉和人工智能等技术处理和分析图像数据，提供辅助决策信息，另一方面需要地面操作员充分发挥自身认知能力，解译环境信息，对空间机器人状态进行分析判断，做出最终的决策。三维可视化与交互控制正是为了提高人机协同效率而产生的一种直观、灵活的技术手段，已然成为空间机器人遥操作系统不可或缺的标准组件，其基本思想是在综合信息可视化的基础上，以人机交互的方式产生呈现感知状态和规划方案，并对规划结果进行快捷的编辑、分析和评估验证，以满足任务决策的实时性、高效性和灵活性等要求。

1. 虚拟三维可视化功能设计

空间机器人探测和操控任务，涉及环节较多，交互复杂，在前述章节中，主要论述了感知、规划和验证等核心内容，包括这三者在内，三维可视化与交互模块需具备以下功能：

（1）任务数据获取。空间机器人操控过程中涉及的信息种类较多，包括遥测图像、三维地形、在轨目标、定位结果、规划结果等。因此，三维可视化与交互模块需要具备历史数据检索、下载、实时数据接收、结果发布等功能。

（2）任务数据可视化。空间机器人规划所依赖的数据大部分是二维或三维数据，如遥测图像、地形、规划路径等，需要以图形的方式进行显示，重点数据关联关系也需要进行可视化，从而为规划人员提供直观的判定和决策手段。

（3）规划结果仿真。规划完成后，在执行前需要对其进行验证。在三维可视化环境中，将规划结果嵌入相应约束环境中，对规划执行的情况以三维可视化的方式进行仿真，显示直观，易于判断。

（4）人机交互接口。除了辅助感知和规划以外，还可以借助一些 VR 和 AR 设备提高操作员的视觉和力觉沉浸感，比如可以在交互接口中集成 VR 头盔设备，甚至还可以集成具有力反馈的操纵设备（操纵杆）。

2. 可视化与交互控制融合设计

空间机器人操控训练子系统要成为一个易用且有效的平台，其三维可视化与交互模块必须具备综合协调的信息显示能力、实时的交互体验和真实感的场景体验，因此必须在平台里引入信息融合显示技术、实时显示与交互技术和逼真场景构建技术。

（1）信息融合显示技术

信息融合显示技术就是根据数据元素的类型和重要程度，设计合理的叠

加规则和显示布局。在空间机器人操控训练子系统里，各类与规划决策相关的信息以可视化的方式进行显示。在图形化交互窗口中，一般将多种元素，如地形数据、规划路径、站点、采样点等共同显示到一起。系统还支持操作员通过交互设备操纵屏幕上的物体，并将物体的空间坐标或图形数值显示到窗口里。

（2）实时显示与交互技术

显示与交互的实时性主要体现在 3 个方面：①对窗口中出现的三维物体图像、文本、表格等数据要实时绘制，操作员可以以多视角平滑观看，这个主要是可视化绘制效率问题，可以借助 GPU 的并行计算能力解决；②对重要的遥测状态数据、图像数据、规划结果和预测结果等，要同步呈现，不能存在较大的延迟现象，这主要是与网络实时数据传输有关，必须从网络架构上进行优化设计；③针对带有力反馈的空间机器人操控过程，要求力反馈效果与三维物体的运动结果同步，且具有准确的对应关系，同时还必须考虑力反馈与运动的映射模型。

（3）逼真场景构建技术

逼真的场景有助于操作员更精准掌握空间态势。首先，三维模型的几何和纹理要真实。空间机器人的三维模型要严格按照真器尺寸进行建模，尤其是重要部件的核心参数，如机械臂的 D-H 参数、车轮大小、桅杆长度、相机朝向以及部件的相对位置关系。其次，动画过程要具有物理意义，比如机械臂的关节旋转要正确，巡视器车轮运动速度和转向与真实情况接近。最后，还需要采用基于物理的光照模型渲染生成逼真的场景图像[18]。

2.4 空间机器人操控训练评估子系统设计

本节先讨论训练内容，针对具体内容给出量化评分规则，然后按照训练模式介绍人员组织形式。围绕 3 类空间机器人的地面操控训练，量化评分规则将分别在后续章节进行更细致的阐述。

2.4.1 训练内容与评估方法设计

训练内容基于层次结构设计，由浅入深，循序渐进，主要包括认知训练与评估、专项训练与评估和综合协同训练与评估，如图 2-15 所示。

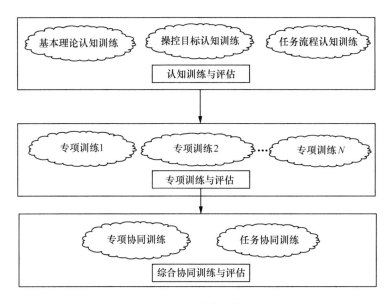

图 2-15 训练内容架构设计

1. 认知训练与评估

参训人员首先进行认知训练，主要目的是熟悉基础理论、操控目标和任务流程等。认知训练一般在操控团队组建后进行，分为线下培训和线上培训 2 部分。线下培训主要是通过授课的形式对任务涉及的背景意义、实施流程、操控软件算法原理进行讲解。线上培训部分主要是指操作员使用交互式学习和测试环境训练评估软件，熟悉空间机器人三维可视化环境和任务流程演示环境等。线上培训根据参训人员的交互操作对认知能力进行量化打分。

2. 专项训练与评估

认知训练通过后，参训人员要进行专项训练，即按照任务阶段进行训练。同一个参训人员一般要求进行多个专项训练，以确保单个专项具有多人能执行。不论是机械臂抓捕任务或星球车巡视任务还是采样任务，通常会采取"分而治之"的策略，即将任务划分为多个独立的阶段，这主要是因为不同的任务阶段在基础理论、操控内容和参训人员组织形式上都存在较大的差异。针对特定阶段的训练即是专项训练。不同的专项训练需关注的操控内容具有较大的差异，评价能力强弱的标准也不相同。以星球车巡视任务为例，路径规划岗位（专项）强调路径中间点的设置，而地形建立岗位（专项）则强调如何找到尽可能多的匹配点对。这就要求根据不同的评价标准建立专项评价函数，量化专项评价指标。

3．综合协同训练与评估

参训人员最后还需要进行综合协同训练，不仅能够在几个单项之间的上下游进行协同配合，甚至还要求在整个任务中与其他参训人员做到协同配合。空间机器人的操控流程一般都有特定的顺序，比如第一个操作步骤通常都是操控参数和图像准备，最后一个是发出控制指令，若不按照可行的流程顺序进行操作，则可能产生不可预知的后果。只有各岗位人员各负其责且处理好上下游的关系，才能共同有效完成整个训练任务。任务操控流程决定了空间机器人的操控任务需要多个岗位人员协同配合。

对某一个参训人员，给定一个由多个专项组成的训练任务，重复多次训练，保证该参训人员从事同样的岗位，但其他岗位人员均在变动，该参训人员从事本岗位的协调能力指标可定义为训练任务成功的次数和训练次数的比值。参训人员的协调能力指标则定义为所有岗位协调能力指标的平均值。

2.4.2 训练人员管理设计

当所有参训人员经过三级训练后，空间机器人操控训练评估子系统会对每一个参训人员的各项操控能力进行量化评价得到单项评价指标（如认知、专项和协调等），如表 2-1 所示。通过融合单项评价指标就能得到反映个人操控能力的综合指标。基于单项和综合指标，一方面可以为参训人员分配亟需训练的操控项目，弥补不足，提升操控能力；另一方面也可以为训练团队组织架构设计提供参考，同时也可以为训练任务指派特定的参训人员，最终为任务实施提供人员配置方案。

表 2-1　操控水平指标

操控项目 ＼ 人员	认知	专项 1	专项 2	…	专项 N	协调
1	95	98	85	…	85	80
2	80	90	95	…	80	90
3	100	80	90	…	90	85
⋮	⋮	⋮	⋮	⋮	⋮	⋮
M	90	95	80	…	85	75

设 $H_{i,j}$ 为第 i 个参训人员在第 j 个单项上的能力指标，w_j 为第 j 个单项的权重，其中单项包括认知、专项 1 至专项 N 和协调等 N+2 个操控项目，则第 i 个

参训人员的综合指标 F_i 定义为：

$$F_i = \sum_{j=1}^{N+2} w_j H_{i,j} \qquad (2\text{-}1)$$

如果 2 个操控项目在时序上没有交集，则它们可分配给同一个参训人员，否则必须分配 2 个人单独操控。实行一人多岗有利于节省总人力，尤其是在执行正式任务时可以增加轮班次数，减少操控时长，但同时也引进了一个新的问题，即如何从总人数 M 中找出 $P(P \leqslant M)$ 个参训人员，使得团队的综合指标 F_t 最大化：

$$\max_{\{k_j\}_{j=1}^{N+2}} F_t = \max \sum_{j=1}^{N+2} w_j H_{k_j,j}$$
$$\text{s.t.} \quad \| \{k_j\}_{j=1}^{N+2} \| = P \qquad (2\text{-}2)$$
$$k_i \neq k_j, \quad \text{当 } G_{i,j} = 1$$

式中，$k_j \in [1, M]$，$\|\cdot\|$ 表示集合包含元素的个数即 $\{k_j\}_{j=1}^{N+2}$ 中包含参训人员的个数，G 为操控项目互斥矩阵，元素 $G_{m,n} = 1 (m, n = 1, 2, \cdots, N+2)$ 表示第 m 个项目和第 n 个项目不能分配给同一个参训人员，$G_{m,n} = 0$ 表示第 m 个项目和第 n 个项目可以分配给同一个参训人员。

由于参训人员和操控项目的总数都较小，式（2-2）中的优化问题可以通过筛选的方式得到。首先从 M 个人中任取 P 个人，共有 C_M^P 种组合；随后将 P 个人分配给 $N+2$ 个操控项目，共有 $C_M^P P^{N+2}$ 种组合；然后根据互斥矩阵从 $C_M^P P^{N+2}$ 中剔除不满足互斥约束的组合；最终从剩下的组合中选择使综合指标 F_t 取值最大的组合 $\{k_j\}_{j=1}^{N+2}$。

下面围绕针对性训练、竞争性训练和协同性训练等模式讨论如何组织人员进行训练。

1. 针对性训练

针对性训练主要是基于当前的操控水平指标（见表 2-1）发现训练系统中存在弱项的参训人员，并为他们推荐相应的训练项目，通过强化短板训练使得个人岗位技能得到快速提升。以采样机器人操控训练任务为例，主要涉及的专项训练包括采样点选取、采样点定位、采样量计算、路径规划、精调控制等众多任务。如果参训人员在路径规划专项上能力不足，不仅要针对路径规划进行强化训练，还需要加强对认知方面特别是机械臂基础理论的学习。如果是协调能力不足，除了针对短板专项的训练外，更重要的是加强任务过程的认知培训

和专项之间的协同训练。训练结果可用作修正个人能力指标。

2. 竞争性训练

竞争性训练是指多个参训人员针对同一专项或者多个参训团队针对同一任务开展技能训练与比赛。对于个人竞赛，参赛人员可以由专项训练单项指标相近的参训人员构成；对于团队竞赛，可以基于式（2-2）依次挑选出实力（团队综合指标）相近的团队。赛后通过组织交流讨论使岗位人员能够从不同维度理解操控任务，相互学习全面提升岗位操控技能。比赛结果可用作修正个人能力指标。

3. 协同性训练

协同性训练主要是通过多个不同岗位人员针对目标任务开展协同配合共同完成复杂任务的全过程训练，要求参训人员按照所承担任务类型的不同设定岗位，各司其职、相互协作，训练岗位人员的团队理念和协同意识，提升整体协同操控能力。该类训练模式注重训练岗位操作员的协同关系，要求参加整体任务的各个成员按照任务协同要求，在规定时间内高质量完成各自任务。同时，考虑到任务全局的协同性要求，按照每个人员的操控水平指标，为特定的训练任务分配团队成员，实现优势互补，提高任务的执行效率。

｜参考文献｜

[1] 张文辉，叶晓平，季晓明，等. 国内外空间机器人技术发展综述[J]. 飞行力学，2013，31(3):198-202.

[2] 王燕波，李晓琪. 智能机器人——未来航天探索的得力助手[J]. 宇航总体技术，2018, 2(3):62-70.

[3] 黄攀峰，刘正. 空间遥操作技术[M]. 北京：国防工业出版社，2015.

[4] 厄恩斯特·梅瑟施米德，莱茵霍尔德·伯特兰. 空间站系统和应用[M]. 周建平，译. 北京：中国宇航出版社，2013.

[5] 贾阳，李晔，吉龙，等. 火星探测任务对环境模拟技术的需求展望[J]. 航天器环境工程，2015, 32(5):464-468.

[6] 樊世超，贾阳，向树红，等. 月面地形地貌环境模拟初步研究[J]. 航天器环境工程，2007，24(1):15-20.

[7] 李建桥，邹猛，贾阳，等. 用于月面车辆力学试验的模拟月壤研究[J]. 岩土力学，2008，29(6):1557-1561.

[8] 刘福才，刘林，李倩，等.重力对空间机构运动行为影响研究综述[J]. 载人航天，2017, 23(6):790-797.

[9] 贾阳，申振荣，庞彧，等. 月面巡视探测器地面试验方法与技术综述[J]. 航天器环境工程，2014, 5:464-469.

[10] 张磊，刘波涛，许杰. 火星探测器热环境模拟与试验技术探讨[J]. 航天器环境工程，2014, 31(3):272-276.

[11] 战培国. 国外火星风洞及火星环境风工程研究[J]. 环境科学与技术，2014 (S2):206-209.

[12] 蔡震波，曲少杰.火星探测器全任务期空间环境特征与防护要点[J]. 航天器环境工程，2019, 36(6):542-548.

[13] 童靖宇，李蔓，白羽，等. 月尘环境效应及地面模拟技术[J]. 中国空间科学技术，2013, 33(2):78-83.

[14] 赵宏跃. 基于 PLZT 月面探测器表面黏附月尘光电清除技术的研究[D]. 哈尔滨: 哈尔滨工业大学，2018.

[15] 单家元，孟秀云，丁艳，等. 半实物仿真[M]. 北京: 国防工业出版社，2013.

[16] REEVES W T . Particle systems: a technique for modeling a class of fuzzy objects[J]. ACM Transactions on Computer Graphics. 1983, 2(2): 359-375.

[17] 韩意，陈明，孙华燕，等. 天宫二号伴星可见光相机成像仿真方法[J]. 红外与激光工程，2017, 46(12): 251-257.

[18] 闫立波，李建胜，黄忠义，等. 天基系统空间目标光学成像仿真方法研究，计算机仿真，2016, 33(4): 120-124.

[19] PHARR M, JAKOB W, HUMPHREYS G. Physically based rendering: from theory to implementation[M].3rd ed. San Francisco: Morgan Kaufmann, 2016.

[20] 徐德，谭民，李原. 机器人视觉测量与控制[M]. 北京: 国防工业出版社，2016.

[21] 高翔，张涛. 视觉 SLAM 十四讲: 从理论到实践[M]. 北京: 电子工业出版社，2017.

第 3 章

在轨服务机器人操控模拟训练设计

在轨服务机器人是实施在轨目标抓捕、设施维修、部件拆装、燃料加注等在轨服务的设备，是实现在轨灵活操作和执行各类复杂任务的关键。为了提高操作的灵巧性，在轨服务机器人一般采用多自由度冗余结构，且受到空间微重力环境的影响，机器人与其载荷之间表现出一定的动力学耦合特性，这使得在地面重力条件下难以对其进行精准模拟，也难以开展真实的操控训练。本章针对这一难题进行分析，从操控训练的角度设计在轨服务机器人空间操作过程的数字和半物理模拟方法，为操作员操控该机器人提供相应平台；在此基础上设计在轨服务机器人地面操控训练系统和操控训练评估系统，为操作员深入认知在轨服务机器人操控方法、提升操控能力提供支撑。

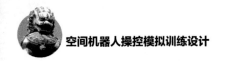
| 3.1 概述 |

随着空间技术的发展和空间任务需求的不断增多，在轨服务机器人的应用范围越来越广泛，在空间探测中发挥的作用也越来越明显。以美国为代表的航天强国，依托国际空间站平台开展了大量的飞船抓捕对接、设施维修与更换、载荷维护与照料等在轨操作任务，极大地拓展了在轨管理与服务能力。与此同时，它们近年来还不断推行以在轨服务机器人为主要操控对象的空间在轨实验，如"轨道快车"项目、"凤凰"计划、"蜻蜓"计划等，不断深化在轨服务机器人的应用，提升在轨服务机器人的在轨操控能力。在轨服务机器人在未来的太空任务中将承担着越来越重要的责任，不同类型在轨服务的地面配套操控模式将不断建立，地面操控模拟训练的需求也将越来越多。

本节先对 3 类在轨服务机器人的特点进行简要介绍，然后重点介绍在轨服务机器人操控模拟训练体系设计。

3.1.1 在轨服务机器人的特点和操控模式

从第 1 章已知，在轨服务机器人分为舱内/外服务机器人和自由飞行机器人。不同类型的在轨服务机器人的特点也不尽相同。

舱外服务机器人主要负责完成目标航天器的捕获、结构组装、检查维修和辅助航天员出舱等活动，其主要特点为：①基座固定或者可以在航天飞机或空间站表面进行移动，运动范围受到基座的约束；②其质量远小于大型航天器本身，因此空载条件下的运动对基座的扰动近似可以忽略；③其机械臂操作有较高的精确性和灵敏性，能够在一定范围内替代航天员进行货物搬运、在轨组装与拆卸、危险品处理等操作。

　　舱内服务机器人主要用于在大型航天器内部进行科学实验、科学载荷维护服务以及其他管理。该类机器人能够通过地面遥操作或者智能自主运行进行舱内的无人管理和维护，从而简化航天器的生命支持和救生系统，降低结构复杂度和任务费用。随着相关技术的进步和具体应用需求的明确，该类机器人也将得到更多的发展和应用。

　　自由飞行机器人是机械臂和小型航天器组成的系统，包含推进器、卫星基座以及基座上固定的机械臂 3 个部分，具有自主机动能力，能够灵活执行多种服务操作。自由飞行机器人是具有体积小、质量小、发射成本低、操作敏捷、可以自由进行伴飞和绕飞操作等特点的多自由度机械臂，能够执行各类复杂操作任务，如对己方航天器执行检测、维护、燃料加注、营救等，对敌方航天器执行监视、软硬杀伤等。近年来，自由飞行机器人由于其技术覆盖面宽且易于跟人工智能技术结合的特点，催生出了很多新的应用模式，成为研究的热点。

　　上述 3 类在轨服务机器人的操控模拟也各不相同。对于舱内/外服务机器人，由于机器人基座载体质量大，操作对象主要为舱外或者舱内固定的目标，因此将这两类操作近似等效于地面基座固定条件下的机械臂操控。对这两类机器人操控过程的模拟与仿真主要考虑微重力对机械臂形变量和运动震颤等因素的影响。对于自由飞行机器人，由于其机械臂与基座载体质量相差较小，机械臂运动对基座载体的位姿影响较大，同时其操作对象为空间飞行目标，使得抓捕过程中存在较大的不确定性，故此类机器人的操控模拟不仅要考虑机械臂自身的运动路径规划问题，还要考虑目标的飞行状态、其与目标的相对飞行安全性等问题，较前两类操控模拟更为复杂。本章主要针对自由飞行机器人的操控问题，设计模拟系统构建方式，阐明基于模拟系统的地面操控模式，为地面人员的在轨服务机器人操控训练提供支撑。同时该类模拟系统也能够为前两类空间机器人在轨服务的遥操作控制模式设计提供重要参考。

3.1.2 在轨服务机器人操控模拟训练体系设计

在轨服务机器人是在轨服务的主要操控对象，其操控模拟训练需要建立在对各类在轨服务任务认知和对关键过程建模的基础之上。在轨服务机器人作为航天器携带的最重要活动机构，是航天器执行各类复杂操作任务的核心单元，其既能够伴随航天器载体完成轨道机动、伴飞绕飞、准确接近、稳定抓捕、交会对接等飞行类任务，也能够进行监视检查、部件更换、故障维修、在轨组装、燃料加注等操作类任务，还能够通过自身动力系统辅助目标航天器进行轨道和姿态调整等特殊性任务。

鉴于在轨服务机器人操作任务的多元化和复杂性特点，结合第 2 章提出的空间机器人地面模拟训练通用框架，在分析各类空间操控任务的模拟训练需求的基础上，综合考虑实时性、安全性、可靠性、用户友好程度等因素，将在轨服务机器人的操控模拟训练系统划分为在轨服务机器人操作过程模拟器、在轨服务机器人操控训练仿真系统和在轨服务机器人操控训练评估系统 3 个部分，如图 3-1 所示。其中，在轨服务机器人操作过程模拟器包括太空环境及成像模拟、运动学与动力学建模仿真、操作过程模拟、微重力半实物模拟等功能，主要用于模拟在轨服务机器人在轨运行过程，能够接收地面遥控指令、模拟机械臂运动逻辑与动力学特性、产生并下传遥测数据，用于作为在轨服务机器人操控训练仿真系统的操控响应模拟器，可实现天地时延条件下的在轨服务机器人操控过程模拟。在轨服务机器人操控训练仿真系统包含服务器阵列、沉浸式虚拟现实与交互系统、状态监视与操控一体化装置 3 个部分，内嵌机械臂操作感知、规划、控制和验证的功能模块，并且为操作员提供友好的沉浸式交互接口和简易的状态监视与操控模式，能够以虚拟现实可视化、灵便交互和手柄操控等多类形式开展机械臂在轨操作模拟训练，支持地面操作员开展基本操作训练、专业训练、复杂过程训练、针对性训练等多类训练活动。在轨服务机器人操控训练评估系统包括视觉判读与分析、机械臂操作规划、机械臂控制和机械臂操作验证 4 类能力的评估，能够对不同阶段、不同水平的人员进行管理，同时也能够开展不同层次、不同类别的训练，记录训练过程和训练能力的提升情况，有针对性进行短板强化训练，以帮助操作员提升训练效果。

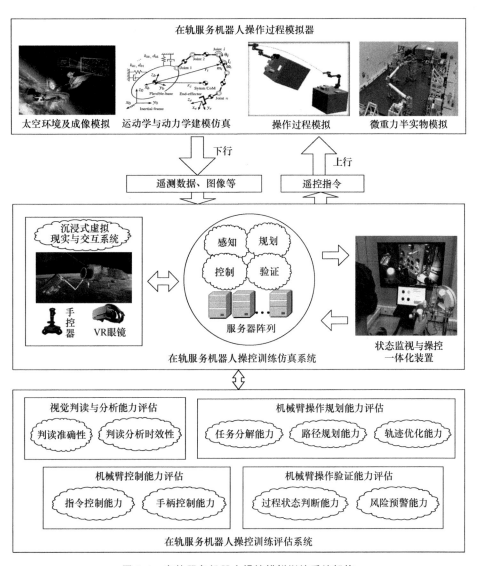

图 3-1 在轨服务机器人操控模拟训练系统架构

在上述系统架构中，在轨服务机器人操控训练仿真系统中的服务器阵列负责各类数据的接收、处理、计算与分发，是整个体系的核心单元。围绕这个核心主要完成 4 个方面数据交互，如图 3-2 所示。

（1）沉浸式虚拟现实与交互系统接收操作员手控器输入信息，并发送到服务器阵列；服务器阵列根据手控器输入信息进行机械臂操作规划计算或者过程仿真计算，生成机械臂规划序列或者控制指令，驱动在轨服务机器人物理模型发生状态变化，并将新的状态数据发送至沉浸式虚拟现实与交互系统和状态监视与操控

一体化装置，同步更新显示状态，实现操作员对虚拟机械臂的拖曳、示教等操作。

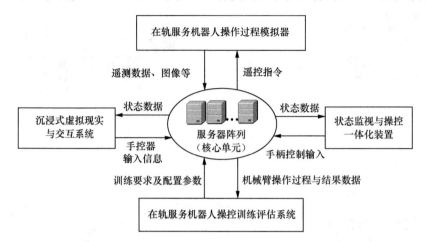

图 3-2　在轨服务机器人操控训练核心单元与各模块间的交互关系

（2）状态监视与操控一体化装置中的手控器能够接收到操作员的操作控制指令，并发送到服务器阵列；服务器阵列进行机械臂操作的实时规划与控制计算，生成机械臂控制指令，并发送至状态监视与操控一体化装置、沉浸式虚拟现实与交互系统和在轨服务机器人操作过程模拟器，实现对在轨服务机器人操作过程模拟器的实时控制和地面状态的实时更新显示。

（3）在轨服务机器人操作过程模拟器根据地面发送的控制指令序列执行操作任务，产生状态响应结果，生成遥测数据、图像等，并发送至服务器阵列；服务器阵列将接收的机械臂遥测状态送至虚拟头盔或智能显示屏显示机械臂真实运动状态。预测仿真状态和真实遥测状态同时显示形成比对，引导操作员做出正确的操作决策。

（4）在轨服务机器人操控训练评估系统根据训练要求进行常规参数配置，发送至服务器阵列；服务器阵列生成的所有机械臂操作过程与结果数据，发送至在轨服务机器人操控训练评估系统进行记录与存储，开展操控能力的评价和训练效果的评估。

3.2　在轨服务机器人操作过程模拟

本节以自由飞行在轨服务机器人抓捕空间目标为例，首先介绍机器人在轨操作典型过程，然后对在轨服务机器人在轨操作过程及其包含的各个环节的模拟进行系统性介绍，最后介绍在地面环境下，在轨服务机器人的半实物模拟方法。

3.2.1　在轨服务机器人在轨操作典型过程概述

在轨服务机器人在轨服务包含了从发射到服务及离轨的全过程，以抓捕与操作空间目标为例，其全过程包括地面观测、服务星发射、服务星变轨飞行、抵近飞行与抓捕、在轨操作服务和携带空间目标抵达指定轨道。其中，抵近飞行与抓捕及在轨操作服务是在轨服务机器人操作的关键阶段，按照服务星与空间目标的距离划分为远距离段、中距离段、近距离段和超近距离段 4 个阶段，如图 3-3 所示。在远距离段主要完成空间目标测量与抵近飞行控制；在中距离段主要完成空间目标三维重建及运动状态估计；在近距离段主要进行空间目标近距离安全绕飞控制；在超近距离段主要进行服务星悬停抓捕及接管控制等。下面分别对这 4 个阶段进行介绍。

地面观测及服务星发射入轨	空间目标测量与抵近飞行控制	空间目标三维重建及运动状态估计	空间目标近距离安全绕飞控制	服务星悬停抓捕及接管控制	服务操作完成后分离
	100 km→5 km	5 km→2 km	2 km→100 m	100 m→0	

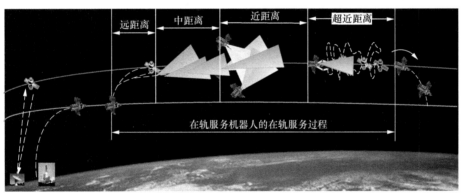

图 3-3　在轨服务机器人抓捕空间目标的全过程

（1）空间目标测量与抵近飞行控制

在轨服务星抵近目标过程中，需要不断修正空间目标与自身的相对位置关系，才能实现最终的成功捕获。为了实现相对位置和飞行方向的准确控制，可采用激光雷达和光学相机组合的相对测轨方法，即通过激光雷达测量空间目标的径向精确距离，并利用视觉图像计算空间目标的横向相对方向，从而实现相对飞行轨道的精确计算，引导在轨服务星逐步接近空间目标。

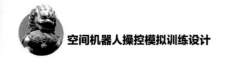

（2）空间目标三维重建及运动状态估计

当在轨服务星向空间目标抵近达到中距离段，利用长焦相机对空间目标进行跟踪观测，能够获取空间目标的高清晰序列图像，利用这些图像可以重建空间目标的局部或者整体外形，并测量空间目标的相对运动状态及自旋状态，如空间目标相对距离与运动速度、自旋速度、旋转主轴等，为绕飞安全区计算、近距离绕飞及悬停位置选择提供外形和运动状态信息。中距离段跨度较大，图像尺度变化较大，需要设计空间目标外形的多尺度增量式重建与状态的逐步精化测量方式。

（3）空间目标近距离安全绕飞控制

当在轨服务星与空间目标的距离从中距离进一步抵近时，基于前一阶段生成的三维外形结构、空间目标主轴及自旋速度等信息计算绕飞安全区并设计绕飞策略，控制服务星对空间目标绕飞。绕飞控制是由远及近逐步逼近的过程，一方面需要利用光学相机对空间目标进一步精细观察，重建空间目标的局部精细表面，并对空间目标三维外形进行局部修正；另一方面需要持续计算和修正绕飞安全区及其动态衍化态势，掌握安全区的变化规律，控制服务星不断逼近空间目标绕飞，并选择超近距离悬停与空间目标抓捕位置。

（4）服务星悬停抓捕及接管控制

当服务星完成抵近绕飞过程后到达悬停状态时，服务星的绕飞速度与空间目标的自旋速度近似相等，绕飞距离近似不变，即与空间目标达到近似相对静止状态。此时，需要根据上一阶段计算的大致抓捕位置规划服务星向空间目标的抵近路径和机械臂抓捕位置及路径，控制服务星逼近空间目标并伸展机械臂对空间目标实施抓捕。抓捕完成后按照组装、维修、燃料补加等服务要求进行操作控制，最终完成对空间目标的在轨服务。

为了完成上述 4 个阶段步骤，需要对空间抵近过程的成像、空间抵近与绕飞过程、在轨服务机器人运动过程进行模拟，针对某些关键环节，设计在轨服务机器人半实物模拟方法，构建在轨服务机器人在轨服务全过程模拟器，能够接收地面操作控制指令和产生机械臂服务过程状态信息，并对地面人员的操控训练进行支撑。

3.2.2　空间抵近过程的成像模拟

空间抵近过程的成像模拟主要是以空间环境为背景，利用激光测量原理和视觉成像原理，综合考虑空间目标形态、轨道运动、光学特性、观测与跟踪性能等因素，模拟生成空间目标的光学图像和深度图像，作为空间目标抵近抓捕的图像输入，是地面操控光学/视觉感知的前提基础。

空间抵近过程的成像采用激光传感器和视觉传感器联合感知形成。其中，激光传感器主要用于获取空间目标表面相对于服务星的深度信息，生成空间目标表面三维点云；视觉传感器则主要用于获取空间目标表面的表观信息，生成二维灰度图像。由于激光测量不易受空间光照等因素的影响，能够较为稳定地得到空间目标表面三维点云轮廓，其测量过程较容易模拟，而视觉成像与空间目标、服务星的轨道、姿态和太阳光照方向密切相关，为了能够得到抵近抓捕全过程的逼真视觉图像，需要利用空间目标和服务星的模拟轨道与姿态数据，结合太阳高度位置进行光照及阴影区分析，设置透视投影成像模型参数并进行渲染处理，才能仿真空间目标在光照下的灰度、阴影等成像效果。下面分别介绍激光测量和视觉成像的模拟方法。

1. 基于面阵激光器的空间目标三维测量模拟

基于面阵激光器对空间目标进行三维测量成像的基本原理是首先由激光器发射激光信号，将经过幅度调制的激光信号照射到空间目标上，由于空间目标上各点的距离不同，因此回波相位也不同，然后用面阵 CCD 记录回波相位，即可计算出空间目标上各点的距离信息，每个面阵 CCD 的像元代表空间目标三维像中的一个像素，结合各点的方位信息，即可得到空间目标的三维图像。下面具体介绍面阵相位法测距原理的算法过程[1-2]。

激光信号先经过幅度调制后，其功率可表示为：

$$P_1 = \overline{P}_1 \left(1 + m_1 \sin \omega t \right)$$

式中，$\overline{P}_1$ 是激光信号平均功率；m_1 为幅度调制系数；$\omega = 2cf$，f 为幅度调制频率。从空间目标反射后光信号与基准信号之间的相位延迟 $\phi = 2\omega r / c$，r 为激光器到目标的距离，c 为大气中的光速，则每一个像素点(x,y)接收的回波信号功率可表示为：

$$P_2 = \overline{P}_2 \left[1 + m_2 \sin \left(\phi(x,y) + \omega t \right) \right]$$

式中，$\overline{P}_2$ 为回波信号的平均功率。当基准信号的增益与发射信号具有相同的相位和频率的正弦波时，其增益 G 表示为：

$$G = \overline{G} \left(1 + \lambda \sin \omega t \right)$$

式中，$\overline{G}$ 为平均增益；λ 为增益系数。回波信号由面阵 CCD 接收，面阵 CCD 的每个像元均是对应回波信号周期 T 的整数倍 k，则每个像素点(x,y)的记录值为：

$$A_{\mathrm{p}} = \overline{P}_2 \overline{G} \left(1 + \frac{1}{2} m_2 \lambda \cos \phi(x,y) \right) kT$$

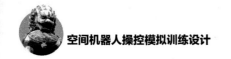

取消正弦调制，重复测量，此时的回波信号增益为 $G = \bar{G}$，CCD 的积分值为：

$$B_p = \bar{P}_2 \bar{G} kT$$

上述两式相除得 $C_p = 1 + \dfrac{1}{2} m_2 \lambda \cos\phi(x, y)$，从而得到各像素点对应的相位差 $\phi(x, y)$ 的值。再根据距离与相位差的关系 $r(x, y) = c\phi(x, y) / 2\omega$，即可得到目标上各点的距离值。将各点的距离值统一到激光器和 CCD 的坐标基准下，就能够得到空间目标的三维表面。

2. 基于视觉相机的空间目标成像模拟

空间目标成像过程：首先建立空间目标的三维仿真环境，装载空间目标和服务星及相机的模型文件，建立它们之间对应的几何关系模型和空间目标表面可见光散射特性模型，将空间目标表面划分成离散的三维表面片，并根据表面片材质、法向矢量和光照角度参数计算表面的散射特性；然后设定太阳的方位，根据光学成像原理模拟光照在物体表面散射的过程；最后模拟光学系统和成像探测器的能量传递特性、噪声模型等，生成高真度的空间目标辐射亮度图像，同时考虑太阳、空间目标和服务星的几何关系，计算成像阴影区，对未照亮部分的成像进行扣除，得到最终的空间目标图像，如图 3-4 所示。

在上述空间目标成像过程中，空间目标尺寸和几何结构、服务星和空间目标的相对几何关系、可见光相机几何成像模型等因素，决定了图像中空间目标外形及所占像素数目；太阳光照情况、空间目标表面材料的光学散射特性和相机成像性能等因素，决定了图像中空间目标各部位像素的灰度值、噪声大小等。

（1）根据空间目标位姿、距离和相机参数等因素，生成空间目标图像，准确呈现空间目标的相对位置和姿态。空间目标成像仿真原理：①可见光相机通过光学透镜将三维场景投影到相机的二维成像平面，此过程可用相机透视投影成像模型来描述。设空间某一点 P 在世界坐标系下的齐次坐标为 $(X_w, Y_w, Z_w, 1)^T$，在相机成像平面上相对应的像点的图像像素坐标为 (u, v)，则有 $(u, v, 1)^T = M_\delta M_p \ (X_w, Y_w, Z_w, 1)^T$。其中，矩阵 $M_\delta \in \mathbf{R}^{3 \times 3}$ 表示与相机内部参数有关的变换矩阵，$M_p \in \mathbf{R}^{3 \times 4}$ 表示与相机外部参数有关的变换矩阵，它们由相机相对于世界坐标系的位姿决定。②根据上述模型，可在计算机上利用三维图形投影变换模拟成像过程。在成像过程中需要在三维图形透视变换的基础上考虑畸变对成像的影响，并对三维视窗的形状和尺寸进行变换，建立视窗内各点与图像像素的映射关系。设空间环境中空间目标三维模型上的某一点坐标为 $(X_s, Y_s, Z_s, w_s)^T$，经过外部参数变换矩阵 M_p 的旋转、平移变换，再经过投影矩

阵 $\boldsymbol{M}_{\mathrm{c}}$ 的透视投影变换，最后经过归一化除法和模拟畸变的矩阵 $\boldsymbol{M}_{\mathrm{f}}$ 的视窗变换，得到该点在屏幕上的对应像素坐标为 $(x_{\mathrm{u}}, y_{\mathrm{u}}, 1)^{\mathrm{T}}$，该过程可用公式表达为：$(x_{\mathrm{u}}, y_{\mathrm{u}}, 1)^{\mathrm{T}} = \boldsymbol{M}_{\mathrm{f}} \boldsymbol{M}_{\mathrm{c}} \boldsymbol{M}_{\mathrm{p}} (X_{\mathrm{s}}, Y_{\mathrm{s}}, Z_{\mathrm{s}}, w_{\mathrm{s}})^{\mathrm{T}}$。比较成像模型和计算机仿真成像模型可知，可以根据空间目标、相机的相对几何关系和相机有关参数，合理设置三维图形仿真透视投影成像模型中的参数，实现相机成像模拟。

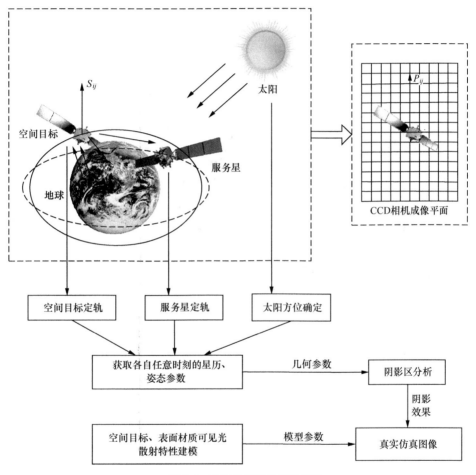

图 3-4　空间目标成像过程模拟

（2）在获取空间目标成像相对位置和姿态的基础上，进一步处理空间目标所占像素的灰度值，生成高逼真度的仿真图像。具体实现方式描述如下。

① 确定空间目标与服务星相对飞行轨道。利用服务星和空间目标的地基、天基测量数据并考虑轨控影响进行精密轨道确定，计算和预报两目标在过去、当前和未来一段时间内任意时刻的运动状态（包括星历和姿态参数）。通过服务

星和空间目标的轨道确定，可获得两者的任意时刻星历和姿态数据，为成像仿真提供准确的相对几何关系参数，如时间，服务星位置、速度和姿态，空间目标位置、速度和姿态，太阳位置等。

在开展动态成像仿真实验的同时，通过绘制、显示和观察三维可视化空间场景，有助于理解、分析和掌握空间目标成像效果的总体变化趋势，使仿真过程具备真实感和沉浸感。在轨道确定基础上建立的三维仿真场景如图 3-5 所示，它能动态演示服务星抵近空间目标、绕飞空间目标及最后捕获空间目标的全过程，宏观展示两目标、地球、太阳之间随时间推移的空间位置变化关系。为实时仿真组合体在光照下的阴影效果，三维仿真场景采用了阴影映射的方法，将目标表面各微面元与以纹理形式保存的光照深度图像比较，判断微面元是否处于光照范围之内进而生成阴影。

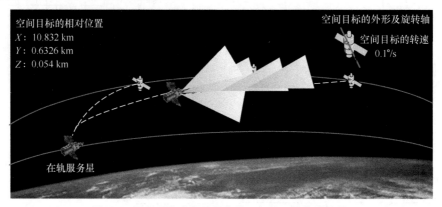

图 3-5　服务星和空间目标在轨飞行的三维仿真场景

② 根据空间目标的三维几何模型，在考虑其表面材料的散射特性条件下，选择适当的表征函数，对其进行成像仿真，实现图像的真实刻画。由于空间目标是一形状不规则的航天器，舱体表面用多层隔热材料覆盖，有的部位喷涂黑漆，有的部位则是喷涂白漆，因此采用表面材质的双向反射分布函数（Bidirectional Reflectance Distribution Function，BRDF）f_r 来实现较为准确的空间目标表面反射特性表征。具体表征方法为：对于空间目标上一小面元，设 $\boldsymbol{n}$ 为面元的法向单位矢量，$\boldsymbol{L}$ 为指向光源的单位矢量，$\boldsymbol{S}$ 为沿视轴方向的单位矢量。θ_i 为 $\boldsymbol{n}$ 与 $\boldsymbol{L}$ 的夹角，ϕ 为 $\boldsymbol{n}$ 和矢量 $\boldsymbol{H}$ 之间的夹角，其中 $\boldsymbol{H} = \boldsymbol{L} + \boldsymbol{S}$，则双向反射分布函数的计算公式为：

$$f_r(\theta_i, \phi) = \frac{k_d \cos \theta_i + k_s \cos^g \phi}{\pi \cos \theta_i} \tag{3-1}$$

式中，k_d 为材质对入射光的漫反射系数；k_s 为镜面反射系数；g 为镜面反射指数。一方面可以通过实验测量和数据处理，获得不同材料在可见光波段内的平均双向反射分布函数模型参数；另一方面可以根据在轨运行时相机的实拍图像进行参数反演。

③ 在空间目标表面材质表达的基础上，考虑空间目标对太阳光的反射及其他各类光照因素，建立相机可见光成像的基本过程如图 3-6 所示。成像环节主要包括太阳光照射、地球反射太阳光照射、空间环境背景辐射、光学系统、CCD 等，然后根据线性滤波理论和光学成像理论建立各个环节的数学模型，重点计算空间目标反射光能量在各环节的传递情况，以及各环节的空间频率传递特性。

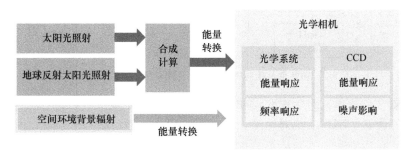

图 3-6　可见光相机成像的基本过程

以空间目标像元 P_{ij} 为基本计算单元计算空间目标可见光散射特性以及成像情况，即将空间目标表面各微面元 S_{ij} 与相机图像上的像元 P_{ij} 一一对应起来，根据光学系统几何成像原理和各成像环节的能量响应特性、空间频率传递特性和噪声，逐步地确定空间目标像元 P_{ij} 的灰度值 I_{ij}，最终生成空间目标可见光仿真图像，具体方法可参阅文献[3-5]。

3.2.3　空间抵近与绕飞过程模拟

在轨服务机器人对空间目标进行抓捕与操作，需要服务星逐步抵近空间目标，并与空间目标形成近距离相对飞行状态。为了对空间目标实施观测或执行抓捕任务，需要将服务星由一个初始相对运动或伴飞状态通过轨道机动转换为绕飞观测或者悬停状态。下面介绍服务星抵近和绕飞空间目标的轨道机动过程的模拟方法。

在空间目标的抵近抓捕过程中，期望服务星对空间目标的绕飞为自然绕飞，即当服务星进入绕飞所需的轨道后，不需要进行控制即可实现自然运动下的绕飞。当进行了一定时间的绕飞后，为了进一步执行诸如定点观测或者执行抓捕操作等任务，需将服务星稳定在相对空间目标的一定状态范围内，即与空间目标实现相对悬停。悬停状态分为自然悬停与非自然悬停。对于自然悬停，需要对服务星进行轨道机动，使得服务星进入预定的轨道状态从而实现自然演化下的区域悬停；对于非自然悬停，服务星入轨之后仍需要进行轨道保持控制，才能使得服务星悬停于空间目标的某一相对位置。图 3-7 所示为服务星从相对飞行到绕飞再到悬停飞行的整个过程。

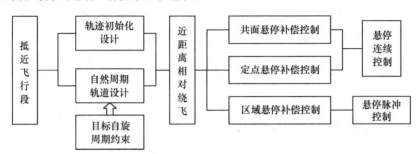

图 3-7　服务星从相对飞行到绕飞再到悬停飞行的整个过程

如图 3-7 所示，对于相对运动而言，服务星和空间目标之间的相对运动行为从空间位置上不是从绝对轨道上去描述，而是从相对状态来描述，即将相对运动的原点建立在空间目标上，这样，服务星的相对运动始终是相对于空间目标进行的，如图 3-8 所示。

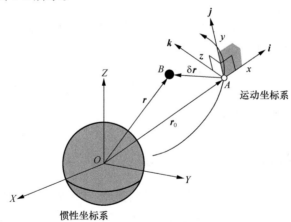

图 3-8　相对运动在空间的位置坐标系

假设空间目标相对于惯性坐标系的位置为 r_0，服务星相对于惯性坐标系的位置为 r，服务星相对于空间目标的位置和速度分别为 $\delta r(t)$ 和 $\delta v(t)$，对应初始位置和速度分别为 δr_0 和 δv_0。令 $X(r_0, v_0, t) = \left[\delta r(t)\ \delta v(t)\right]^{\mathrm{T}}$，$X_0 = \left[r_0\ v_0\right]^{\mathrm{T}}$，基于相对运动理论，通过近距离位置近似线性化，可以得到服务星与空间目标的相对运动方程为：

$$X(r_0, v_0, t) = \Phi(r_0, v_0, t) X_0 \qquad （3-2）$$

式中，$\Phi(r_0, v_0, t)$ 为线性化后得到的状态转移矩阵。由于相对运动经近距离线性化处理，故式（3-2）是解析的，这样整个运动行为只取决于时间和初始状态以及与空间目标轨道相关的状态转移矩阵 $\Phi(r_0, v_0, t)$，有利于实现飞行状态的转移控制。

当服务星抵近空间目标进入绕飞观察阶段时，需要从非规则相对运动状态机动至绕飞运动状态。该过程的实现原理是先根据相对运动理论设计绕飞轨道，然后将服务星从当前状态机动至绕飞轨道的某一确定状态，之后服务星便正式进入绕飞运动过程，因此核心的步骤是确定绕飞轨道。

令 (x_0, y_0, z_0) 和 (x, y, z) 分别表示服务星相对于空间目标的初始位置和当前位置，根据航天器相对运动学方程能够得到服务星的解析表达式为[6]：

$$\begin{cases} x(t) = x_c + b\sin(nt + \phi) \\ y(t) = y_c - \dfrac{3x_c nt}{2} + 2b\cos(nt + \phi) \\ z(t) = c\sin(nt + \Psi) \end{cases} \qquad （3-3）$$

式中，n 为服务星的轨道角速度；$b = \sqrt{(\dot{x}_0/n)^2 + (3x_0 + 2\dot{y}_0/n)^2}$；$c = \sqrt{z_0^2 + (\dot{z}_0/n)^2}$；$x_c = 4x_0 - 2\dot{y}_0/n$；$y_c = y_0 - 2\dot{x}_0/n$；$\phi$ 和 Ψ 分别为服务星的滚动角和偏航角。由于绕飞相对运动轨迹是周期闭合的，所以去掉式（3-3）中的长期项，保留周期项，即可在自然状况下形成椭圆绕飞运动。由式（3-3）可知，当服务星初始状态满足 $\dot{y}_0 = -2nx_0$ 时，服务星相对于空间目标的运动在轨道平面内的投影长为长半轴与短半轴比例为 $2:1$ 的椭圆轨迹[7-8]。当绕飞椭圆的中心位于相对运动坐标系原点时，形成的轨迹即为自然绕飞构型，自然绕飞的周期为空间目标绕地球的轨道周期，即满足以下轨迹曲线：

$$x^2/b^2 + (y - y_c)^2/(2b)^2 = 1 \qquad （3-4）$$

式中，b 和 y_c 分别为绕飞椭圆轨迹参数。对于椭圆型的绕飞轨道，空间目标的位置既可以处在相对椭圆轨迹的中心，也可以处在过椭圆中心沿飞行方向的直线上任一点，对应着绕飞椭圆轨迹既可以在空间目标的轨道平面内，也可以与轨道面呈一定夹角。

服务星执行完绕飞运动任务后，在执行捕获空间目标任务时还需要与空间目标保持"悬停运动"。这时首先需要给定悬停运动的状态约束，然后再设计绕飞到悬停运动的机动控制，从而稳定实现定点或者小区域定点悬停运动。

悬停运动轨道是指悬停服务星与空间目标的相对位置保持不变或仅在一个极小范围内运动的相对运动轨道，也称为悬停轨道。此时悬停服务星相对于空间目标保持"相对静止"。根据飞行器轨道动力学原理，要使悬停服务星相对于空间目标在一段时间内保持"相对悬停"的效果，就必须对悬停服务星施加主动控制力和控制力矩。

如图 3-9 所示，T 代表空间目标，S 代表悬停服务星。在空间目标轨道坐标系 $T\text{-}XYZ$ 中，悬停服务星相对于空间目标悬停的位置参数可以用 r、α 和 β 来表示。其中，r 为悬停服务星与空间目标之间的相对距离，称为悬停距离；α 为悬停距离在空间目标轨道平面上的投影与空间目标运动方向之间的夹角，称为悬停方位角；β 为悬停距离与空间目标轨道平面之间的夹角，称为悬停高低角或悬停俯仰角。所以，悬停服务星相对于空间目标的悬停任务可以描述为：在悬停服务星相对于空间目标保持悬停的过程时，通过对服务星进行主动控制，使得服务星相对于空间目标的悬停距离 r、悬停方位角 α 和悬停高低角 β 均保持不变。

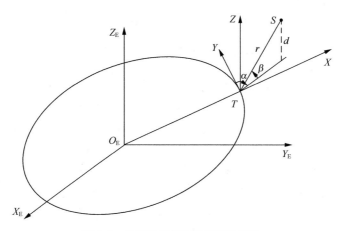

图 3-9　悬停轨道相对位置构型关系

当 $\beta < 0°$ 时，悬停服务星在空间目标下方；当 $\beta > 0°$ 时，悬停服务星在空间目标上方；当 $\alpha < 0°$ 时，悬停服务星在空间目标左侧；当 $\alpha > 0°$ 时，悬停服务星在空间目标右侧；当 $\beta = -90°$，$\alpha = 0°$ 时，悬停服务星处于空间目标正下方；当 $\beta = 0°$ 时，悬停服务星与空间目标共轨道平面。在理想的悬停过程中，不仅悬停服务星至空间目标的相对距离始终保持不变，而且服务星至空间目标轨道平面的距离 d 也应保持不变。

悬停运动的设计不同于绕飞运动，这是因为绕飞运动存在天然稳定的绕飞轨道，而悬停无论是定点悬停还是"小区域"悬停，均需要外部控制输入。根据外部控制输入的不同，以及悬停位置和状态的不同，悬停运动主要有 3 种：第一种是径向共面悬停运动，这种悬停就是服务星通过解析的控制加速度稳定位于同空间目标在同一径向线上的某一点；第二种是任意位置定点悬停，这种悬停所消耗的控制能量最大，需要实时输出控制加速度以保证服务星相对于空间目标稳定在固定点上；第三种是"小区域"悬停运动，这种悬停是通过设计一定的机动位置和机动大小，使得小范围的运动始终能够穿越机动点，从而实现间断地控制悬停运动。

　　无论以上述三种中的哪一种悬停方式作为任务悬停运动的具体形式，从绕飞运动到悬停运动，都需要确定进入悬停点的终端约束。由于悬停运动需要稳定的相对状态固定，因此在悬停轨道设计时需要对式（3-3）中的长期项和周期项进行参数设计。对于定点悬停模式，可以令周期项 c、b 等于 0，使服务星在空间目标 x 方向相距 x_c、y 方向相距 y_c 处悬停，通过设计 x_c 和 y_c 的取值实现任意位置的悬停；对于"小区域"悬停模式，则需要设计周期项 c、b 和非周期项 x_c、y_c 的取值，才能实现在某个区域的悬停飞行。

　　为了整体描述从相对运动到绕飞运动，再到悬停运动的机动过程，这里通过一个仿真图给出整个的机动轨迹，如图 3-10 所示。

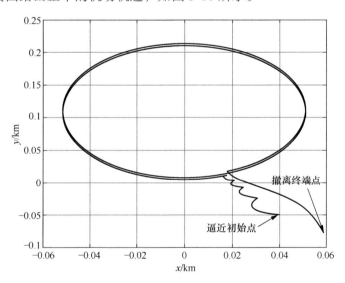

图 3-10　从相对运动到绕飞运动，再到悬停运动仿真轨迹

　　在图 3-10 中，逼近初始点即相对运动到绕飞运动的起点，进入绕飞运动后，服务星执行一系列的任务，之后从绕飞轨道的某一点脱离，从而撤离至悬停运动状态，撤离终端点即悬停位置。

　　通过上述过程，服务星可以实现从无规则的相对运动，到绕飞运动，再到

悬停运动的整个飞行过程。由于运动转移过程存在诸多的约束，如时间、燃耗等，故整个的机动过程轨迹需要在满足具体约束基础上，通过算法设计与优化，从而实现"最优"的运动。

3.2.4 在轨服务机器人运动过程模拟

在轨服务机器人与地面机械臂的相似之处在于，它们都是由多个连杆连接在一起形成手臂状结构的机器人，都能够使用特定的末端执行器和工具执行各种任务。受微重力特性的影响，在轨运动时机械臂与机械臂载体（服务星）间存在一定的动力学耦合性。在轨服务机器人在轨操作过程仿真是以机械臂动力学模型为基础，结合不同类型的任务需求，开展机械臂操控过程的模拟。仿真中不仅考虑机械臂自身的运动特性，还考虑机械臂与其载体的耦合特性，以提升仿真的真实度和天地一致性，为在轨服务机器人操控模拟训练提供真实过程输入。

在轨服务机器人运动过程模拟按照服务星的受控状态可以分为 3 类：第一类是服务星位姿受控模式，通过控制服务星的位姿使得机械臂的基座位姿保持不变，此类模式等同于地面基座固定的操作模式；第二类是服务星姿态受控模式，通过服务星的姿态控制使得机械臂基座姿态不发生变化，但位置发生偏移，此类模式下服务星和机械臂的质心位置保持不变，通过建立虚拟机械臂等效模型可以将机械臂操作等价为基座固定的操作；第三类是自由漂浮模式，机械臂的运动使得服务星的位姿均会发生变化，操作过程必须考虑机械臂运动对服务星本体的影响。本节主要对后两种运动过程进行建模分析。

1. 姿态受控在轨服务机器人的等效虚拟机械臂建模

虚拟机械臂模型是由 Vafa 等人[9-10]提出的，通过构建与在轨服务机器人等效的虚拟机械臂，将在轨服务机器人的操作规划转化为固定基座的机械臂操作规划，从而简化了在轨服务机器人的操作控制。在轨服务机器人的等效虚拟臂模型的构建方法表述如下。

如图 3-11 所示，假设在轨服务机器人系统由 n 个部分组成，第 1 部分是空间站（含基座），第 n 个部分是手爪（或手爪与被抓物体）。J_i 表示机械臂系统的第 i 个关节，其中，J_1 表示空间站（含基座）本体的关节，位于空间站的质心位置，具有 6 个自由度，能够绕空间站质心坐标系的 3 个轴进行 3 个自由度的平移和 3 个自由度的旋转。其他关节为普通的旋转关节或平移关节，对于旋转关节，我们用 θ_i 表示该关节的姿态角度；对于平移关节，我们用 P_i 表示该关节的平移量。C_i 表示第 i 个部分的质心，其质量记为 M_i，相对于世界坐标系的位置向量记为 S_i。L_i、R_i 分别表示连接 J_i 与 C_i 以及 C_i 与 J_{i+1} 的向量。R_n 表示 C_n 到手爪的末端的向量。

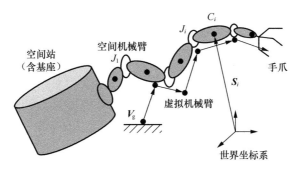

图 3-11　在轨服务机器人的等效虚拟机械臂模型

基于上述假设，我们定义虚拟机械臂的基座位于在轨服务机器人系统的质心位置，从而可以得到基座的坐标位置向量 V_g 为：

$$V_g = \sum_{i=1}^{n} \frac{S_i M_i}{\sum_{i=1}^{n} M_i} = \sum_{i=1}^{n} \frac{\left[S_n - \sum_{k=i}^{n-1} (R_k + L_{k+1}) \right] M_i}{M_\Sigma} \tag{3-5}$$

式中，$M_\Sigma = \sum_{i=1}^{n} M_i$。虚拟机械臂的的连接向量定义为 V_i，则

$$V_i = \begin{cases} r_i, & i = 1 \\ l_i + r_i, & i = 2, \cdots, n \end{cases} \tag{3-6}$$

$$\begin{cases} r_i = R_i \sum_{k=1}^{i} M_k / M_\Sigma \\ l_i = L_i \sum_{k=1}^{i-1} M_k / M_\Sigma \end{cases} \tag{3-7}$$

虚拟机械臂第 i 个关节 j_i 的类型（旋转关节或平移关节）与原机械臂关节 J_i 的类型相同。如果 j_i 是旋转关节，则关节 j_i 的旋转轴 a_i 与原机械臂关节 J_i 的旋转轴 A_i 平行；如果 j_i 是平移关节，则关节 j_i 的平移轴 p_i 与原机械臂关节 J_i 的平移轴 P_i 平行。而虚拟机械臂的第一轴固定在质心位置 V_g，其状态与空间站的姿态保持一致。虚拟机械臂的末端位置 G 由各个关节的状态和关节间连接的长度决定，表示为：

$$G(j_1, \cdots, j_N) = V_g + V_1(j_1, j_2) + V_2(j_2, j_3) + \cdots + V_n(j_n) \tag{3-8}$$

虚拟机械臂的每个转动关节 j_i 的旋转量对其末端旋转姿态的影响 α_i 等于原机械臂相应转动关节 J_i 的旋转量对末端姿态的影响 θ_i；而虚拟机械臂每个平移关节 p_i 的变化量对其末端的影响 t_i 与原机械臂相应平移关节 P_i 平移对末端的影响 T_i 成固定比例，即：

$$\begin{cases} \alpha_i = \theta_i \\ t_i = T_i \sum_{k=1}^{i-1} M_k / M_\Sigma \end{cases} \tag{3-9}$$

借助式（3-8）构建的虚拟臂模型，在轨服务机器人的空间操作转化为固定基座的机械臂操作。该机械臂具有 3 个特点：虚拟机械臂关节与在轨服务机器人关节平行；虚拟机械臂末端与在轨服务机器人末端位置重合；虚拟机械臂末端与在轨服务机器人末端姿态始终保持一致。

2. 自由飞行机器人的运动学和动力学建模

自由飞行机器人的基座不是固定的，可以在太空中自由移动和转动，机械臂和基座之间存在着强烈的运动学和动力学耦合，因此机械臂的运动会对基座产生反作用力和力矩，引起基座姿态的改变，即自由飞行机器人具有姿态干扰特性。同时存在的不确定因素也会加大过程的非线性特性，致使扰动特性复杂。为此需要对自由飞行机器人进行动力学建模，模拟其在轨运动状态。

如图 3-12 所示，假设机器人是由 n 个单自由度关节连接的刚体连杆组成的。关节坐标将用 $\theta \in \mathbf{R}^n$ 表示。然后，系统可以用 $6+n$ 个广义坐标 $q = (X, \theta)$ 来描述。其中，$X \in \mathrm{SE}(6)$ 表示机器人基座相对于惯性坐标系的位置/方向（通常假定为轨道固定）。

对于基座为漂浮的机器人系统，基座的外力和驱动力 F_b 被设置为零，机械臂末端的运动可通过机械臂基座的运动和关节的运动进行描述，得到速度运动学方程为：

$$\begin{bmatrix} V_e \\ \omega_e \end{bmatrix} = J_b \begin{bmatrix} V_b \\ \omega_b \end{bmatrix} + J_m(\theta)\dot{\theta} \tag{3-10}$$

式中，V_e 为末端连杆的空间速度，右边第一个分量 J_b 表示基座运动，表示与基座运动相关的雅可比矩阵；第二个分量表示机械臂相对于基座的运动，$J_m(\theta) \in \mathbf{R}^{6 \times n}$ 为与机械臂运动相关的雅可比矩阵，分别定义为：

$$J_b = \begin{bmatrix} E & -p_{be} \\ O & E \end{bmatrix} = \begin{bmatrix} J_{bv} \\ J_{b\omega} \end{bmatrix} \tag{3-11}$$

$$J_{m}(\theta) = \begin{bmatrix} k_1 \times (p_e - p_1) & \cdots & k_n \times (p_e - p_1) \\ k_1 & \cdots & k_n \end{bmatrix} = \begin{bmatrix} J_{mv} \\ J_{m\omega} \end{bmatrix} \qquad (3\text{-}12)$$

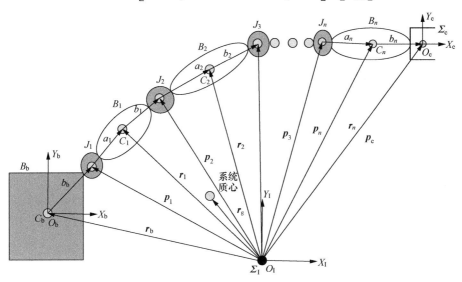

图 3-12　机器人多体系统模型

式中，p_{be} 表示基座质心到机械臂末端的位置矢量；$k_i(i=1,2,\cdots,n)$ 为关节 J_i 旋转轴的矢量；$p_i(i=1,2,\cdots,n)$ 表示关节 J_i 的位置矢量；p_e 表示机械臂末端的位置矢量。

　　机器人处于自由漂浮模式时，基座位置、姿态均不受控，则服务星和机械臂组成的整体系统（质量为 M）满足线动量和角动量守恒，其矩阵形式表达为：

$$\begin{bmatrix} P \\ L_b \end{bmatrix} = \begin{bmatrix} ME & Mr_{bg}^{T} \\ Mr_{bg} & H_{\omega} \end{bmatrix} \begin{bmatrix} v_b \\ \omega_b \end{bmatrix} + \begin{bmatrix} J_{T\omega} \\ H_{\omega\phi} \end{bmatrix} \dot{\theta} = 0 \qquad (3\text{-}13)$$

即

$$\begin{cases} v_b = -\left(J_{T\omega}/M + r_{bg}H_s^{-1}H_{\theta}\right)\dot{\theta} = J_{bv}\dot{\theta} \\ \omega_b = -H_s^{-1}H_{\theta}\dot{\theta} = J_{b\omega}\dot{\theta} \end{cases} \qquad (3\text{-}14)$$

式中，$H_s = Mr_{bg}^{T}r_{bg} + H_{\omega}$，$H_{\theta} = H_{\omega\phi} - r_{bg}J_{T\omega}$。将式（3-14）代入式（3-10）可得自由漂浮机器人运动学方程如下：

$$\begin{bmatrix} v_e \\ \omega_e \end{bmatrix} = J_g(\Psi_b,\theta,m_i,I_i)\dot{\theta} = \begin{bmatrix} J_{gv} \\ J_{g\omega} \end{bmatrix}\dot{\theta} \qquad (3\text{-}15)$$

式中，J_g 为机器人的广义雅可比矩阵，它是服务星基座姿态 Ψ_b、机械臂关节

角 $\boldsymbol{\theta}$、各关节和空间站质量 m_i 和惯量 I_i 的函数；$\boldsymbol{J}_{gv}$ 和 $\boldsymbol{J}_{g\omega}$ 分别是线速度和角速度的广义雅可比矩阵，对应着 $\boldsymbol{J}_g$ 的前三行和后三行。根据式（3-15）可以控制机器人末端以速度控制模式向目标位置逐渐靠近，最终到达目标位置。

式（3-15）描述了机器人关节空间运动速度向笛卡儿空间速度的变换，对于空间冗余自由度（七自由度），机械臂速度级的运动学逆解[11]为：

$$\dot{\boldsymbol{\theta}} = \boldsymbol{J}_g^+ \left(\boldsymbol{\Psi}_b, \boldsymbol{\theta}, m_i, I \right) \begin{bmatrix} \boldsymbol{v}_e \\ \boldsymbol{\omega}_e \end{bmatrix} = \boldsymbol{J}_g^+ \dot{\boldsymbol{x}}_e \tag{3-16}$$

对于冗余度机械臂而言，式（3-16）实际为一种特解，也称为最小二范数解，其所解出的关节角速度组成的向量，范数最小，代表了整体运动量最小的情况。而实际操作中可能需要优化基座扰动量、远离障碍等性能指标时，可采用梯度投影法进行逆运动学求解[12-13]，即

$$\dot{\boldsymbol{\theta}} = \boldsymbol{J}_g^+ \dot{\boldsymbol{x}}_e + \left(\boldsymbol{I} - \boldsymbol{J}_g^+ \boldsymbol{J} \right) \dot{\boldsymbol{\phi}} \tag{3-17}$$

式中，$\boldsymbol{I}$ 为 $n \times n$ 单位矩阵；$\left(\boldsymbol{I} - \boldsymbol{J}_g^+ \boldsymbol{J} \right)$ 为零空间投影矩阵；$\dot{\boldsymbol{\phi}}$ 为任意的关节角速度向量。$\left(\boldsymbol{I} - \boldsymbol{J}_g^+ \boldsymbol{J} \right) \dot{\boldsymbol{\phi}} \in N\left(\boldsymbol{J}_g \right)$ 表示属于 $\boldsymbol{J}_g$ 的零空间 $N\left(\boldsymbol{J}_g \right)$，与最小范数解正交，不影响机械臂末端的位姿。

在对服务星和机械臂运动学分析的基础上，采用拉格朗日方程建立系统的正向动力学模型，通过系统动能与势能的变换分析得到动力学方程，可以用下面的矩阵形式表示：

$$\begin{bmatrix} \boldsymbol{H}_b & \boldsymbol{H}_{bm} \\ \boldsymbol{H}_{bm}^T & \boldsymbol{H}_m \end{bmatrix} \begin{bmatrix} \dot{\boldsymbol{v}}_b \\ \ddot{\boldsymbol{\theta}} \end{bmatrix} + \begin{bmatrix} \boldsymbol{C}_b \\ \boldsymbol{C}_m \end{bmatrix} = \begin{bmatrix} \boldsymbol{F}_b \\ \boldsymbol{\tau} \end{bmatrix} + \begin{bmatrix} {}^b\boldsymbol{T}_e^T \\ \boldsymbol{J}_m^T \end{bmatrix} \boldsymbol{F}_e \tag{3-18}$$

式中，$\boldsymbol{H}_b$、$\boldsymbol{H}_{bm}$ 和 $\boldsymbol{H}_m$ 分别表示基座、耦合、机械臂惯量矩阵；$\boldsymbol{C}_b$ 和 $\boldsymbol{C}_m$ 分别表示基座和机械臂的科氏力和离心力；$\boldsymbol{\tau}$ 表示关节电机的控制力矩；$\dot{\boldsymbol{v}}_b$ 表示基座的空间加速度；$\ddot{\boldsymbol{\theta}}$ 表示机械臂关节角加速度；$\boldsymbol{F}_b$ 和 $\boldsymbol{F}_e$ 分别表示作用于基座与机械臂末端执行器的广义外力；${}^b\boldsymbol{T}_e^T$ 和 $\boldsymbol{J}_m^T$ 分别为基座和末端执行器的坐标变换矩阵和雅可比矩阵。

由式（3-18）可得服务星基座和关节的加速度计算公式为：

$$\begin{bmatrix} \dot{\boldsymbol{v}}_b \\ \ddot{\boldsymbol{\theta}} \end{bmatrix} = \begin{bmatrix} \boldsymbol{H}_b & \boldsymbol{H}_{bm} \\ \boldsymbol{H}_{bm}^T & \boldsymbol{H}_m \end{bmatrix}^{-1} \left\{ \begin{bmatrix} \boldsymbol{F}_b \\ \boldsymbol{\tau} \end{bmatrix} + \begin{bmatrix} {}^b\boldsymbol{T}_e^T \\ \boldsymbol{J}_m^T \end{bmatrix} \boldsymbol{F}_e - \begin{bmatrix} \boldsymbol{C}_b \\ \boldsymbol{C}_m \end{bmatrix} \right\} \tag{3-19}$$

根据求得的加速度积分可得到速度，再次积分可得到位置，从而实现对机械臂运动的力控制。

3.2.5　在轨服务机器人半实物模拟

在地面环境下对在轨服务机器人系统及其运行环境进行的半实物模拟，是开展空间操控与关键技术验证的重要手段。在轨服务机器人的细长结构特性使得其在地面重力环境下无法正常运行，故必须在地面建立微重力模拟环境才能开展在轨服务机器人的操控模拟实验。目前最常用的在轨服务机器人地面模拟方法有三类：基于吊丝配重系统的机械臂操控模拟、基于气浮平台的机械臂操控模拟和基于中性浮力的机械臂操控模拟。三类微重力模拟条件下的机械臂操控方法比较如表 3-1 所示。

表 3-1　三类微重力模拟条件下的机械臂操控方法比较

分析指标	机械臂操控模拟方法		
	吊丝配重系统	气浮平台	中性浮力
微重力模拟手段	吊丝抵消重力	气浮抵消重力	浮力抵消重力
运动模拟	三维运动	二维运动	三维运动
等效性	局部悬吊与整体抵消的等效	平面内等效	考虑液体阻力影响
优势	三维运动	平面运动的等效精度高	三维运动
劣势	建模复杂	只能模拟平面运动	无法消除液体阻力

利用在轨服务机器人的半实物系统能够模拟机械臂的操作逻辑、视觉系统图像采集、机械臂运动控制、抓捕操作等关键过程，而视觉系统图像采集、机械臂运动控制和抓捕操作是模拟的重点。按照过程分解、独立模拟的原则设计在轨服务机器人的半实物模拟仿真思路如图 3-13 所示。

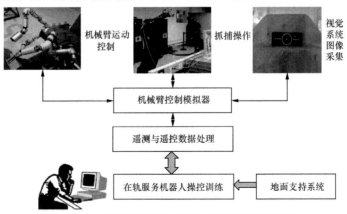

图 3-13　在轨服务机器人的半实物模拟仿真思路

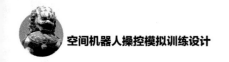

从在轨服务机器人操控训练的角度分析，操控训练更加注重培训操作员在轨操控全过程认知、关键状态的准确判断、关键过程的快速有效处置等能力，然而在轨服务机器人半实物系统对空间在轨的模拟能力较为有限，难以模拟全局的操控过程，且对局部过程的模拟也因微重力条件的差异使得模拟存在一定的不准确性。因此在轨服务机器人操控训练可以更多地采用数字模拟方式进行，对局部关键环节的模拟可以借助于在轨服务机器人半实物仿真或者在轨操控数据，提升数字仿真的逼真度和准确度，以提升数字仿真系统对在轨服务机器人在轨操作全程的支持能力。

| 3.3　在轨服务机器人地面操控训练系统设计与实现 |

在轨服务机器人的地面操控是指针对在轨服务机器人在轨服务的复杂过程，采用地面遥操作的方式辅助在轨服务机器人完成各类操作任务，从而实现高效、安全、可靠的在轨服务目标。操控训练是针对地面人员对在轨服务过程理解不够深入、对操作环节认知不够准确、对可能出现的问题缺少应对思路等系列情况，开展的系统性、专业性、针对性训练，以期提升操作员的专业素养和复杂操控任务的应对处置能力。为此，本节首先介绍在轨服务机器人地面遥操作系统架构设计，划分功能模块并理清各个模块之间的关联关系；然后针对各个模块的功能进行细化分解，找出每个模块的各项子功能和任务实施中可能存在的难点，提出对操作员的能力要求；最后从技术角度分析各项子功能的实现方式，阐明子功能相关的技术实现原理和关键性参数，提出操控训练中需要提升的系统认知、参数调整与关键过程处置能力。

3.3.1　在轨服务机器人地面遥操作系统架构设计

在轨服务机器人地面遥操作系统的架构设计需要以空间在轨服务任务为依据。针对空间目标在轨抓捕与维修的服务要求，可将服务过程按照在轨服务机器人与空间目标的距离和执行任务的不同，划分为抵近空间目标飞行、环绕空间目标飞行、抓捕空间目标、对空间目标进行拆装与维修等多个阶段。在抵近空间目标飞行段采用激光雷达、光学相机等对空间目标进行相对位姿测量和目标外形重建；在环绕空间目标飞行段，主要采用光学相机进行目标表面外形的精确感知和抓捕位置的规划计算；在抓捕空间目标段利用机械臂对空间目标进行捕获和控制，实现对空间目标的接管控制；最后对空间目标进行拆装与维修等复杂精细化操作。针对全过程进行地面遥操作辅助监视、规划与控制，需要地面遥操作系统具备目标感知与状态分析、操作规划与平行仿真、三维可视化与交互控制、信息存储与管理等功能。地面遥操作系统的各功能模块组成及其交互关系如图 3-14 所示。

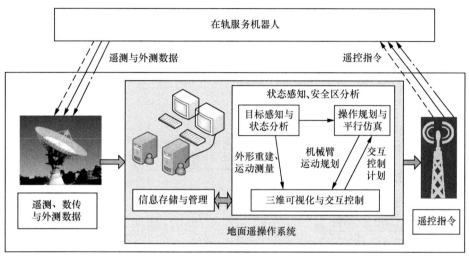

图 3-14　在轨服务机器人地面遥操作系统设计

上述功能模块及其交互关系定义如下：

目标感知与状态分析模块负责接收遥测、数传与外测数据，并进行空间目标外形重建、状态感知、运动测量、安全区分析等工作，最后将计算结果输出到操作规划与平行仿真模块和三维可视化与交互控制模块；操作规划与平行仿真模块根据目标感知与状态分析模块提供的信息对相对飞行轨迹和机械臂操作路径以及抓捕控制策略等过程进行规划，并对服务星、机械臂和空间目标的相对运动关系进行平行仿真，将规划和仿真结果输出到三维可视化与交互控制模块；三维可视化与交互控制模块对服务星与空间目标的相对飞行状态、安全区、规划结果及预测状态等信息进行分区显示，并提供遥操作交互控制接口，能够接收操作员的指令和手柄输入，支持操作员对在轨服务全过程的监视、管理和关键过程决策、控制。对于非紧急控制过程，三维可视化与交互控制模块将交互控制计划发送到操作规划与平行仿真模块，可以通过操作规划与平行仿真模块对控制策略进行预先验证，之后再生成控制指令上传至服务星实施。对于急停、撤离等紧急控制过程，操作员可直接操作实施；信息存储与管理模块负责对在轨服务过程的遥测数据、图像、计算结果、规划计划、控制指令等信息进行存储和管理，能够在任务完成后对在轨服务过程进行回放与复现。前面 3 个功能模块是与遥操作相关的主要功能模块。

下面按照上述定义对遥操作相关的 3 个主要功能模块进行细化设计，如图 3-15 所示。目标感知与状态分析模块包括相对飞行轨迹计算、目标外形重建、运动状态测量、安全区及衍化态势分析和抓捕与操作位置选取 5 个子模块；操作规划与平行仿真模块包括飞行规划与控制、抓捕规划与接管控制、平行仿真与状态预测和操作验证与安全性评估 4 个模块；三维可视化与交互控制模块包括相对飞行与抓捕过程展示、预测状态与真实状态的同步叠加展示、规划与操控信息的形象展示 3 个显示子模块和多模式输入的交互控制子模块，并且具有呈现在轨服务过程信息和接收用户键盘与手柄输入的能力，能够根据用户输入控制服务星和机械臂的操作。

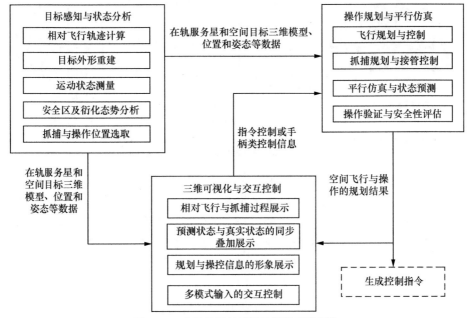

图 3-15　空间目标抓捕操控训练系统架构

3 个功能模块相互之间的信息流向关系为：目标感知与状态分析模块为后面两个模块提供目标外形结构与运动状态的测量结果、安全区及衍化态势分析数据、抓捕与操作位置选取等信息；操作规划与平行仿真模块基于输入信息规划服务星飞行、机械臂运动和接管控制等任务操作，生成控制指令实现对服务星的在轨控制，同时将空间飞行与操作的规划结果送到三维可视化与交互控制模块，并且接收该模块反馈的指令控制或手柄类控制信息，进行操作验证与安全性评估；三维可视化与交互控制模块为前面两个模块提供可视化平台，对空间目标抵近飞行与抓捕的过程进行展示，并对关键遥操作过程进行精细化展示，为操作员提供信息支持，同时接收操作员的交互控制输入，并送至操作规划与平行仿真模块。

3.3.2　在轨服务机器人地面操控训练要求

在轨服务机器人的在轨服务涉及相对飞行轨迹计算、目标外形重建、运动状态测量、安全区及衍化态势分析、抓捕与操作位置选取、飞行规划与控制、抓捕规划与接管控制等众多环节，且受到复杂空间环境和每个环节操作不确定性的影响，时刻存在操作失败的风险，因此必须依靠人在回路的操作模式，确保在轨服务过程的安全性和可靠性。这为地面人员对机械臂的操控能力提出了很高的要求，不仅要求操作员具备对任务过程的深入认知能力，还要求对每个过程的实现原理、风险难点、可能出现的问题以及辅助解决手段了如指掌，能够针对每类操作进行准确的状态判断和异常状态处置，以确保服务星和机械臂的安全。为此，本节针对目标感知与状态分析、操作规划与平行仿真、三维可视化与交互控制三类模块的各项功能进行介绍，提出每项功能在任务执行过程中存在的难点和对操作员的能力要求。

1. 目标感知与状态分析操控训练要求

目标感知与状态分析模块主要包括相对飞行轨迹计算、目标外形重建、运动状态测量、安全区及衍化态势分析和抓捕与操作位置选取5个子模块。各子模块训练的具体要求如下。

（1）相对飞行轨迹计算子模块主要实现对空间目标相对飞行位置和方向（6个分量）的测量，面临距离远、单一测量手段难以精确反演6个分量的困难，可采用激光雷达和视觉相机组合的相对测轨方法，利用激光雷达提供径向精确距离，利用视觉图像计算横向相对方向，从而实现相对飞行轨迹的精确计算。针对此项功能需要操作员理解激光雷达测量和视觉相机测量的原理以及组合测量的方法，以便能够判断测量结果是否正确以及快速剔除异常测量结果。

（2）目标外形重建子模块主要实现跨尺度观测图像数据的融合处理与目标外形重建。考虑目标特性、运动状态和测量手段的影响和目标成像尺度大范围变化的特点，拟采用基于多类传感器（激光与光学）信息融合的目标外形重建方式。一方面通过对大尺度范围变化的序列图像进行尺度空间关联性分析和跨尺度串接匹配，建立空间目标不同视角图像的整体匹配关系，构建整体平差测量三维重构建模方法；另一方面引入激光测量手段，对径向距离进行约束，为

三维表面重建的平差计算提供精确的深度约束，提升三维重建精度。进一步设计三维模型增量式修正方法，通过局部点云模型和整体点云模型的配准，实现高分辨率精细模型在整体模型中的嵌入以及局部外形的精化。为此，要求操作员深入理解光学组合测量和多视图三维重建的原理，能够判断三维重建结果是否准确并快速对复杂光照条件下外形重建异常区进行修复重建。

（3）运动状态测量子模块主要实现空间目标自旋运动状态和相对运动状态的解耦测量。考虑存在空间目标运动状态复杂，平动中伴随着旋转，待估参数之间相互耦合等问题，需要通过解耦建模与分步求解的方式来实现。首先根据空间目标图像提取空间目标表面的显著性特征，并对空间目标特征进行连续追踪，并获取各帧图像的拍摄时刻；然后建立空间目标特征与三维外形轮廓之间的映射关系，基于不同成像时刻的特征变化关系，计算特征对应三维空间点的运动速度，联合所有特征运动关系求解空间目标自旋速度；在此基础上，结合空间目标外形轮廓信息求解空间目标的旋转轴向和几何中心，进一步估计空间目标的相对运动和表面关注点的相对运动。为此要求操作员深入理解空间目标运动状态测量的原理，能够手动辅助在空间目标三维表面选择或者增加利于视觉跟踪的多组显著特征点，以便于准确估计空间目标运动状态并能够判断空间目标运动状态估计结果是否正确。

（4）安全区及衍化态势分析子模块主要计算空间目标周围的安全区域及其动态变化趋势。考虑空间目标形状不规则且相对运动关系复杂的特性，建立空间目标与服务星的新的相对坐标描述方式，简化空间目标与服务星的相对位姿和距离关系表达，设计绕飞安全区的数学表征模型及空间目标静止条件下的安全区计算方法。在此基础上根据空间目标的运动规律，预测空间目标和安全区的运动转移关系，实现有限时域内多步运动预测以及空间目标动态安全区、逃逸范围的有效确定。为此，要求操作员深入理解空间目标运动与周围安全区计算及动态衍化原理，能够根据计算结果和标注信息认知空间目标周围安全飞行区和选择安全飞行的绕飞路线，具备判断绕飞安全性和调整绕飞路线的能力，以确保服务星和机械臂的安全。

（5）抓捕与操作位置选取子模块主要选择空间目标表面适用于机械臂手爪抓取的位置、计算抓捕碰撞关系对空间目标和服务星的影响以及预测抓捕过程的失控风险等。考虑手爪抓捕能力的有限性、抓捕过程中碰撞的随机性和安全区动态衍化的复杂性，对空间目标外形进行认知分析，建立基本部件元素认知模型，选择坚固且适于抓取的部件作为抓取位置；在此基础上分析选择某个部件作为抓捕位置时，手爪与空间目标的碰撞对空间目标位姿与运动状态的影响，结合目标的绕飞安全区衍化态势，预测抓取过程中发生碰撞风险的可能性，最终形成有利于抓取且抓捕过程中安全风险最低的抓取位置选取策略。为此，操作员要了解抓捕和操作位置选取原则，理解抓捕和操作中需要考虑的因素，对抓捕过程中可能发生的安全风险进行准确预测和判断，确保抓取位置选取的合理性。

2. 操作规划与平行仿真操控训练要求

操作规划与平行仿真模块规划服务星飞行、机械臂运动、接管控制等任务，主要包括飞行规划与控制、抓捕规划与接管控制、平行仿真与状态预测和操作验证与安全性评估 4 个子模块。各子模块训练的具体要求如下。

（1）飞行规划与控制子模块主要实现服务星抵近、绕飞和悬停全程飞行控制策略的生成。考虑服务星飞行过程实时调整的要求，需设计和规划基于空间目标状态引导的飞行控制策略上注至服务星，并由服务星根据规划控制策略自主完成飞行方向和速度的控制。为此，要求操作员深入理解服务星飞行全过程及机动控制原则与约束，设计合理的飞行控制策略且能够完成控制指令的生成与校验。

（2）抓捕规划与接管控制子模块主要实现服务星与空间目标悬停逼近过程中机械臂的抓捕路径规划和抓捕后的组合体接管控制。考虑抓捕过程由服务星和机械臂协同完成，故需要基于空间目标的运动态势评估与推演，规划服务星的逼近飞行路径和机械臂的展开移动路径。为提高抓捕任务可靠性的同时最小化抓捕造成的碰撞冲击，采用柔顺抓捕策略，根据空间目标的运动预测信息和避障约束，实时规划机械臂的运动。考虑抓捕后组合体的惯性参数变化情况，设计多约束下的自适应零反作用控制算法，实现接管控制。为此，要求操作员深入理解抓捕与接管过程的复杂性，认清抓捕操作过程中潜在的风险，能够准确判断任务执行状态并作出正确快速的决策，能够根据接管控制中的状态参数判断接管状态并制定处理策略。

（3）平行仿真与状态预测子模块主要实现服务星与空间目标悬停逼近过程中服务星和机械臂运动的预测及预测模型的修正。地面人员控制服务星和机械臂对空间目标实施抓捕操作，同时实时掌握服务星和机械臂与空间目标之间的相对状态。操作员根据服务星和机械臂的运动学和动力学模型，考虑遥操作地面系统相对于在轨抓捕过程的时延，对服务星和机械臂与空间目标的相对运动关系进行预测。操作员根据当前下传的遥测数据计算得到的空间目标状态信息，比对预测结果和真实状态之间的差异，修正预测模型，提升预测模型的准确度。为此，要求操作员理解平行仿真与状态预测机理，能够根据下传的遥测数据和仿真状态数据分析仿真状态与真实状态的差异，生成仿真模型的误差曲线并提出仿真修正策略。

（4）操作验证与安全性评估子模块主要验证地面人员的操作控制对服务星

和机械臂的影响，并评估操作的安全性。由于地面人员操作过程中更加关注抓捕效果、可能会忽略机械臂构型限制和服务星扰动等因素，故需要根据抓捕系统的动力学模型对地面人员操控内容进行验证，评估抓捕操作过程中的安全性和各活动对象之间的碰撞关系，以确保操作控制的稳定性和安全性。为此，要求操作员准确理解验证与评估结果，能够根据结果发现操作中存在的问题，给出调整策略与修正方向，快速完成操作修正。

3. 三维可视化与交互控制操控训练要求

三维可视化与交互控制模块接收目标感知与状态分析模块和操作规划与平行仿真模块的数据，对在轨抵近飞行和抓捕全过程进行展示，主要包括服务星和空间目标相对飞行与抓捕过程展示、预测状态与真实状态的同步叠加展示、规划与操控信息的形象展示和多模式输入的交互控制 4 个子模块。各子模块训练的具体要求如下。

（1）相对飞行与抓捕过程展示子模块主要完成服务星与空间目标相对飞行，抓捕空间目标过程，空间目标外形重建、运动状态、绕飞安全区及其衍化等信息的综合显示。该子模块具有尺度跨度大、过程繁多、多元信息混杂、状态表征困难等特点，根据实际显示需求对星空环境、飞行轨道、服务星与机械臂、空间目标等对象和运动状态、绕飞安全区等辅助信息按照阶段、功能进行分画面、分层次显示，使每个画面利用有限信息清晰表达当前状态。为此，要求操作员熟知相对飞行与抓捕全过程及展示模块的信息布局，认知每个过程需要重点关注的关键因素，能够根据多类信息对当前情况作出准确判断。

（2）预测状态与真实状态的同步叠加展示子模块采用不同显示方式对服务星与机械臂运动预测状态与延时下传状态进行叠加显示，方便操作员直观判断预测状态与真实状态之间的误差。预测状态由操作规划与平行仿真模块提供，真实状态由目标感知与状态分析模块提供，根据状态的不同自主调整视角，对预测状态和真实状态的关系进行直观反映。为此，要求操作员根据预测状态与真实状态的差异判断预测仿真是否准确，评估预测误差，作出是否需要修正的建议。

（3）规划与操控信息的形象展示子模块主要完成服务星和机械臂操作飞行与捕获规划结果的显示，在当前场景的基础上叠加，为地面人员操作控制提供引导信息。该子模块的显示在预测状态与真实状态同步展示的基础上实现，并与预测状态和真实状态叠加到同一画面，表现为基于当前预测状态的下一步动作的多个规划结果，同时对规划结果的优先性和可调性进行表征，形象展示为操控引导信息，为地面人员控制决策提供支持。为此，要求操作员能够理解规划与操控过程，判断规划结果的合理性和可调性，能够根据规划结果给出操控引导方向。

（4）多模式输入的交互控制子模块主要采用手柄、键盘、操作杆等设备进行多类型的输入操作，方便地面人员对服务星和机械臂进行控制。地面人员根据预测状态与真实状态的同步叠加展示子模块提供的预测状态信息以及规划与操控信息的形象展示子模块提供的操控引导信息，掌握服务星和机械臂的当前状态和规划系统推荐操作方向，然后根据状态判断，使用输入设备对服务星和机械臂进行增量式操作控制，同时将增量式的操作转化为控制指令，发送到操作规划与平行仿真模块，进行可行性和安全性验证。为了实现更真实化的交互，可在可视化环境中接入头戴设备或触力觉设备，采用 VR 或 AR 设备对信息进行显示，利用高精度定位设备进行操作交互，使操作员更具临场感。为此，要求操作员准确判读预测状态信息以及规划与操控信息，判断操控引导信息是否正确，能够灵活使用手柄等输入设备进行精细化操作控制，并能根据验证情况快速调整控制方向。

3.3.3　在轨服务机器人地面操控训练的实现

在轨服务机器人地面操控训练的目标是提升操作员对在轨服务过程的理解深度、对技术原理的认知深度、对事件决断的准确度和对问题处置的熟练度等的能力。本节从技术分析的角度阐述目标感知与状态分析、操作规划与平行仿真、三维可视化与交互控制 3 类功能的技术原理和关键技术参数，阐明每一类功能训练的实现方法和技术途径。

1. 目标感知与状态分析训练

目标感知与状态分析模块涉及空间目标外形重建及运动状态测量、绕飞动态安全区的计算分析与表征等，其实现方法分别介绍如下。

（1）空间目标外形重建及运动状态测量

空间目标外形重建及运动状态测量的具体实现方式：首先对近距离获取的空间目标序列图像进行几何特征提取，建立序列图像之间的匹配关系，选取空间目标外形匹配支撑点，利用两阶段光束法平差算法建立存在重叠关系的多组空间目标外形三维点云模型，然后利用迭代最邻近点算法并结合视觉定位的方法对三维点云进行拼接，构建空间目标三维模型。在此基础上引入状态变化参数构建空间目标状态变化的视觉观测模型，通过序列图像特征点的追踪关系反演空间目标的外形结构、位姿与运动参数。

利用两阶段光束法平差算法建立空间目标外形三维点云模型包括全局光束法平差和局部光束法平差两个步骤：首先利用全局光束法平差最小化序列图像中

特征点之间的误差；在全局光束法平差的基础上，引入滑动窗口机制来限制参与优化的参数数量，以满足实时性的要求，即局部光束法平差。局部光束法平差可以在保持较低计算代价的同时，获得与全局光束法平差相接近的精度。把运动估计获得的单步运动参数 r 和 t 累积，可以得到巡视器的全局位姿信息 R 和 T，每一帧立体图对重建的三维点 p 可以通过变换得到全局坐标系下的坐标 P^g。

在目标外形重建的基础上，引入投影逆变换及运动参数可实现目标运动参数的估计。假设航天器相机位姿参数为 (t_i, θ_i)，$X_c^j = (X_c^j, Y_c^j, Z_c^j, 1)^T$ 和 $X_w^j = (X_w^j, Y_w^j, Z_w^j, 1)^T$ 分别表示空间目标表面点在相机坐标系和世界坐标系中的齐次坐标，空间目标表面点到图像坐标转换关系表示为：

$$\hat{u}_{ij} = M_\delta^{ij} M_p^{ij} X_c^j = M_\delta^{ij} M_p^{ij} [R(\theta_i) \mid -R(\theta_i) t_i] X_w^j \qquad (3\text{-}20)$$

式中，i、j 分别表示相机和空间目标表面点的编号；$R(\theta_i)$ 表示相机旋转矩阵；$M_p^{ij} \in R^{3\times3}$ 表示空间目标表面点到相机图像平面的投影矩阵；$M_\delta^{ij} \in R^{3\times3}$ 表示畸变变换矩阵。已知相机图像点，根据对应表面点落在相机光心和图像点确定的直线上，可得 $X_w^j = t_i + v_{ij} \cdot z_0 / v_{ij}^3$。其中，$v_{ij}$ 表示由光心发出、过图像点的方向向量；z_0 表示直线方向上延伸的长度，决定了 X_w^j 的空间位置；v_{ij}^3 表示 v_{ij} 的第 3 个元素。

在得到空间目标二维图像到三维点云的基础上，相邻多次测量的同一个表面三维点的连线的交角由空间目标的姿态变化产生，设 3 次测量得到的空间目标表面三维点为 X_1、X_2 和 X_3，而 3 个点形成的 2 个相邻边分别为 v_{12} 和 v_{13}，则 $v_p = v_{12} \times v_{13}$ 即为主轴所在平面的法向量，从而将方向向量的选择域从三维降低到二维，大大缩减了可行解的搜索范围。

目标主轴方向设为 v_m，则满足 $v_m \times v_p = 0$。设主轴上的一点坐标为 t_0，将视觉观测方程表达为 t_0 和 v_m 的函数，表达式为：

$$\hat{u}_{ij} = M_\delta^{ij} M_p^{ij} X_c^j = M_\delta^{ij} M_p^{ij} [R(v_m, \theta_i) \quad t_0 + \Delta t_j] X_w^j \qquad (3\text{-}21)$$

根据式（3-21），应用滤波算法实现对 t_0 和 v_m 的求解。在此基础上应用包含微动和时间等参数的精细化视觉观测模型，可求解目标位置、姿态、速度和角速度等物理量。

（2）绕飞动态安全区的计算分析与表征

空间目标抵近抓捕过程包括服务星携带机械臂逐步逼近空间目标、绕飞逼近并选取抓捕位置、伸展机械臂抓捕空间目标、控制组合体消旋等，在近距离绕飞、实施抓捕和消旋控制过程中，需要考虑空间目标外形与位姿变化对抓捕安全性的影响，计算服务星和机械臂近距离环绕空间目标飞行或者悬停飞行以及机械臂逼近抓捕位置的安全区域以及安全区的动态衍化关系，为实施抓捕任务提供支撑。下面首先基于空间目标外形的三维结构给出其周围静态安全区的计算方法，然后考虑空间目标的时空变化关系，对安全区的动态衍化态势进行计算和表征。

绕飞安全区与空间目标和服务星的结构外形、位姿有关。假设空间目标结构外形已通过成像感知模式获取，服务星的几何外形预先已知，则静态安全区表达为在所有位姿下，空间目标与服务星安全距离（不发生碰撞）组成的区域集合。为了能够建立有效的数学表征方式，将安全距离与空间目标位姿的关系进一步简化。假设空间目标位姿固定，服务星可在空间目标周围任意方向停留，定义空间目标中心与服务星中心的连线方向为服务星 z 轴的初始方向，如图 3-16 所示。该方向由空间目标 x 轴绕 z 轴旋转 φ_t 和绕 y 轴旋转 ψ_t 后

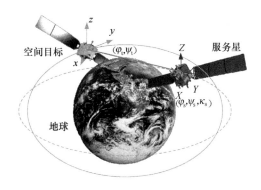

图 3-16　相对运动在空间的位置坐标系

得到，则服务星与空间目标的相对姿态可通过五维向量 $(\varphi_t,\psi_t,\varphi_s,\psi_s,\kappa_s)$ 表示。其中，$(\varphi_s,\psi_s,\kappa_s)$ 表示服务星的姿态。定义最小安全距离 $d_{s\min}$ 为某一相对姿态下的无碰撞最小距离，令 V_t、V_s 分别表示空间目标和服务星表面，则

$$d_{s\min} = \min\{d(\varphi_t,\psi_t,\varphi_s,\psi_s,\kappa_s)\,|\,V_t \cap V_s = \varnothing\} \tag{3-22}$$

绕飞安全区是大于绕飞最小安全距离的所有位姿的集合，而相对位置可以通过 φ_t,ψ_t 和相对距离 d 唯一表示，因此绕飞安全区 V_{safe} 表达为与服务星姿态 $(\varphi_s,\psi_s,\kappa_s)$ 有关的 (φ_t,ψ_t,d) 确定的空间目标周围区域集合，表达为：

$$V_{safe} = \{(\varphi_t,\psi_t,d)\,|\,\forall \varphi_t,\psi_t,\varphi_s,\psi_s,\kappa_s, d(\varphi_t,\psi_t,\varphi_s,\psi_s,\kappa_s) > d_{s\min}(\varphi_t,\psi_t,\varphi_s,\psi_s,\kappa_s)\} \tag{3-23}$$

式中，(φ_t,ψ_t,d) 描述了空间目标周围不同方向上空间目标表面到空间目标中心的距离，如图 3-17 的曲面所示。该表达方式将三维空间中的安全与碰撞问题转化成为平面高程问题，更利于地面操作员准确判断绕飞安全状态。基于这一描述方法，可以将空间目标与服务星的距离关系采用 $(\varphi_t,\psi_t,d_{\min}(\varphi_s,\psi_s,\kappa_s))$ 描述，$d_{\min}(\varphi_s,\psi_s,\kappa_s)$ 表示空间目标周围不同方向上服务星和机械臂与空间目标的最近距离。这样就将服务星和机械臂相对于空间目标的相对飞行问题转换为平面上方点到高程曲面的距离变化问题，空间目标的自旋运动变化转换为高程曲面的水平移动，服务星与机械臂相对空间目标的绕飞运动等效为曲面上方点的平移运动，抓捕过程中的逼近运动转化为垂直方向的平移运动，从而实现了利用三

维空间平动对安全度和安全区衍化态势进行表征。

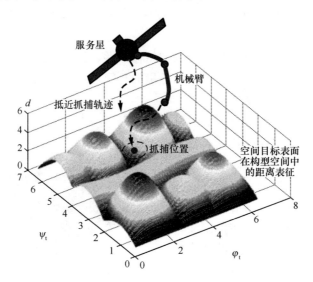

图 3-17　抵近抓捕过程中的安全度表征方法

2. 操作规划与平行仿真训练

操控规划与平行仿真模块规划服务星飞行、机械臂运动和组合体接管控制等任务，主要包括飞行规划与控制、抓捕规划与接管控制、平行仿真与状态预测、操作验证与安全性评估 4 个子功能，重点对在轨服务机器人抓捕目标的过程进行分析，包含了机械臂柔顺抓捕规划与组合体稳定控制、抓捕过程状态预测与在线模型修正等环节，各环节的实现方法分别介绍如下。

（1）机械臂柔顺抓捕规划与组合体稳定控制

针对机械臂抓捕空间目标任务，首先建立微重力环境下机械臂的运动学与动力学模型，并分析空间目标与机械臂的相对运动状态，设计碰撞检测算法和基于动量定理及角动量定理的碰撞动力学模型，分析机械臂在捕获过程中的接触碰撞响应。在此基础上提出柔顺抓捕路径规划算法和抓捕鲁棒控制算法，实现机械臂对空间目标的快速抓捕和扰动量最小的抓捕过程控制、组合体稳定控制。

首先对机械臂抓捕空间目标的过程进行建模，分析机械臂末端与空间目标的碰撞关系及其对抓捕过程的影响。在空间机器人研究中，碰撞检测是路径规划的基础与约束，也是保证抓捕空间目标安全性的条件之一。本节采用分解递阶的思路，基于距离构建碰撞检测对象的包围盒层次树，加快碰撞检测的运算速度。远距离采用球形包围盒（Sphere Bounding Box，SBB）层次树，中距离采用方向包围盒（Oriented Bounding Box，OBB）层次树，近距离采用三角网格层次树，对在轨服务机器人各连杆、目标、基座等对象依次进行包围求交计算，并基于此设计在轨服务机器人的安全性运动准则。针对多臂机器人在轨抓捕与操控任务，机械臂与空间目标之间会有接触碰撞的发生。根据碰撞检测的结果，考虑机械臂与空间目标碰撞点之间的相对运动关系与力传递关系，利用弹性碰撞理论，计算评估在轨抓捕过程中接触碰撞对在轨服务机器人的冲击响应，为抓捕规划与控制奠定基础。

在建立碰撞模型的基础上，对在轨服务机器人抓捕过程进行运动路径规划，目标是在满足各类约束的条件下求得到实施抓捕操作的可行路径，辅助生成在轨服务机器人的抓捕策略。考虑抓捕策略的执行时间与空间目标的运动、机械臂关节的约束直接相关，因此需要对机械臂运动过程及其操作能力进行优化，优化指标定义为成本函数 $\Gamma(\boldsymbol{\theta}(t),\boldsymbol{\tau}(t))$。其中，$\boldsymbol{\theta}(t)=(\theta_1,\theta_2,\cdots,\theta_n)$ 为 n 个关节的位置向量，关节的运动范围为 $\left[\theta_{\min},\theta_{\max}\right]$ 以及 $\left[\dot{\theta}_{\min},\dot{\theta}_{\max}\right]$；$\boldsymbol{\tau}(t)$ 为关节力矩矢量，则机械臂关节轨迹可采用序列角 $\theta_i(\tau)=\sum_{j=0}^{m}\boldsymbol{b}_{jm}(\tau)\boldsymbol{P}_{ij}$ 表示。此外，抓捕和操作过程中涉及的各类约束，如关节驱动力约束、输出约束、可能的碰撞约束等，采用不等式 $g(\boldsymbol{\theta}(t))\leqslant 0$ 表示；涉及的状态转移方程，采用等式约束 $h(\boldsymbol{\theta}(t))=0$ 表示，从而构建曲线控制点与关节轨迹之间的关系。将轨迹规划问题转化为多约束条件下的多目标优化问题：

$$\begin{aligned} &\min_{\boldsymbol{\theta}(t)}\ \Gamma(\boldsymbol{\theta}(t),\boldsymbol{\tau}(t)) \\ &\text{s.t.}\ \ g(\boldsymbol{\theta}(t))\leqslant 0, \\ &\qquad h(\boldsymbol{\theta}(t))=0 \end{aligned} \tag{3-24}$$

式中，满足 $0\leqslant t\leqslant t_{\mathrm{f}}$，$t_{\mathrm{f}}$ 为最终时间，针对式（3-24）中的多目标优化问题，可采用智能/启发式优化算法，如进化算法、粒子群算法、蚁群算法等，构建此类问题的帕累托（Pareto）最优解集合，从而形成机械臂的运动规划策略。另外，针对人在回路操作或者末端执行器的自主跟踪问题，通过分离机械臂各关节角度参数和时间参数，可以将机械臂的路径规划问题转化为求解动态多约束条件下的二次规划问题：

$$\begin{aligned} &\min_{\boldsymbol{\theta}}\ \|J_{\mathrm{e}}^{i}\dot{\boldsymbol{\theta}}-\dot{\boldsymbol{x}}_{\mathrm{e}}^{d}\|^2+\lambda\|\dot{\boldsymbol{\theta}}\|^2 \\ &\text{s.t.}\ \ g_i(\boldsymbol{\theta})\leqslant 0, \\ &\qquad h_i(\boldsymbol{\theta})=0 \end{aligned} \tag{3-25}$$

在完成抓捕径规划的基础上，针对在轨服务机器人抓捕过程中的运动控

制及操控问题，考虑对空间目标、机械臂的运动进行预测以及驱动力受限，采用非线性模型预测控制策略对抓捕过程进行控制，具体可表示为：

$$u = \arg\min_{u} \ \Gamma(\boldsymbol{u}_k, \boldsymbol{x}_k, \boldsymbol{y}_k)$$

$$\text{s.t.} \ \boldsymbol{u}_{k+j|k} = \boldsymbol{u}_{k+N_c|k}, j \geqslant N_c,$$

$$\boldsymbol{x}_{k+j+1|k} = \boldsymbol{f}_{\mathrm{d}}(\boldsymbol{x}_{k+j|k}, \boldsymbol{u}_{k+j|k}),$$

$$\boldsymbol{y}_{k+j|k} = \boldsymbol{h}_{\mathrm{d}}(\boldsymbol{x}_{k+j|k}, \boldsymbol{u}_{k+j|k})$$

$$(3\text{-}26)$$

式中，$j \in [0, N_{\mathrm{p}} - 1]$；$N_{\mathrm{p}}$ 与 N_{c} 分别为预测时域与控制时域；$\boldsymbol{x}$、$\boldsymbol{y}$ 与 $\boldsymbol{u}$ 表示系统状态、输出与控制输入，输出与控制输入范围分别为 $[y_{\min}, y_{\max}]$ 和 $[u_{\min}, u_{\max}]$；$\boldsymbol{x}_0$ 是系统的初始状态；$\boldsymbol{a}_{i|j}$ 表示 $\boldsymbol{a}$ 在 i 时刻预测 j 时刻的值；$\boldsymbol{f}_{\mathrm{d}}$ 和 $\boldsymbol{h}_{\mathrm{d}}$ 分别表示离散系统的预测模型与观测模型；指标函数 $\Gamma(\boldsymbol{u}_k, \boldsymbol{x}_k, \boldsymbol{y}_k)$ 根据预测输出及期望输出进行设计，系统输出与控制输入满足不等式约束条件。在此基础上，利用多参数二次规划方法，求解控制时域 N_{c} 上的最优控制输入 $\{u_{k|k}^*, u_{k+1|k}^*, \cdots, u_{k+N_c|k}^*\}$。针对操控过程中空间目标的参数不确定性问题，设计抓捕过程中基于学习机制的鲁棒最优控制方法。采用基于 Tube 不变集的模型预测控制方法，根据状态与测量构造局部反馈控制器修正控制时域上的最优控制输入。Tube 不变集的尺寸可根据目标的辨识参数进行缩放，以保证理想模型与实际模型的状态偏差处于设计的 Tube 不变集之中。

抓捕任务完成后，机械臂末端与空间目标形成刚性连接的组合体系统，根据动量守恒原理，分析计算机械臂与基座之间的运动耦合关系，将碰撞响应分析采用的空间目标动力学参数的参考值作为估计值，获得完整的组合体动力学方程；设计相应的机械臂控制算法，并考虑空间目标动力学参数的估计值与实际值之间的误差，引入自适应鲁棒控制方法，通过机械臂关节对组合体各部分动量进行重分配，减小基座姿态扰动，最终实现组合体的稳定控制。

（2）抓捕过程状态预测与在线模型修正

抓捕过程状态预测与在线模型修正主要为实现机械臂实时控制过程中的预测状态与遥测状态的一致性比对及预测仿真模型的在线修正等功能。在轨服务机器人在执行任务的时候，通常需要对未知负载进行操作，由于在轨服务机器人组成材料质量较轻且臂杆较长，使得机械臂柔性特征明显，机械臂构形的变化与负载的不同都将引起其动力学参数的变化，这就造成了模型的不确定性。如果没有有效的办法来解决模型的不确定性，将会影响到在轨服务机器人的控制精度，甚至造成非常严重的后果。针对该问题，本节设计基于预测状态和真实状态差异性分析的参数辨识方法，按规定的准则在模型类中找出与所给数据拟合最好的一个模型，从而实现对预测仿真模型的持续不断改进。

由于在轨服务机器人动力学模型通常选用拉格朗日法或者牛顿-欧拉法构建，因此机械臂状态预测仿真模型可首先采用该类方法得到初始动力学参数。然后在机械臂运动过程中，利用机械臂模拟器下传的关节的角度、角速度、角加速度、机械臂末端的位置、速度等数据，判读预测状态和真实执行状态的差异，根据数据差异对柔性在轨服务机器人进行参数辨识，比较辨识前后末端轨迹情况，更新动力学参数，提高机械臂控制的可靠性和精度。

　　进行在轨服务机器人地面遥操作控制任务时，地面对在轨服务机器人的控制延时和在轨服务机器人向地面传输遥测状态和图像的延时会影响遥操作控制的稳定性。由于天地延时的存在，地面操作员看到的下传图像和遥测信息滞后于在轨服务机器人的真实运行状态，故需要利用遥测和图像信息判断在轨服务机器人的真实运行状态，并根据真实运行状态进行控制，避免机械臂与周围环境发生碰撞。

　　针对上述问题，采用隐马尔科夫模型（Hidden Markov Model，HMM）构建预测仿真控制模块，估计机械臂和交互对象的当前状态，并将交互对象的虚拟图像显示在仿真模块中，辅助地面操作员对交互对象的真实运动状态进行预测判断，消除天地时延对地面操作员造成的影响。用 HMM 预测机械臂与交互对象状态的具体过程如下。

　　首先在某一时刻获取下传的图像信息，通过目标检测以及定位技术，获得检测目标在当前时刻的位置，利用图像提取出的目标得到目标位置，结合机械臂遥测状态数据，作为 HMM 的输入；其次，根据 HMM 状态转移方程预测出机械臂当前时刻的真实状态，把得到的最佳匹配位置作为下一次状态预测的测量值并更新此参数。以固定时间间隔重复获取下传图像与遥测状态数据，进行目标位置的精确计算，并重复上述步骤直至实现高精度预测。

　　根据 HMM 状态序列的估计算法，利用传输到地面遥操作中心的图像（由于传输延时，这个图像实际上是 $t-\Delta t$ 时刻的图像）与遥测状态数据，预测当前时刻的图像与遥测状态数据，并在仿真模块中显示当前时刻机械臂的状态，辅助地面操作员对机械臂和交互对象的真实运动状态进行预测判断。

　　在此基础上引入预测模型实时在线修正功能，拟采用逆雅可比矩阵算法，根据机械臂的历史运动数据，预测并校正机械臂当前的运动状态，并将机械臂的当前状态显示在仿真模块中，辅助地面操作员对机械臂的真实运动状态进行预测判断。具体算法步骤为：首先，计算 t 时刻机器人期望轨迹 $r_d(t)$ 和实际轨迹 $r_a(t)$ 之间的偏差 $e(t)$；其次根据初始雅可比矩阵 $\boldsymbol{J}$，计算 t 时刻的机器人位置和速度控制输入 $u(t)$；再次，根据逆雅可比矩阵自适应算法，对雅可比矩

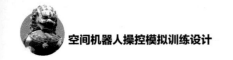

进行预估和更新，获得修正后的雅可比矩阵参数 $\hat{\boldsymbol{J}}(t)$。通过修正雅可比矩阵参数，可实现预测精度的实时在线调整。

3. 三维可视化与交互控制训练

三维可视化与交互控制模块主要包括相对飞行与抓捕过程展示、预测状态与真实状态的同步叠加展示、规划与操控信息的形象展示和多模式输入的交互控制 4 个子模块。系统设计层面主要包括虚拟三维可视化系统和遥操作交互控制系统 2 个部分，分别介绍如下。

（1）虚拟三维可视化系统

对空间目标抵近抓捕过程按照距离远近不同划分为远距离段、中距离段、近距离段和超近距离段 4 个阶段，虚拟三维可视化系统需要根据每个阶段的特点和操作员需要了解的状态进行信息展示。设计信息展示的三维可视化方法如下。

① 服务星抵近空间目标运动的过程展示。在轨服务星抵近空间目标运动过程中，需要不断修正空间目标与自身的相对位置关系，才能实现最终的成功捕获。如图 3-18 所示，为了实现相对位置和飞行方向的准确控制，可采用激光雷达和光学相机组合相对测轨方法，即通过激光雷达测量空间目标的径向精确距离，并利用视觉图像计算空间目标的横向相对方向，从而实现相对飞行轨道的精确计算，引导控制在轨服务星逐步接近空间目标。在此过程中对服务星相对空间目标的飞行过程以虚拟仿真的形式进行展示，实时显示空间目标相对于服务星的位置等信息。

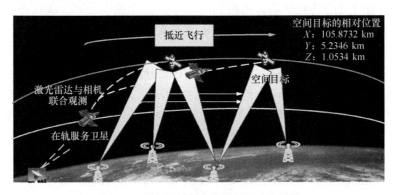

图 3-18　服务星抵近空间目标运动的过程

② 空间目标三维外形及运动状态的信息展示。如图 3-19 所示，当服务星与空间目标的距离达到中距离时，利用服务星上的长焦相机对空间目标进行跟踪观测，能够获取空间目标自旋过程中的高清晰序列图像，利用这些图像可以

重建空间目标的外形，并测量空间目标的自旋运动状态，包括空间目标自旋速度、旋转主轴等，为绕飞安全区计算、近距离绕飞及悬停位置选择提供外形和运动状态信息。中距离跨度较大，图像尺度变化较大，故需要设计空间目标外形的多尺度增量式重建与状态的逐步精化测量方式。在此过程中，对服务星相对空间目标的飞行过程以虚拟仿真的形式进行展示，实时显示空间目标相对于服务星的位置、空间目标的外形、旋转轴和转速等信息。

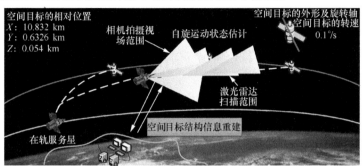

图 3-19　空间目标三维外形及运动状态

③ 空间目标绕飞安全区及其衍化态势展示。如图 3-20 所示，当服务星向空间目标从中距离进一步飞行抵近时，基于前一阶段生成的三维外形结构、目标主轴及自旋速度等信息计算绕飞安全区并设计绕飞策略，控制服务星对空间目标绕飞。绕飞控制是由远及近逐步逼近的过程，一方面需要利用服务星上的光学相机对空间目标进一步精细观察，重建空间目标的局部精细表面，对空间目标三维外形进行局部修正；另一方面需要持续计算和修正绕飞安全区及其动态衍化态势，掌握安全区的变化规律，控制服务星不断逼近空间目标绕飞，并选择超近距离悬停于空间目标抓捕位置。针对这一过程，对服务星相对空间目标绕飞的安全区以可视化的形式进行展示，实时显示空间目标动态运动过程中的安全区变化、服务星相对于空间目标的实时距离和安全度评价等信息。

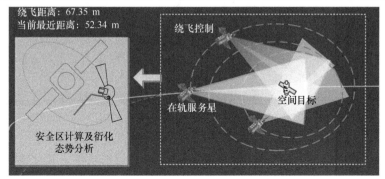

图 3-20　空间目标绕飞安全区及其衍化态势

④ 绕飞悬停与抓捕规划及消旋控制过程的信息展示。如图 3-21 所示，当服务星完成抵近绕飞过程后到达悬停状态时，服务星的绕飞速度与空间目标的自旋速度近似相等，绕飞距离近似不变，即与空间目标达到近似相对静止状态。此时，需要根据上一阶段计算的大致抓捕位置规划服务星向空间目标的抵近路径和机械臂抓捕位置及路径，控制服务星逼近空间目标的同时伸展机械臂对空间目标实施抓捕。抓捕完成后进行消旋控制，最终完成对空间目标的接管。针对这一过程，对服务星抓捕空间目标过程以虚拟可视化的形式进行展示，实时显示机械臂末端相对于抓捕位置的偏移量、抓捕过程中的受力情况、组合体姿态变化情况、消旋力及旋转减速情况等信息。

（2）遥操作交互控制系统

遥操作交互控制系统主要是利用操作手柄控制机械臂的关节或末端运动，实现机械臂的远程操作控制。对在轨服务机器人的遥操作交互控制主要采用基于速度的控制方式。基于速度的末端轨迹跟踪主要用于自主操作模式，以完成精确的操控任务，如接近某些设备的特定部件。在基于机械臂逆雅可比矩阵的工作空间坐标系中采用反馈控制可直接控制在轨服务机器人的末端运动轨迹。当机械臂末端运动轨迹是基于基坐标系设计时，可以用这种方法直接控制在轨服务机器人。对于惯性（轨道固定）坐标系中的轨迹（如卫星捕获、卫星修复或载荷转移的运动轨迹），则应考虑由于反作用力引起的基准偏差。对于非驱动基座，反馈控制器可采用广义雅可比矩阵进行设计。将机械臂关节速度作为速度级反馈控制器的控制输入：

$$\dot{\boldsymbol{\theta}} = \hat{\boldsymbol{J}}^{-1}\left(\boldsymbol{K}_{\mathrm{p}}\left(\boldsymbol{X}_{\mathrm{e}}^{\mathrm{d}} - \boldsymbol{X}_{\mathrm{e}}\right) + \boldsymbol{V}_{\mathrm{e}}^{\mathrm{d}}\right) \tag{3-27}$$

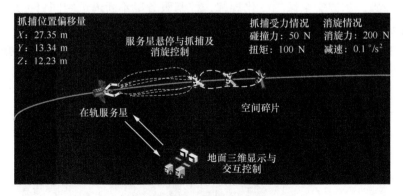

图 3-21　绕飞悬停与抓捕规划及消旋控制

式中，$\boldsymbol{X}_{\mathrm{e}}^{\mathrm{d}}$ 和 $\boldsymbol{V}_{\mathrm{e}}^{\mathrm{d}}$ 表示给定惯性轨迹上所需的末端位置和速度；$\boldsymbol{K}_{\mathrm{p}}$ 为反馈增益矩阵。实际机械臂末端位置 $\boldsymbol{X}_{\mathrm{e}}$ 由 2 部分组成：通过测量得到的惯性基座位置，以

及基于机械臂关节的位置测量，通过对固定基座机器人的直接运动学关系得到
机械臂末端相对于基座的位置。

根据上述机理，设计基于手控器的操作控制模块，操作控制模块主要由手
控器（硬件）、运动学求解单元、控制单元接口组成，如图 3-22 所示。手控器
主要接收操作员的输入，并转化为机械臂末端位姿（或者单关节角度与角速度）
的变化，从而实现人员操作到机械臂末端运动量的映射。运动学求解单元包括
笛卡儿空间位置、速度与关节空间的位置、速度的映射求解，可以将手控器对
末端的控制转化为对机械臂关节角度和角速度的调整。控制单元接口能够将运
动控制参数按照统一的接口输出至三维可视化和抓捕与操作单元，实现对末端
位姿和机械臂构型的自由操作。

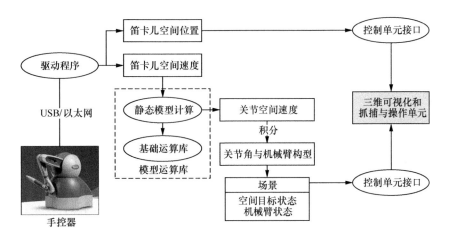

图 3-22　在轨服务机器人遥操作交互控制的实现过程

在轨服务机器人遥操作交互控制模块也可以用于操作员在离线状态下对
在轨服务机器人运动的示教规划。操作员利用手控器将在轨服务机器人调整至
特定的构型，记录构型作为在轨服务机器人操作的中间轨迹点，从而能够使在
轨服务机器人沿着操作员指定的轨迹运动，实现操作员对在轨服务机器人路径
规划的干预与指导。

|3.4　在轨服务机器人地面操控训练评估与管理|

在轨服务机器人地面操控训练评估与管理是为了提升训练的针对性和高

效性而设计的操作员训练效果评估模块，对操作员的分析判断、规划、控制等能力进行综合评估，对操作员状态分析、任务规划、路径规划、指令控制和手柄控制等训练内容进行管理。按照认知训练、专项训练和协同训练的总体设计思路，设置在轨服务机器人的操控训练项目和多样化训练模式，针对在轨服务机器人的任务过程科学、全面地设计效果评价模型，设计综合评价指标体系，从主观评价和客观评价 2 个方面设置评价指标，制定出有效的绩效评价方法，实现遥操作岗位人员操控能力的评价。

在轨服务机器人操控综合评价指标体系主要从状态判断、规划技能、操控技能和操作效率等方面设计主观评价指标和客观评价指标。如图 3-23 所示，主观评价指标包括在轨操作状态分析能力、机械臂操控熟练程度、机械臂操作规划技巧性、手控操作的准确性等；客观评价指标包括机械臂规划平均时间、持续操作控制时间、操作规划的分段次数、操作的平均移动距离、机械臂操作的碰撞次数、随机抽选任务的完成率等。

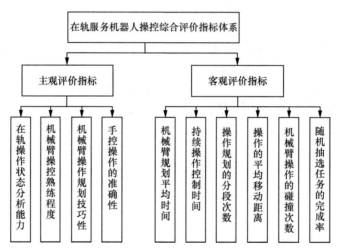

图 3-23　在轨服务机器人操控综合评价指标体系

根据上述综合评价指标体系，对不同类型的训练任务进行具体指标设计，主要针对不同专项训练给出指标和评价方法，对每一个参训人员的各项操控能力进行量化评分。以此为基础实现参训个体的自主管理和多人协同的综合管理与评估。本节主要针对机械臂规划与控制、空间动态目标捕获以及捕获任务完成后的目标接管规划与控制 3 类功能设计效果评价机制，同时设计训练信息管理系统，对人员信息、训练内容和训练效果进行管理。

3.4.1　机械臂规划与控制训练评估

机械臂规划与控制训练用于训练提高操作员结合实际任务场景以及约束条件，实现机械臂在轨服务规划与控制的能力，其遵循机械臂操作安全性与目标最优原则。机械臂规划与控制功能主要根据给定机械臂末端目标位姿、关节构型和约束条件，进行笛卡儿空间或关节空间路径规划，对整个机械臂规划与控制过程中路径长度、资源消耗、操作时间等影响因素进行数值输出，作为评价机械臂规划与控制的质量指标；同时考虑运动过程中的机械臂末端轨迹和碰撞点，作为机械臂规划与控制的正确性指标。综合质量指标和正确性指标实现对规划能力的综合评估，如图 3-24 所示。

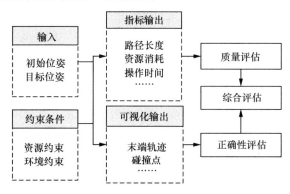

图 3-24　机械臂规划与控制训练评估

训练评估方式描述如下：利用数字仿真系统模拟在轨服务机器人规划与控制功能，允许操作员在可视化界面中拖动机械臂到达某一构型，并得到该构型下的关节角，然后作为输入进行机械臂运动路径规划。同时，可直观显示规划中机械臂操作是否发生碰撞、关节构型奇异的问题。通过系统仿真模拟可以输出可视化机械臂末端轨迹、碰撞点等信息，任务结果的路径长度、资源消耗、操作时间等指标信息，根据各项因素对机械臂规划与控制任务造成的影响设置评分规则，以对整个机械臂运动路径规划过程进行评分，考核岗位操作员机械臂运动路径规划的能力。最终，可以帮助操作员模拟机械臂规划与控制，通过评分建立对机械臂规划与控制影响因素的深入理解，提升机械臂规划与控制能力。

3.4.2　空间动态目标捕获训练评估

空间动态目标捕获训练效果评估可以优化机械臂的捕获构型，根据机械臂末端位姿扰动、关节极限等因素，构建机械臂构型优化处理器，获得最优捕获构型对应的机械臂关节角序列，然后通过规划机械臂捕获动态目标的运动轨迹，使得机械臂能成功达到最优捕获构型，结合动态目标捕获过程末端位姿扰动、路径长度、资源消耗等因素的数值分析，建立动态目标捕获的评价指标体系，实现对动态捕获操作的训练评估，如图 3-25 所示。

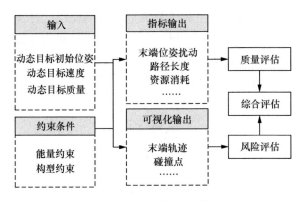

图 3-25　空间动态目标捕获训练评估

训练评估方式描述如下：利用数字仿真系统模拟机械臂动态目标捕获功能，允许操作员根据实际任务需求设置动态目标的初始位姿、速度和质量，模拟对该动态目标进行捕获，直观显示规划中机械臂操作是否发生碰撞、关节构型奇异、目标位姿不可达的问题。通过系统仿真模拟可以输出可视化机械臂末端轨迹，任务过程的路径长度、资源消耗、末端位姿扰动等指标信息，根据各项因素对动态目标捕获任务造成影响设置评分规则，以对整个动态目标捕获过程进行评分，考核岗位操作员对于空间动态目标捕获规划的能力。最终，可以帮助操作员模拟空间动态目标捕获，通过评分建立对动态目标捕获影响因素的深入理解，提升空间动态目标捕获规划能力。

3.4.3　目标接管规划与控制训练评估

捕获任务完成后的目标接管规划与控制训练评估用于训练提高操作员结合实际任务场景以及约束条件，实现机械臂捕获空间目标并进行接管控制的能力，其遵循机械臂操作安全性与目标最优原则。组合体运动规划与控制功能主要根据给定机械臂末端目标位姿或关节构型，进行笛卡儿空间或关节空间路径规划，然后利用多目标粒子群优化算法，实现对在机械臂接管空间目标的优化控制，并在运动过程中进行碰撞检测。同时，该功能会对整个空间目标接管过程中路径长度、驱动力矩、资源消耗等的影响因素进行数值输出，建立空间目标接管控制操作的指标评价体系，实现对空间目标接管控制的高效训练，如图 3-26 所示。

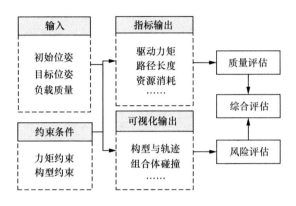

图 3-26　目标接管规划与控制训练评估

训练评估方式描述如下：利用数字仿真系统模拟机械臂接管空间目标的规划与控制功能，允许操作员在可视化界面中拖动机械臂到达某一构型，并得到该构型下的关节角，然后作为输入进行目标接管规划。同时，可直观显示规划中机械臂是否发生碰撞、关节构型奇异、力矩超限等问题。通过系统仿真模拟可以输出可视化机械臂末端路径，任务结果的路径长度、驱动力矩、资源消耗等指标信息，根据各项因素对空间目标接管任务造成的影响设置评分规则，以对整个空间目标接管规划过程进行评分，考核操作员对于空间目标接管规划的能力。最终，可以帮助操作员模拟空间目标接管，通过评分建立对空间目标接管影响因素的深入理解，提升空间目标接管规划与控制能力。

3.4.4　训练人员及信息管理

训练人员及信息管理的功能主要是针对操作员按照机械臂规划与控制技能、训练任务复杂性和所处层级等因素进行分类，为每名操作员建立训练档案，记录人员信息、训练信息和训练效果信息，纵向评判操作员认知水平、专项训练技能水平和复杂性训练技能水平。针对操作任务的复杂性和人员特点，开展推荐性专项训练，提升操作员的专项操作能力；基于对操作员的综合性评判结果，评估操作员适合的操作类型和岗位，在任务需要时对适配性人员进行自主分配与组织，如图 3-27 所示。

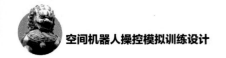
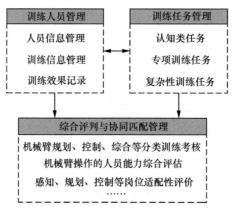

图 3-27　训练人员及信息管理

　　训练人员与信息管理功能采用 B/S 架构设计。数据服务器负责对操作员和训练任务进行集中管理，并通过 Web 方式向操作员提供服务。通过人员信息、训练信息、训练效果等数据的集中管理与分析，便于实现人员能力的综合分析与评判。同时针对人员训练考核要求，设置机械臂规划、控制、综合等分类训练考核功能，能够实现对机械臂操作能力的综合评价等。

｜参考文献｜

[1]　李芳菲，张珂殊，龚强. 无扫描三维成像激光雷达原理分析与成像仿真[J]. 科技导报，2009, 27(8):19-22.

[2]　严惠民，倪旭翔，陈奇霖，等. 无扫描三维激光雷达的研究[J]. 中国激光，2000, 27(9):861-864.

[3]　韩意，孙华燕. 空间目标天基光学成像仿真研究进展[J]. 红外与激光工程，2012, 45(9):0906002.

[4]　韩意，陈明，孙华燕，等. 天官二号伴星可见光相机成像仿真方法[J]. 红外与激光工程，2017, 46(12):251-257.

[5]　闫立波，李建胜，黄忠义，等. 天基系统空间目标光学成像仿真方法研究[J]. 计算机仿真，2016, 33(4):120-124.

[6]　陈小前，袁建平，姚雯，等. 航天器在轨服务技术[M]. 北京:中国宇航出版社，2009.

[7] 罗建军, 张博, 袁建平, 等. 航天器协同飞行动力学与控制[M]. 北京:中国宇航出版社, 2016.

[8] 张冉, 殷建丰, 韩潮. 航天器受迫绕飞构型设计与控制[J]. 北京航空航天大学学报, 2017, 43(10):2030-2039.

[9] VAFA Z, DUBOWSKY S. The kinematics and dynamics of space manipulators: the virtual manipulator approach[J]. International Journal of Robotics Research, 1990, 9(4): 3-21.

[10] VAFA Z, DUBOWSKY S. On the dynamics of manipulators in space using the virtual manipulator[C]// IEEE International Conference on Robotics and Automation.Piscataway, USA:IEEE, 1987, 4:579-585.

[11] UMETANI Y, YOSHIDA K. Resolved motion rate control of space manipulators with generalized Jacobian matrix[J]. IEEE Transactions on Robotics and Automation, 1989, 4(3):303-314.

[12] DUBEY R, EULER J, BABCOCK S. An efficient gradient projection optimization scheme for a seven-degree-of-freedom redundant robot with spherical wrist[C]// IEEE International Conference on Robotics and Automation.Piscataway,USA:IEEE, 1988:28-36.

[13] ZGHAL H, DUBEY R V, EULER J A. Efficient gradient projection optimization for manipulators with multiple degrees of redundancy[C]// IEEE International Conference on Robotics & Automation.Piscatway, USA: IEEE, 1990:1006-1011.

第 4 章

星表巡视探测机器人操控模拟训练设计

星表巡视探测是人类深空探测的重要形式，我国在"嫦娥三号""嫦娥四号"任务中成功实施了月面巡视探测任务，并将在未来几年持续推进月面巡视探测和火星探测等任务。随着探测器能力的提升，每次巡视探测任务都将有新的变化和挑战，为此需要不断提升星球车操控能力。针对这一需求，本章对星球车巡视探测操控训练系统进行了设计，对操控训练需要建立的巡视任务过程模拟提出了要求，对巡视探测任务中星球车操控能力及训练方式进行了探讨，并设计了针对不同操控功能的质量评价和过程评估策略，为我国星表巡视探测中星球车操控能力的提升准备条件。

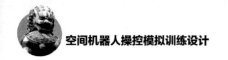

|4.1 概述|

星表巡视探测通常利用轮式星球车在星表进行大范围巡视和开展科学探测活动，为人类了解星球特性和认知太阳系起源提供重要支撑。随着深空探测的不断深入，星球车搭载的科学探测仪器的种类不断丰富，星球车的应用场景也越来越广泛，已能够完成探测、采样、运输等各项复杂任务。目前，我国已经成功实施了多次月面巡视探测任务。例如，我国探月工程中的"嫦娥三号""嫦娥四号"任务[1-2]，均通过在月面进行感知和长距离移动巡视，探索月面土壤成分组成与地质构成，并进行特殊物质考察等科学探测活动。根据我国深空探测工程总体部署，星表巡视探测是未来深空探测任务的重点，后续计划实施"嫦娥七号""嫦娥八号"两次月面巡视探测任务，将进一步提升我国月球科学与资源的应用能力。因此，面向不同类型任务要求，继承和发展星球车的地面遥操作模式，建立适应不同探测过程的操控能力，训练地面操作员提升星球车操控水平，是未来星表巡视探测实施的关键。

本节首先概括性介绍地外星表巡视探测任务的特点，并在此基础上对星表巡视探测操控模拟训练的功能划分、模块组成进行设计，提出星表巡视探测操控模拟训练系统的体系框架。

4.1.1　星表巡视探测任务特点

星表巡视探测是利用星球车及其搭载的科学探测仪器在星表非结构化环境中进行巡视勘察的过程。星球车在地外星表巡视探测，其所处环境为未知的、不确定的非结构化工作环境，星表形态与地面存在很大差别，通常表面覆盖着结构松散、成分未知的土壤（如类火山灰的月壤、类沙土的火壤），且密集分布着陨石坑、石块等障碍物，这会对星球车的安全行驶产生不利的影响。同时，星球车在巡视探测过程中还需要绕开光照阴影区并保持与地面的通信链路，这会对巡视探测路径的选择产生影响，故需要在绕开地形障碍的基础上考虑天体运行关系，推算和预报光照阴影区、通信信号遮挡区等信息，为巡视路径的规划提供支撑。

星球车的操控的前提是建立对星表环境的感知能力。受限于星球车自身能源、配套服务系统（如卫星定位系统）等因素，星球车对星表环境的感知主要通过视觉相机实现。为了实现不同距离、不同清晰度和不同用途的感知，星球车通常携带多种相机，如用于远距离感知的全景相机、用于近距离导航的导航相机和用于超近距离避障的避障相机等。基于各类相机图像能够拼接形成大范围图像场景、重建三维地形和计算安全距离等，从而实现以视觉相机为主的探测感知过程。

星球车的操控主要采用天地一体化模式，通过星球车自主控制和地面遥操作控制相结合的方式来实现。由于当前阶段星球车自身的智能化程度较低，星球车的巡视探测活动需要在地面遥操作中心的支持下实施，甚至为了降低对星球车计算能力的要求、提升计算精度，众多环境感知与行驶路径规划的工作也在地面遥操作中心实现。例如，我国"玉兔一号"和"玉兔二号"月球车，主要依靠地面遥操作中心进行地形建立、视觉定位和路径规划等复杂操作，以确保环境感知的准确性和月球车行驶的安全性。

综上所述，巡视探测任务对星球车自主能力和地面遥操作能力以及天地之间的交互协同都提出了要求。一方面需要提升星球车自主能力，以更好地适应星表复杂、未知的环境和各类复杂工况的处置要求；另一方面受限于目前的智能水平和有限的车载计算能力，大量计算工作需要地面遥操作中心辅助实现。地面遥操作中心利用星球车采集下传的有限的遥现场信息，恢复星表地形、定位自身坐标和规划自身行为，生成控制指令发送给星球车并监视其执行效果，以实现天地一体化高效、安全探测。

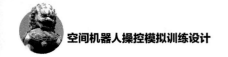

4.1.2　星表巡视探测操控模拟训练体系设计

　　星球车是能够适应星表环境，携带科学探测仪器在星表进行巡视探测的主要活动对象，是巡视探测任务中执行各项复杂操作的核心单元。其操控模拟训练需要建立在对巡视探测任务认知和对关键过程建模之上。由于巡视探测任务面临星表环境复杂、操作环节众多、遥操作时延大、探测过程模拟困难等众多挑战，因此，需要根据岗位操作需求，利用动力学建模仿真、计算机视觉、过程优化控制等技术解决地外星表巡视探测过程模拟与遥操作控制问题，设计巡视探测的实战化模拟训练场景，实现对操作员模拟训练，使其熟练掌握星球车巡视探测遥操作技能、深入了解遥操作过程机理，能够应对各类任务状态变换和各种复杂情况，胜任巡视探测遥操作任务。

　　综合考虑巡视探测任务的模拟训练需求和训练系统的实时性、安全性、可靠性、用户友好程度等因素，基于第2章提出的空间机器人地面模拟训练通用框架，可将星表巡视探测操控模拟训练系统划分为星球车巡视探测过程模拟器、星球车巡视探测操控训练仿真系统和星球车巡视探测训练评估系统3个部分，如图4-1所示。其中，星球车巡视探测过程模拟器包括星表空间环境模拟、星球车巡视过程建模、任务过程逻辑模拟、半实物模拟等功能，主要用于模拟星球车在星表巡视探测过程，能够接收地面遥控指令，模拟星表环境数据与星球车的运动学特性，产生并下传遥测数据、图像等，作为星球车巡视探测操控训练仿真系统的操控响应模拟器，实现了星球车巡视探测过程模拟；星球车巡视探测操控训练仿真系统包括服务器阵列和遥操作交互系统两个部分，内嵌星表地形建立、星球车视觉定位、星球车行驶路径规划等功能模块，实现了对地面遥操作主要功能模块的模拟以及其他配套软件的联合模拟，能够支持对每类功能模块的单独操作，也能支持对各类模块组合一体化操作，同时也能够为操作员提供沉浸式的操控体验；星球车巡视探测训练评估系统主要用于对星表地形建立、星球车视觉定位、星球车行驶路径规划等主要功能操控能力的评估，记录和分析关键操作信息、中间数据和操作结果，根据操作过程给出能力分布图，并对操作短板进行提示，能够针对不同岗位、不同层次的操作员开展有针对性的训练，辅助操作员提升训练效果。

　　上述系统架构中，星球车巡视探测操控训练仿真系统中的服务器阵列负责实现遥操作星表地形建立、星球车视觉定位和星球车行驶路径规划3个核心模块功能，作为整个系统的核心单元完成各类数据的接收、处理、计算与分发。

　　首先，服务器阵列接收星球车巡视探测过程模拟器产生的各类遥测数据、图像等，用于监视星球车的驾驶过程，同时根据各模块处理结果生成遥控指令序列，发送至星球车巡视探测过程模拟器，驱动其实施探测过程模拟。

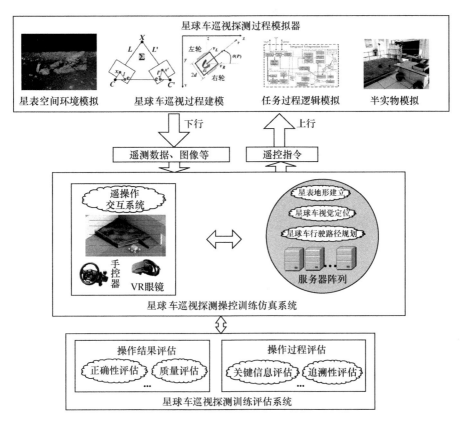

图 4-1　星表巡视探测操控模拟系统整体框架

其次，服务器阵列接收星球车巡视探测训练评估系统发送的常规参数配置等信息，按照约定设置训练状态，实现对操作训练的模拟；将生成的所有机械臂操作过程与结果数据，发送至星球车巡视探测训练评估系统进行记录与存储，开展操控能力的评价和训练效果的评估。

另外，服务器阵列为遥操作交互系统（或手控驾驶系统）提供关键核心功能支持，能够为星球车的操控提供环境信息、位姿信息和路径信息，支撑操作员与计算机系统的友好交互。

|4.2　星球车巡视探测过程模拟|

　　星球车巡视探测过程模拟器包括星表空间环境模拟、星球车的数字仿真模拟和星表巡视探测的半实物模拟 3 个部分。其中，星表空间环境模拟主要对星球车巡视途经区域的地形、光照条件等因素进行模拟，用于分析轮地间相互作用影响及光学传感器成像测试；星球车的数字仿真模拟主要针对星球车巡视过程进行成像感知建模和移动过程建模，模拟星球车巡视过程中的巡视状态和行为状态，如位姿状态、运动速度、感知成像等，移过程建模是整个巡视任务过程模拟的核心支撑；星表巡视探测的半实物模拟是针对遥操作巡视探测全流程搭建虚实结合的半实物模拟训练系统，主要包括全功能模拟车、地形模拟系统和真值测量系统等，期望在地面搭建简化的星表探测模拟系统，为关键过程的模拟和验证提供支撑，同时也为岗位操作员深入认知和在地面重现星球车的真实工作状态提供保障条件。

　　下面首先对星球车在星表巡视探测的典型过程进行概述，然后再对星表空间环境模拟、星球车的数字仿真模拟和星表巡视探测的半实物模拟 3 个部分进行分别介绍。

4.2.1　星表巡视探测典型过程概述

　　星表巡视探测从全局性角度分析，包括了从着陆器着陆到星球车分离及巡视探测的全过程，主要的运行方式包括：行进操作、勘察操作、接近操作、接触操作以及样品采集与分析操作等[3]。行进操作是当科学家指定科考目标之后，星球车根据不同的巡视目标以及所处的星表环境，采取适当的方式行进；勘察操作是利用相机对感兴趣的区域进行详细研究，完成三维地形建立、成分分析等勘察工作；接近操作是用机械臂对科考目标进行近距离观测；接触操作是利用机械臂上搭载的科学探测仪器对目标体开展接触式探测，以获取其化学成分、影像等信息；样品采集与分析操作包括收集、筛选与传递样品等活动，并进行样品分析与数据处理。星球车在星表的巡视探测主要以行进操作为主，通过行进操作抵达不同的目标区或目标点，通过其他操作完成对目标的勘察、样品采集和样品分析等任务。

　　根据行进过程中是否感知、测程和滑检划分，常见的星球车行进模式包括[3]：①盲行驶模式。这种模式下，地面遥操作中心分析星球车得到的图像数据，操作员完成环境建模和路径规划，复核路径安全性后上传行驶指令，规划路径的距离取决于图像中可视并可靠测量的距离。在该行进模式下，星球车仅通过车轮的里程计测量行驶距离，因此星球车行进的速度最快；②避障加车轮打滑检测行进模式。星球车利用避障相机图像自主选择路径，可比盲行驶模式行进更长距离。在这种模式中，星球车在指定的间隔点停止，然后感知图像，进行前后图像比对，利用相似特征计算行驶距离。这种行进模式能够进行车轮打滑检测，提供较精确的距离；③避障加全程视觉测程行进模式。这种行进模式下，星球车每隔较短距离（通常为半个星球车长度）就会停下来进行视觉测程分析，这种行进模式主要用于精确地接近目标时及在打滑严重的陡坡上行驶时。其中，盲行模式通常每次移动都会行进尽可能长的距离，以减少感知次数，提升行进效率，因此也称为大间距行进模式。我国"玉兔号"系列月球车在月面巡视与探测中就采用这种行驶模式，并且将此行进模式进行改进，增加了宏观的全局性规划设计，即在探测目标点和月球车之间设置多个导航站点，相邻导航点组成一个导航单元，在每个站点利用导航相机进行感知成像，重建地形、自定位、进行路径规划与可行性验证，控制月球车以盲行模式行进。美国"机遇号""勇气号"和"好奇号"火星车对上述 3 类行进模式均有使用，通过多种行进模式的组合使用实现了远距离高效巡视探测。

综上可知，星球车在星表巡视探测，其核心功能是对环境的感知和在星表移动。为了实现对巡视探测过程的模拟，需要对星表空间环境、星球车移动和成像感知等过程进行模拟，构建星球车空间巡视探测过程模拟器，支撑星球车地面操作员的操控训练。

4.2.2 星表空间环境模拟

星表空间环境模拟的核心是对星表地形的模拟，主要是考虑星表环境特点，利用星球车探测获取的历史数据、地面类星表获取的图像数据和激光扫描地形数据等多类数据，模拟生成星球环境中地形。模拟地形可以为星球车活动提供大范围场景，为星球车感知环境和规划行驶路径提供支撑。本节按照仿真方法不同，介绍 3 种星表地形环境的模拟生成方法，分别为基于序列图像的星表地形模拟、基于激光扫描测量的星表地形模拟、基于计算机仿真的星表地形模拟。

1. 基于序列图像的星表地形模拟

基于序列图像的星表地形模拟方法主要是以星表序列图像数据或者地面

采集的类星表序列图像数据为输入来构建星表地形。其中，一种方法是利用星表软着陆探测器上安装的降落相机，拍摄星表序列图像，并结合星球车轨道侦查器提供的尺度信息，模拟构建星表较大范围的模拟地形表面；另一种方法则是利用无人机飞行平台在地面构建序列图像采集系统，通过在无人机底部安装多个组合相机，对类星表地形进行多角度成像，获得时间连续性和空间重叠度高的序列图像，从而实现对地形的三维重建，如图 4-2 所示。本节重点对利用无人机平台获取序列图像并进行三维重建的过程进行介绍。

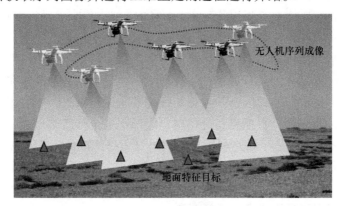

图 4-2　基于无人机序列图像的三维地形重建

基于无人机序列图像的三维地形重建主要包括特征提取与匹配以及三维场景点重建 2 个部分。前者主要实现不同图像上同名目标点的对应，包括关键帧图像选择、图像特征点的提取、特征的匹配与同名关系建立；后者则以序列图像匹配得到的同名点作为输入，根据三角测量原理解算场景的三维结构，利用多视图重建方法同步计算图像间相对运动和高精度三维地形点云，进而实现地形的三维重建。下面介绍特征提取与匹配。

特征提取与匹配主要是根据序列图像中特征点的相似关系，确定图像的对应关系。考虑序列图像的重叠度因素，可以选用不同类型的特征匹配方法。另外为了提升匹配精度，还可以采用最小二乘方法，将图像的匹配精度提升到亚像素级。

对于飞行过程中成像频率较高、重叠度较大的图像，可采用较为简单的区域描述特征——Forstner 特征来定义某一区域描述函数获得局部区域内的极值特征点，实现步骤如下：首先计算各像素的 Robert 梯度（横向梯度 g_u 和纵向梯度 g_v）；其次，计算局部区域窗口的灰度协方差矩阵 $\boldsymbol{Q}$；利用灰度协方差矩阵定义两个局部区域特性描述因子 q 与 w，假如描述因子高于给定阈值则认为该点是局部区域的极值特征点。协方差矩阵 $\boldsymbol{Q}$、局部区域特性描述因子 q 与 w 的计算公式为：

$$Q = N^{-1} = \begin{bmatrix} \sum g_u^2 & \sum g_u g_v \\ \sum g_v g_u & \sum g_v^2 \end{bmatrix}^{-1} \tag{4-1}$$

$$w = \frac{1}{\mathrm{tr}Q} = \frac{\mathrm{Det}N}{\mathrm{tr}N}, \quad q = \frac{4\mathrm{Det}N}{(\mathrm{tr}N)^2} \tag{4-2}$$

　　另外，对于成像角度或间隔差别较大的情况，图像受拍摄方向和距离的影响会产生较大的变形差异，这时可采用尺度不变性特征（SIFT）及其变种特征，如 SURF、ORB 等，进行图像匹配。其中，SIFT 是 1999 年由 Lowe 提出的一种局部特征描述算子[4]，在 2004 年得到了改善[5]。其基本思想是在金字塔式的多个尺度下对局部区域内的梯度方向、强度进行综合考虑，选择梯度极大值作为特征点，特征点周围一定范围内的局部区域在多个尺度下的梯度统计信息形成 128 维的特征描述子来表征特征点。由于特征描述子考虑了尺度空间的差异性变化，因此在一定程度上解决了图像的尺度变化问题。另外，由于特征描述子是以某个最大梯度的方向作为参考方向，因此消除了图像旋转引起的特征描述子变化问题，使得特征具有一定的旋转不变性。SIFT 算法综合统计这些梯度分布就得到了特征的主方向和特征描述的多维向量 V。

　　在计算了 2 幅图像上特征点的 SIFT 的基础上，通过描述子向量间的相似关系就可以实现特征的鲁棒匹配。原则上选择相似性较高即欧式距离最小的特征点作为同名匹配点。SIFT 的具体匹配方法可参阅文献[6-7]。

　　上述特征匹配方法可将图像匹配到像素级精度。为了进一步提升图像匹配准确性，还需要采用最小二乘方法，考虑图像成像的灰度几何变形和辐射变形，将两幅图像对应特征的区域进行几何形状和灰度变换的精确对应，通过迭代实现特征之间的精确匹配。通常待匹配的当前图与参考图的特征区域之间的灰度几何变形可用仿射变换表示，而辐射变形则可用一次函数近似，同时综合考虑随机误差，当前图与参考图特征区域之间的灰度分布关系可用下面模型近似表示：

$$g_1(x,y) + n_1(x,y) = h_0 + h_1 g_2 (a_0 + a_1 x + a_2 y + a_3 + a_4 x + a_5 y) + n_2(x,y) \tag{4-3}$$

式中，$a_0 \sim a_5$ 为几何畸变参数；h_0、h_1 为灰度变形参数；n_1、n_2 为随机噪声；g_1、g_2 分别为基准图与当前图的灰度分布函数；(x,y) 分别为参考图的特征点位置坐标。

　　通过对式（4-3）进行泰勒展开，根据对应点灰度之差平方和最小的原理列出误差方程，并通过迭代求几何灰度变形参数的迭代解，就能实现特征之间亚像素级精确匹配。

基于上述过程得到图像两两配对的匹配特征点之后，就可从多个相机投影中计算三维场景点，再通过三角网格化与插值实现三维地形模拟。对于两两配对的匹配特征点中存在错配点的情况，可考虑借鉴文献[8]中匹配测度加权和随机抽样（RANSAC）结合的方法剔除错配点，同时计算图像的变换关系。下面介绍剔除错配点后的同名匹配特征点重建三维场景点的方法。

基于同名匹配特征点的三维场景点重建，是场景点三维坐标和相机内外参数矩阵均未知条件下的同步解算问题，为此需要构建优化模型同步求解场景点的三维坐标和相机的位姿。由透视投影成像原理可知，相机在成像状态下满足齐次线性变换：$\alpha_i^j [u_i^j \; v_i^j \; 1]^T = \boldsymbol{M}_i \boldsymbol{X}^j$。其中，$i$ 表示图像编号；j 表示场景点编号；u_i^j, v_i^j 分别表示图像匹配点的 x 和 y 坐标；α_i^j 表示投影变换系数；$\boldsymbol{M}_i^j$ 表示相机内外参数矩阵；$\boldsymbol{X}^j$ 为三维场景点坐标。则场三维景点坐标和相机外参矩阵的同步求解问题可表述为以下优化问题：

$$\min_{\boldsymbol{M}_i^j, \boldsymbol{X}^j} \sum_i \sum_j \left[\left(\boldsymbol{m}_{ix}^j \boldsymbol{X}^j / \boldsymbol{m}_{iz}^j \boldsymbol{X}^j - u_i^j \right)^2 + \left(\boldsymbol{m}_{iy}^j \boldsymbol{X}^j / \boldsymbol{m}_{iz}^j \boldsymbol{X}^j - v_i^j \right)^2 \right] \qquad (4\text{-}4)$$

式中，$\boldsymbol{m}_{ix}^j$、$\boldsymbol{m}_{iy}^j$ 和 $\boldsymbol{m}_{iz}^j$ 表示矩阵 $\boldsymbol{M}_i^j$ 的第 1、第 2、第 3 行，分别表示场景点在图像中的投影变换。式（4-4）的优化模型即为光束法平差（Bundle Adjustment，BA）模型，根据该模型利用最小二乘法或者 Levenberg-Marquardt 方法求解，可求得相机内外参数矩阵 $\boldsymbol{M}_i^j$ 和三维场景点坐标 $\boldsymbol{X}^j$。

根据求得的 $\boldsymbol{M}_i^j$，通过对密集匹配点进行三角交会，就可得到地形等场景的三维重建结果。需要强调的是，以上介绍的星表地形模拟方法是针对序列成像的情况，求解得到的平移向量 t 与实际平移运动相差一个非零尺度因子。故在实际地形采集时需考虑引入相机的定位信息或者控制点信息，从而得到模拟地形的绝对三维定位和地形的绝对尺寸信息。

2. 基于激光扫描测量的星表地形模拟

基于激光扫描测量的星表地形模拟以激光扫描测量为基础，首先根据激光扫描测量原理测量多个位置的三维点云和地形，然后利用三维点云拼接方法生成大范围拼接地形。

激光扫描测量通过测距的原理来获得拟重建区域地形的三维数据，具有数据完整、处理快速、结果精度高等特点。激光扫描测量系统所得到的原始观测数据主要有：根据两个连续转动反射脉冲激光的镜子的角度值得到的激光束水平方向角 α 和竖直方向角 θ；根据激光传播的时间计算得到的仪器到扫描点的距离 S；距离 S 和激光束的水平方向角 α 和竖直方向角 θ 配合，可以得到每一扫描点相对于仪器的空间相对坐标为：

$$\begin{cases} x = S\sin a\cos\theta \\ y = S\cos a\cos\theta \\ z = S\sin\theta \end{cases} \tag{4-5}$$

激光扫描测量的工作原理是靠发射器通过激光二极管向物体发射近红外波长的激光束，经过物体的漫反射后，部分反射信号被接收器接收，通过测量激光在仪器和目标物体表面的往返时间，就可计算仪器和点间的距离。根据以上测量原理可以获取地形表面的大量点云，进而可以生成地形的数字高程模型（Digital Elevation Model, DEM）。同时，为了给 DEM 表面添加纹理信息，还可以在激光扫描仪上安装高分辨率的相机，在扫描仪进行扫描的过程中，相机也进行了相应图像的采集，根据相机和扫描仪间的位姿关系可以将拍影图像转换成所需的纹理，从而生成带有纹理的三维地形。

在此基础上为了获取大范围地形的三维数据，通常还需要进行多站数据扫描，并对得到的点云数据进行处理，将多站数据转换至统一坐标系下然后进行内插拼接，从而得到一个地形起伏变化的连续光滑的三维地形产品。

点云数据拼接的实质是将不同基准下获取的小块三维点云数据，通过旋转、平移等空间坐标转换映射到同一坐标基准下，形成较大范围的点云数据。假设测站一获取的三维点云坐标为：$\boldsymbol{P}_1 = (x_1, y_1, z_1)^{\mathrm{T}}$，测站二获得的三维点云坐标为：$\boldsymbol{P}_2 = (x_2, y_2, z_2)^{\mathrm{T}}$，两测站之间的旋转矩阵和平移向量分别为 $\boldsymbol{R}$ 和 $\boldsymbol{t}$，令 $\boldsymbol{P}_2' = \boldsymbol{R}\boldsymbol{P}_2 + \boldsymbol{t}$，则 $\boldsymbol{P}_2$ 转化为测站一坐标系下的表示 $\boldsymbol{P}_2'$，形成融合点云 $\boldsymbol{P}_1 \cup \boldsymbol{P}_2'$。

点云数据的拼接的关键是找到不同点云数据之间的旋转和平移关系，目前常见的方法主要有基于特征点的拼接方法和基于整体迭代优化的拼接方法 2 类。

（1）基于特征点的拼接方法

基于特征点的拼接方法首先在地形拼接处的重叠区域设置 3 个以上人工靶标，利用靶标表面中明显的几何特征来解算转换参数，主要可以分为 3 个步骤：①从扫描得到的点云数据中，提取出靶标特征；②建立不同站点得到的靶标特征之间的对应关系；③根据靶标特征解算点云之间的转换关系。基于特征点的拼接方法原理简单易于理解，但是在实际的数据采集过程中，需要人工设置多个特征点，若需要拼接多个站点，则野外工作量将大大增加且人工靶标容易受到外部环境的破坏，从而影响特征提取的精度。

（2）基于整体迭代优化的拼接方法

基于整体迭代优化的拼接方法无需设置人工靶标，可直接利用扫描得到的原始数据进行解算，其中最经典的算法就是由 Besl 和 Mckay 共同提出的迭代最邻近点算法（Iterative Closest Point Algorithm, ICP）[9]。ICP 要求待配准的 2 个数据集具有部分重叠或包含关系。算法的实质是一种基于最小二乘法的迭代优化算法，其基本思想是选取 2 个待拼接的点云数据中距离最近的点作为对应点，利用对应点求解旋转矩阵和平移向量，通过不断迭代，使得点云数据之间的距离越来越小，直至满足迭代终止条件，就得到最优的刚体变换关系。

在用 ICP 进行点云拼接时，假设两测站得到的点云数据分别为：$P = \{P_1, P_2, \cdots, P_n\}$ 和 $Q = \{Q_1, Q_2, \cdots, Q_n\}$，则具体算法步骤如下。

步骤 1：对于点云 P 中的每一个扫描点 P_i（$i = 1, 2, \cdots, n$）在点云 Q 中寻找与其距离最近的扫描点 Q_i（$i = 1, 2, \cdots, n$）作为对应点。

步骤 2：构建误差函数 $E(\boldsymbol{R}, \boldsymbol{t})$，用于表示两片点云之间的差异程度，误差函数表示为：

$$E(\boldsymbol{R}, \boldsymbol{t}) = \frac{1}{N_p} \sum_{i=1}^{N_p} \left\| \boldsymbol{q}_i - \boldsymbol{R}\boldsymbol{p}_i - \boldsymbol{t} \right\|^2 \tag{4-6}$$

式中，N_p 为对应点个数；$\boldsymbol{p}_i$ 和 $\boldsymbol{q}_i$ 分别为对应点 P_i 和 Q_i 的三维坐标。

步骤 3：计算使误差函数 $E(\boldsymbol{R}, \boldsymbol{t})$ 最小的变换矩阵 $\boldsymbol{R}$ 和平移向量 $\boldsymbol{t}$。

步骤 4：利用变换矩阵 $\boldsymbol{R}$ 和平移向量 $\boldsymbol{t}$，变换点云 $\boldsymbol{P}$ 得到新的点云 $\boldsymbol{P}' = \{P_1', P_2', \cdots, P_m'\}$。

步骤 5：计算新点云和对应点集的平均距离：

$$d = \frac{1}{N_p} \sum_{i=1}^{N_p} \left\| \boldsymbol{p}_i' - \boldsymbol{q}_i \right\| \tag{4-7}$$

步骤 6：如果平均距离 d 小于给定阈值，或是达到最大迭代次数，则停止迭代，否则返回步骤 1。

3. 基于计算机仿真的星表地形模拟

对于从未探索过的星表环境，可根据人类对星球表面的推理认知，借助计算机仿真手段、利用地形生成算法模拟建立星表环境，是验证星表探测过程的重要方式。由于星表地形具有自然地形以及精细的自相似结构，根据随机分形理论，任何一个表面，在局部作用下做随机形状的修改，经过数次反复以后，将形成一个满足分形布朗运动特征的分形表面。由于自然地形具有与观测尺度无关的标度特性，在很多情况下，都可以由满足分形布朗运动特征的分形表面来表达，而且分形模拟星表地形只需要很少几个参数就可以生成细节丰富的地形图形，通过少量的参数即可实现对地形变化程度的控制。因此，本节将根据分形理论，利用随机参量的设置，并根据石块与撞击坑等星表特征参数的输入来实现对星表地形的仿真。星表三维地形仿真生成的具体流程如图 4-3 所示。

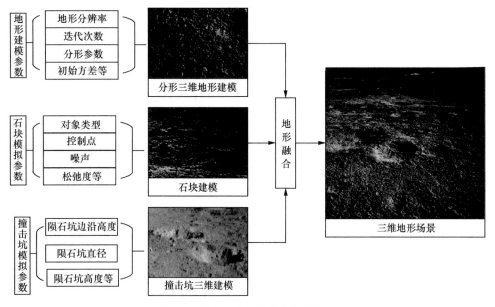

图 4-3 星表三维地形仿真生成流程

计算机仿真模拟地形首先利用分形三维地形建模方法，以不规则几何形态为对象，用简单的规则通过递归的算法生成复杂的地形[10-12]，常见的分形三维地形建模方法有泊松阶跃法、傅里叶滤波法、中点位移法、逐次随机增加法和带限噪声累积法、小波变换等[13]。其中，中点位移法是最简单和经典的分形三维地形建模方法，它主要有正方形细分地形模拟和三点细分地形模拟 2 种算法[14]，下面以正方形细分地形模拟算法为例进行分形三维地形建模。

正方形细分地形模拟算法也称为 Diamond-Square 算法，由 Fournier 等人[15]提出。该方法由种子点组成的正方形开始，通过若干次迭代，将随机位移量应用于新产生的细分点高程生成，获取逼真的三维星表地形的模拟。将所要表达的地形区域定义为 1 个二维数组，以 5×5 的数组为例，将新产生的高程点用菱形表示，已生成的高程点用圆圈表示。图 4-4（a）所示的 4 个角点 A、B、C、D，赋予初始高度值分别为 H_A、H_B、H_C、H_D，标记为菱形点，则算法过程如下：

首先，在正方形中点（O）处[见图 4-4（b）]生成一个随机量 R_O，计算点 O 处的高度为：

$$H_O = \frac{1}{4}\left(H_A + H_B + H_C + H_D\right) + R_O \tag{4-8}$$

其次，在正方形每条边的中心处（点 E、F、G、H）[见图 4-4（c）]各生成一个随机量 R_E、R_F、R_G、R_H，计算各点的高度值如下：

$$H_E = \frac{1}{3}(H_A + H_B + H_O) + R_E \qquad (4\text{-}9)$$

$$H_F = \frac{1}{3}(H_A + H_C + H_O) + R_F \qquad (4\text{-}10)$$

$$H_G = \frac{1}{3}(H_C + H_D + H_O) + R_G \qquad (4\text{-}11)$$

$$H_H = \frac{1}{3}(H_B + H_D + H_O) + R_H \qquad (4\text{-}12)$$

最后，根据产生的 4 个新网格重复算法过程直到地形数据细分到需求的粗细度为止。

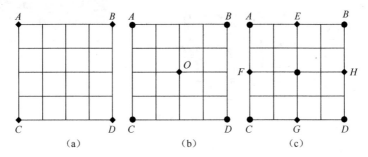

图 4-4　正方形细分方法

基于分形技术可以生成大范围地形，在此基础上可以结合星表特性融入更多表面元素，如月球表面遍布的陨石坑、石块、凸起等。

首先，考虑真实星表陨石坑的尺寸及形态特性，对陨石坑的表观进行建模，将陨石坑模型融入月面仿真地形中。通常将陨石坑分为两类：简单陨石坑和复杂陨石坑。简单陨石坑形态呈碗形且具有较明显和规则的边缘。通常，将直径小于 15 km 的陨石坑均看作简单陨石坑，如图 4-5 所示。美国国家航空航天局（NASA）给出了简单陨石坑类型及参数，如表 4-1 所示。

表 4-1　简单陨石坑类型及参数

陨石坑类型	典型剖面		坑深/直径	边缘高度/直径
新鲜的	边缘高度	直径 坑深	0.23～0.25	0.022～0.06
年轻的			0.17～0.19	0.016～0.045
成熟的			0.11～0.13	0.08～0.03
年老的			—	—

综合考虑环境模拟的真实性和操作训练的需求，模拟训练系统可采用简单陨石坑建模方法。简单陨石坑的剖面近似，如图 4-6 所示。

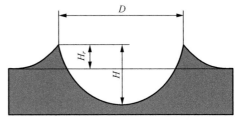

图 4-5　星表简单陨石坑　　　　　图 4-6　陨石坑基本模型

Pike 对大量月球陨石坑作了测量和计算[16]，对于形成年龄较小的陨石坑，其剖面函数可以通过经验公式近似，即：

$$H = a_{in}D^{r_{in}} \qquad , D < 11\,\text{km} \qquad (4\text{-}13)$$

$$H_r = a_{out}D^{r_{out}} \qquad , D < 21\,\text{km} \qquad (4\text{-}14)$$

式中，H_r 为陨石坑边缘高度；H 为陨石坑高度；D 为陨石坑直径。Pick 给出月球陨石坑的可选参数为：$r_{in} = 1.01$，$a_{in} = 0.196$，$r_{out} = 1.014$，$a_{out} = 0.036$。调整这些参数的大小就能够得到不同形态的陨石坑。

其次，考虑星表大量石块和凸起的分布情况，在仿真地形中融入石块和凸起元素。由于星表分布的石块形状、大小各异，可以利用一些商业的三维建模软件（比如 3DS MAX，Maya 等）根据星表岩石的真实形状来对石块进行建模，并贴上纹理信息，生成的逼真模型保存成 3ds 文件供程序使用。

在完成陨石坑、石块、凸起等元素建模的基础上，需要考虑其分布特性，并将这些元素添加到地形局部细节中。地形局部细节按照来源可分为 2 类：一类是石块和陨石坑三维模型；另一类是高分辨率的高程数据。由于石块和陨石坑重采样后仍然可视作高分辨率的高程数据，因此地形融合过程本质上是在求解不同分辨率的高程数据无缝融合问题。该问题可分为两个子问题来求解：一是基础地形的高程插值问题，得到较高分辨率的基础地形数据；二是局部地形与基础地形的融合问题，即将局部地形平滑填补到基础地形相应的区域。

高程插值采用的双三次插值又称立方卷积插值[17]。该算法利用待插值位置周围 16 个点的高程值作双三次插值，不仅考虑到相邻点的高程影响，而且考虑到各相邻点间高程值变化率的影响。相比于线性插值，双三次插值可以得到更接近高分辨率图像的放大效果。该算法需要选取插值基函数来拟合数据，最常用的插值基函数 W 为：

$$W(x_{\mathrm{d}}) = \begin{cases} (a+2)|x_{\mathrm{d}}|^3 - (a+3)|x_{\mathrm{d}}|^2 + 1, & |x_{\mathrm{d}}| \leqslant 1 \\ a|x_{\mathrm{d}}|^3 - 5a|x_{\mathrm{d}}|^2 + 8a|x_{\mathrm{d}}|, & 1 < |x_{\mathrm{d}}| < 2 \\ 0, & \text{其他} \end{cases} \qquad (4\text{-}15)$$

式中，$a=-0.5$；x_{d} 表示插值点与相邻点的像素距离。

局部地形与基础地形的融合可借鉴泊松图像编辑方法[18]。如图 4-7 所示，将基础地形记作 S，并将作为填补内容的局部地形记作 g，泊松融合得到的地形要满足 2 个条件：一是填补区域 Ω 要尽量平滑，即保证填补区域 Ω 的梯度要尽量与 g 的梯度 $v \triangleq \nabla g$ 接近；二是填补区域边界 $\partial\Omega$ 的高程值 f 和基础地形 S 的高程值 f^* 保持一致。因此，融合问题等价于求解下式：

$$\begin{cases} \Delta f \big|_{\Omega} = \mathrm{div}(v) \big|_{\Omega} \\ f \big|_{\partial\Omega} = f^* \big|_{\partial\Omega} \end{cases} \qquad (4\text{-}16)$$

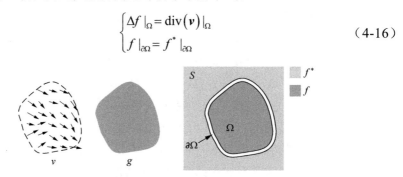

图 4-7　泊松图像融合

4.2.3　星球车的数字仿真模拟

星球车的主要功能包括成像感知、移动、活动机构展开等。其中，成像感知和移动是星球车最为关键的功能，是训练系统主要关注的部分；活动机构展开则主要包括了成像机构、太阳能帆板和机械臂等机构的操作。本节主要对星球车成像感知和移动过程进行模拟。

1. 星球车成像感知数字仿真模拟

星球车成像感知数字仿真模拟是指以生成的地形为依据，通过输入相机的内外参数及车体的位姿数据，计算相机在空间中的位姿，根据透视投影成像原理生成带畸变的仿真图像。在第 3 章中已经介绍了基于相机内参数生成图像的过程，本节主要介绍外参数的计算方法。

首先，对星球车成像系统的坐标系定义如下。定义车体坐标系 $O_{\mathrm{b}} x_{\mathrm{b}} y_{\mathrm{b}} z_{\mathrm{b}}$：

原点 O_b 在星球车的质心上，x_b 轴平行于底盘并指向车头，z_b 垂直于底盘，并指向地面，y_b 轴由 z_b 和 x_b 按照右手直角坐标系定义。车体坐标系固连于星球车上，随星球车的运动动态变化。定义工作坐标系 $O_w x_w y_w z_w$ 为星球车工作的当前世界坐标系：通常指定原点 O_w 与之前某一时刻的车体坐标系原点（如星球车到达星表的第 1 个位置）重合，坐标轴方向定义为北东地方向，即 x_w 轴指向正北方向，z_w 轴竖直向下指向地面，y_w 轴由 z_w 和 x_w 按照右手直角坐标系定义，指向正东方向。定义相机坐标系 $O_c x_c y_c z_c$：坐标原点 O_c 为相机的光心，z_c 轴与相机光轴重合并指向前方，x_c 沿着两个相机的连线方向从左相机指向右相机，y_c 轴由 z_c 和 x_c 按照右手直角坐标系定义。相机坐标系与车体坐标系之间通过活动机构连接，其在工作坐标系的位姿由车体坐标系位姿和活动机构状态决定。车体坐标系、工作坐标系和相机坐标系的位置和方向的关系如图 4-8 所示。

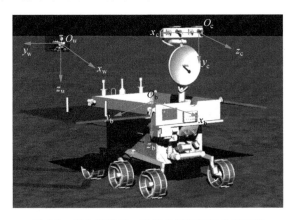

图 4-8　车体坐标系、工作坐标系和相机坐标系

图像坐标系 Ouv：位于相机成像平面，原点在图像的左上角，u 轴和 v 轴分别指向图像的水平和垂直方向，以像素为单位。图像坐标系描述了空间点在图像中的像素位置。物理成像坐标系 $O_i xy$：同样位于相机成像平面，原点 O_i 位于相机光轴与成像平面的交点，x 轴和 y 轴分别平行于图像的水平和垂直方向，即分别平行于 u 轴和 v 轴，以实际物理距离为单位，如 m、mm 等，坐标用 (x, y) 表示。图像坐标系与物理成像坐标系之间的关系如图 4-9 所示。

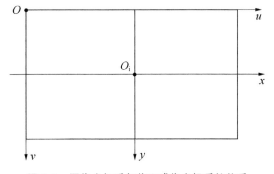

图 4-9　图像坐标系与物理成像坐标系的关系

相机坐标系的位姿及光轴指向计算如下。设 $O(x,y,z,\alpha,\beta,\gamma)$ 为星球车在工作坐标系下的位置和姿态，O^c 为左相机坐标系的原点位置，κ 为相机桅杆的展开角度，(φ,ψ^j) 为左相机云台的俯仰角和序列成像在第 j 次成像的偏航角。相机在工作坐标系下的姿态构成的旋转矩阵，可以表示为：

$$R_w^c = R_x(\alpha) R_y(\beta) R_z(\gamma) R_b^m R_m^p(\kappa,\psi^j,\varphi) R_p^c \qquad (4\text{-}17)$$

式中，R_b^m、R_m^p 和 R_p^c 分别表示车体到桅杆、桅杆到云台、云台到相机的旋转变换矩阵。其中，$R_m^p(\kappa,\psi^j,\varphi) = R_z(\kappa) R_x(\pi/2) R_z(\psi^j) R_x(-\pi/2) R_z(\varphi)$，与桅杆展开角度、云台偏航角度和俯仰角度有关；$R_x(\alpha)$、$R_y(\beta)$、$R_z(\gamma)$ 分别为星球车在工作坐标系下绕 x 轴、y 轴、z 轴的旋转矩阵。相机序列成像的光轴指向定义为：

$$\begin{cases} v^j = R_x(\alpha) R_y(\beta) R_z(\gamma) R_b^m R_m^p R_p^c [0 \ \ 0 \ \ 1]^T \\ \psi_i^j = \psi_i^0 + j \cdot \Delta\psi \end{cases} \qquad (4\text{-}18)$$

式中，$j = 0,1,2,\cdots,m$；$\Delta\psi$ 为相机视场角的一半。

相机在工作坐标系下的位置表示为：

$$T_w^c = R_w^b T_b^m + R_w^b R_b^m T_m^p + R_w^b R_b^m R_m^p T_p^c + T_b \qquad (4\text{-}19)$$

式中，T_b 为星球车在工作坐标系下的位置；R_w^b 为星球车在工作坐标系下的姿态变换矩阵且 $R_w^b = R_x(\alpha) R_y(\beta) R_z(\gamma)$；$T_b^m$、$T_m^p$ 和 T_p^c 分别表示车体到桅杆、桅杆到云台、云台到相机的平移量。

根据上述相机坐标系在工作坐标系的位姿变换关系，利用第 3 章中的成像方法，将其外部参数变换矩阵中的旋转和平移量代换为本节的 R_w^c 和 T_w^c，即可建立像平面像素与三维地形之间的映射关系，实现相机不同分辨率成像的模拟。

2. 星球车移动过程数字仿真模拟

星球车移动过程的数字仿真模拟，需要建立在对星球车运动学与动力学建模基础之上。星球车的运动学与动力学建模是星球车在非结构化陌生地形上安全行驶的基础。为了更加全面地获取星表的各种信息、更好地适应星表复杂未知的地形，星球车通常选取构型较为复杂的多轮摇臂结构，其运动的自由度较多，导致星球车的运动学与动力学建模非常困难。本节以六轮摇臂-转向架式星球车为例进行运动学与动力学建模[19]。

六轮摇臂-转向架式星球车的机械本体由主车体和摇臂-转向架式移动系统 2 个部分构成，如图 4-10 所示。其中，摇臂-转向架式移动系统是 1 个被动的无弹簧悬架系统，左右两侧各 1 个摇臂-转向架结构，单侧摇臂-转向架结构由单个摇臂和转向架构成，摇臂两端连接后轮和转向架，转向架的两端安装前轮和中间轮，因此单侧摇臂-转向架结构连接 3 个车轮，整个移动系统共有 6 个车轮，每个车轮均可独立驱动。

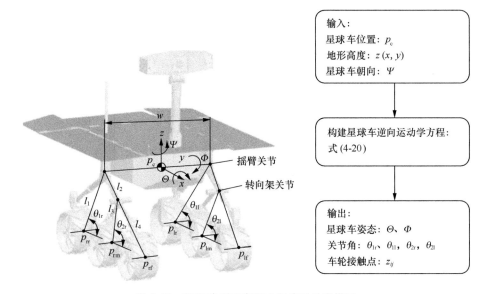

图 4-10　带摇臂-转向架的六轮车运动学模型

设星球车的位置为 p_c ，朝向 ψ ，相对于地形的高度 $z(x, y)$ ，构建的星球车逆向运动学方程为：

$$\begin{cases} z_{rr} = z_{lr} + l_1 \cos\Theta(\sin\theta_{1r} - \sin_{ll}) + w\sin\Theta \\ z_{rr} = z_{lm} + \cos\Theta(l_1 \sin\theta_{1r} - l_2 \sin\theta_{1l} - l_3 \sin\theta_{2l}) + w\sin\Theta \\ z_{rr} = z_{lf} + \cos\Theta(l_1 \sin\theta_{1r} - l_2 \sin\theta_{1l} - l_4 \sin\theta_{2l}) + w\sin\Theta \\ z_{rr} = z_{rm} + \cos\Theta(l_1 \sin\theta_{1r} - l_2 \sin\theta_{1l} - l_3 \sin\theta_{2r}) \\ z_{rr} = z_{rf} + \cos\Theta(l_1 \sin\theta_{1r} - l_2 \sin\theta_{1l} - l_4 \sin\theta_{2r}) \end{cases} \quad (4\text{-}20)$$

式中，$z_{ij}\left(i = \{r, l\}, j = \{r, m, f\}\right)$ 为 p_{ij} 的 z 分量，i 是指右侧（r）和左侧（l），j 是指后轮（r）、中间轮（m）和前轮（f）。

方程的输入为地形高度信息 $z(x, y)$ 、星球车的位置和朝向，可通过牛顿法建立多个非线性方程求解逆向运动学问题。

六轮摇臂-转向架的星球车动力学模型如图 4-11 所示，为一个铰接式多体系统，构建的星球车动力学一般方程为：

$$H\begin{bmatrix} \dot{V}_b \\ \ddot{q} \end{bmatrix} + C + G = \begin{bmatrix} F_l \\ \tau \end{bmatrix} + J^T F_e \quad (4\text{-}21)$$

式中，H 代表车体的惯性矩阵；C 是速度依赖项；G 是重力项；$\dot{V_b}$ 是车辆的平动速度和角速度；q 是各关节的角度（如车轮的旋转和转向角）；F_l 是车身质心处的力和力矩；τ 为各关节处作用的力矩（驱动/转向力矩）；J 是雅可比矩阵；F_e 由作用于每个车轮质心的外力和力矩组成，即 $f_{ij}\left(i=\{\text{r,l}\}, j=\{\text{r,m,f}\}\right)$。可以根据轮地接触模型计算每个车轮上

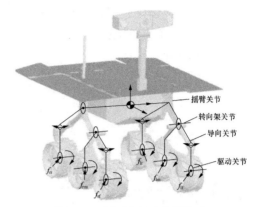

图 4-11　星球车的动力学模型

的接触力和力矩，通过逐次求解式（4-21），就可对给定行驶和转向条件下的星球车动力学进行数值计算。

　　在对星球车进行运动学和动力学建模的基础上，需要进一步分析星球车移动机构与星表应力情况，实现轮地接触动力学模型驱动的行驶过程仿真，轮地接触动力学建模方法简述如下。

　　考虑轮地接触关系建立车轮牵引模型，通过车轮的牵引力驱动星球车在星表移动。其基本原理是考虑轮地接触关系和各接触点的压力分布，将接触点周围的压力进行积分可以得到车轮的牵引力，如拉力、侧向力和阻力力矩，根据各个力和力矩推算星球车在星表的移动情况，实现移动过程仿真。轮地接触模型如图 4-12 所示，定义了车轮地形接触力，包括牵引杆拉力 F_x、垂直力 F_z 和阻力力矩 T_x：

$$
\begin{cases}
F_x = rb\displaystyle\int_{\theta_r}^{\theta_f}\left\{\tau_x(\theta)\cos\theta - \sigma(\theta)\sin\theta\right\}\mathrm{d}\theta \\[2mm]
F_z = rb\displaystyle\int_{\theta_r}^{\theta_f}\left\{\tau_x(\theta)\sin\theta + \sigma(\theta)\cos\theta\right\}\mathrm{d}\theta \\[2mm]
T_x = r^2b\displaystyle\int_{\theta_r}^{\theta_f}\tau_x(\theta)\mathrm{d}\theta
\end{cases}
\tag{4-22}
$$

式中，b 为车轮宽度；$\sigma(\theta)$ 为车轮下的法向应力；$\tau_x(\theta)$ 为车轮纵向的剪切应力，车轮的接触点由入射角 θ_f 和出射角 θ_r 确定。

　　当车轮转向或跨越斜坡地形时，车轮的侧向力（即横向力）出现。侧向力 F_y 为车轮下方剪切运动产生的力 F_u 和车轮侧面推土运动产生的力 F_s 之和。

$$
F_y = F_u + F_s = \int_{\theta_r}^{\theta_f} rb\tau_y(\theta)\mathrm{d}\theta + \int_{\theta_r}^{\theta_f} R_b\left[r - z(\theta)\cos\theta\right]\mathrm{d}\theta
\tag{4-23}
$$

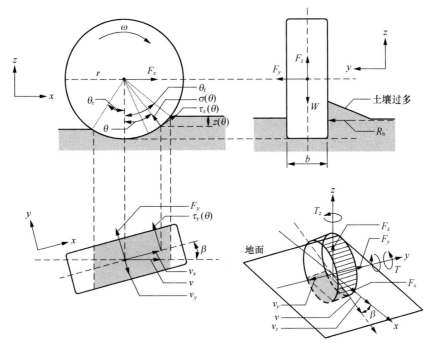

图 4-12　轮地接触模型

式中，$\tau_y(\theta)$ 为车轮横向的剪切应力；R_b 为车轮侧面推土现象产生的反向阻力。R_b 是车轮下沉 z 的函数。

上述 2 个方程中，法向应力 $\sigma(\theta)$ 和剪切应力 $\tau_x(\theta)$ 和 $\tau_y(\theta)$ 由土壤参数、车轮接触角和车轮尺寸的函数确定。综合考虑牵引杆拉力 F_x、垂直力 F_z、阻力力矩 T_x 和侧向力 F_y 可实现对车轮的运动控制仿真，进而实现星球车的移动过程仿真。

4.2.4　星表巡视探测的半实物模拟

星表巡视探测的半实物模拟，主要是通过在地面搭建内场模拟环境和构建全功能模拟车，实现对星表巡视探测过程的简化模拟。此类模拟能够根据地面操控训练要求，对巡视探测过程和活动对象进行适度简化，重点模拟星球车视觉成像、多轮运动等关键功能，降低模拟成本且能实现高效、高质量的功能验证和模拟训练。半实物模拟训练系统由全功能模拟车、地形模拟系统和真值测量系统组成。通过 3 个分系统协同工作，可以模拟星球车在星表巡视探测过程，实现星表探测任务操作流程与动作的模拟训练。

1. 全功能模拟车

全功能模拟车主要用于模拟星球车（这里以"玉兔"系列月球车为例）移动工况，通过接收地面遥操作系统的控制指令，实现不同工作模式下的移动，验证星球车在不同地形条件下的移动能力，为巡视探测任务提供支撑。操作员可以利用全功能模拟车开展高保真度的地面训练。全功能模拟车采用六轮摇臂-转向架式结构，搭载一对避障相机和导航相机。避障相机在车前固定安装，安装位置与"玉兔"系列月球车安装位置保持一致；导航相机安装于相机桅杆之上，相机桅杆和云台具有 3 个自由度，运动设计与"玉兔"系列月球车的桅杆、云台运动方式一致。全功能模拟车的结构如图 4-13 所示。

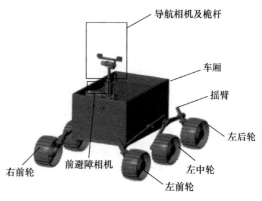

图 4-13　全功能模拟车的结构

2. 地形模拟系统

由于星表地形的复杂性，故需要在实验环境对星球地形进行模拟还原。利用沙壤、石块可以按照星表地形特性设置不同的工作环境，如平地模块、障碍模块、纵坡模块和横坡模块、凹凸模块等，并根据需求对模块进行替换，生成不同的地形。通过模拟地形可以测试与分析全功能模拟车在模拟地形下移动的各方面性能数据，并依据实验数据对星球车各系统进行优化设计。地形模拟系统为星球车系统设计提供了检验环境，为星球车最终结构设计的可靠性提供了保障，为星球车行驶的操控训练提供了必要的操作条件。高保真遥操作训练地形模拟系统效果如图 4-14 所示。

图 4-14　高保真遥操作训练地形模拟系统效果

3. 真值测量系统

真值测量系统是用于获取模拟地形的三维表面测量真值，并通过激光雷达对地形进行扫描，生成高保真度三维地形高程模型。真值测量系统对地形的数值化采集与地形重构，可实现全功能模拟车的外部环境有效感知。该系统测量获取的三维地形高程模型可作为操作员训练过程中的参考真值，评价操作结果的质量。

半实物模拟系统能够提升地面模拟的真实性，将模拟生成的图像数据、运动过程数据等关键过程数据接入星球车巡视探测操控训练仿真系统，为操作员深入理解星球车的工作过程和移动性能提供重要支撑。半实物模拟训练系统工作过程简述如下：

首先，系统上电自检，初始化当前状态，与星球车巡视探测操控训练仿真系统建立通信连接，等待操控指令。半实物模拟训练系统接收到操控指令，根据操控指令控制星球车进行成像感知和移动行驶等操作。在成像感知中控制双目相机对模拟地形进行拍照存储，并发送至星球车巡视探测操控训练仿真系统；在移动行驶中控制星球车按照特定的模式行驶，获取行驶过程中的运动状态数据，反馈至星球车巡视探测操控训练仿真系统。操作员根据图像数据开展地形建立、视觉定位、路径规划等训练工作，并通过运动状态数据监视全功能模拟车的工作状态。

|4.3　星球车巡视探测地面操控训练系统设计与实现|

星球车巡视探测地面操控训练是指对星球车地面驾驶能力的训练，提升操作员利用星球车在星表获取的有限的遥现场数据形成环境认知和控制决策的能力。为了实现对星球车的地面驾驶，需要进行多项关键技术研究和突破，建立星表非结构化环境的重建能力、星球车移动自定位能力和避障路径规划能力，支持星球车在星表的工作，顺利完成各项巡视探测任务。星球车巡视探测地面遥操作主要完成图像处理与地形重建、视觉定位、路径规划等多项关键过程，本节主要针对星球车巡视探测需求，对地面驾驶星球车的关键过程和主要技术路线进行详细介绍，设计星球车巡视探测地面操控训练系统架构并给出操控训练系统的实现方法。

4.3.1　星球车巡视探测地面操控训练系统架构设计

星球车巡视探测地面操控训练系统的架构设计需要以巡视探测任务为依

据，针对星球车的功能要求开展设计。星球车在星表上需要完成包括成像感知、行驶、充电、休眠、科学探测等阶段的复杂工作。在成像感知阶段，星球车需要调整桅杆和云台的姿态，使得相机能够对指定区域成像；在行驶阶段，星球车需要调整转向轮转角、转向轮转速以及驱动轮驱动线速度，实现星球车的直线行驶、行进间转向、原地转向等移动模式；在充电阶段，星球车需要展开太阳能帆板对日定向；在休眠阶段，星球车需要收拢太阳能帆板，并且通过车轮的刨坑处理调整休眠姿态；在科学探测阶段，星球车需要控制机械臂或科学探测仪器接近科学目标。上述工作过程复杂，需要综合考虑星球车的初始状态以及能源状况、温度水平、通信条件等约束条件的限制，在地面遥操作系统的控制下完成。

地面遥操作系统为星球车在星表的各类工作任务进行规划，为各类活动提供支撑。首先通过将星球车获取的图像信息下传，在地面恢复出星球车周围的环境状况并构建遥现场，辅助科学家或工程师对星球车的操作进行决策，形成相应的规划方案，控制星球车完成星表动作；同时根据遥现场和星球车的系列动作，在地面完成星球车探测的过程演示及故障模拟与处置方法等。星球车的遥操作关键技术模块主要包括星球车视觉定位、星表地形建立、星球车行驶路径规划和星球车手控驾驶，其遥操作系统设计如图 4-15 所示。

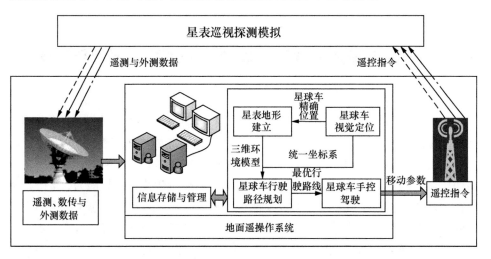

图 4-15　星球车巡视探测地面遥操作系统设计

将 4 个关键技术模块进行细化设计，如图 4-16 所示。星表地形建立模块包括图像预处理、图像特征点匹配、三维地形重建、点云生成、构网建模与内插和地形拼接 6 个子功能模块；星球车视觉定位模块包括最大重叠区星表图像选择、大间距图像的特征点提取与匹配、定位结果的正确性判断 3 个子功能模块；

星球车行驶路径规划模块包括环境代价图生成和移动路径搜索 2 个子功能模块；星球车手控驾驶模块包括手控设备输出预处理、移动控制参数计算、轮系控制参数计算、移动路径生成及拟合、控制序列生成、安全控制和过程仿真 7 个子功能模块。其中，星表地形建立模块是星球车行驶路径规划的基础，星球车行驶路径规划模块是星球车前行的根本保障，而星球车视觉定位模块能够将星表三维地形统一到同一坐标系下，是星表地形建立和星球车行驶路径规划的前提。星球车手控驾驶模块能够根据规划的路径和星球车所处环境，快速生成星球车的运动参数、自动产生遥控指令，控制星球车按照指定方式行驶。

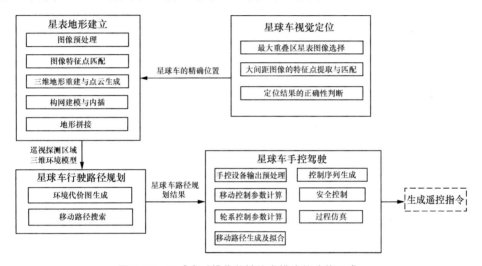

图 4-16　星球车遥操作关键技术模块的功能组成

4.3.2　星球车巡视探测地面操控训练要求

星球车巡视探测过程涉及环节众多、操作控制难度较大、存在一定的不确定性和星球车卡陷的风险。因此，需要依靠地面遥操作系统将人类智慧引入到空间作业任务中，确保任务安全、可靠地完成。这就对地面操作员的操控能力提出了很高的要求，不仅要求操作员对任务的实施流程、状态与结果理解透彻，还要求对可能存在的风险、潜在的问题进行有效预判与处置。为此，本节对星表地形建立、星球车视觉定位、星球车行驶路径规划和星球车手控驾驶等操作任务及功能进行分析，并且详述各项操作过程中的重点、难点和对操作的能力要求。

1. 星表地形建立操控训练要求

在星表地形建立操控训练过程中，主要的操控难点在于图像特征点的提取与匹配，需要重点关注的操控要点包括：

（1）错配区域的排除。由于星表光照条件复杂、星球车携带的相机类型多样（导航相机、全景相机和避障相机等）且各类相机对星表成像方向的随机性较大，使得图像中可能包括太阳能帆板、活动机构等星球车本体区域，也可能出现由于图像过曝或光线不足导致的图像全白或全黑区域，这些区域不能够表示地形真实情况，提取出来的特征描述子不准确，会导致地形重建时产生较大误差。因此，在地形重建前，需要人工判读图像，对于非地形区域或是纹理验证缺失的区域进行人工排除，使得图像能够清晰地表达地形特征。

（2）特征稀疏区域匹配点的人工辅助添加。由于星表成像的光线欠佳、星表纹理缺失、复杂障碍物多面体反射干扰，使得图像存在局部光线干扰、明暗差异小、纹理变化不显著的特性，对该类区域应用自动特征提取与匹配算法难以取得理想的效果，得到的特征点稀疏，生成的地形产品无法满足星球车行驶路径规划的精度要求，因此，需要对特征点稀疏的图像区域进行人工添加匹配特征点。这部分操作要求操作员能够准确判断特征点选择的有效性，以达到较好的匹配效果。

（3）错配点剔除。图像自动匹配算法能够得到大量特征点，数据量能够达到万级以上，然而由于图像纹理缺失或者受到目标周围相似特征的干扰，使得自动匹配算法得到的特征点中包含一定数量的错配点，如果直接利用这些特征点进行匹配，就会导致地形的局部精度缺失，因此需要对自动匹配的结果进行人工剔除。这部分操作不仅要求操作员能从大量的特征点中快速找到错配点，还要求操作员对图像之间的仿射变换关系能够深入理解，准确地找到特征点之间的对应关系。

2. 星球车视觉定位操控训练要求

在星球车视觉定位操控训练过程中，主要操控集中在最大重叠区星表图像选择功能、大间距图像的特征点提取与匹配功能、定位结果正确性判断功能的实现上，具体操控要点描述如下：

（1）最大重叠区星表图像选择。挑选最大重叠区星表图像能够为后续视觉定位中的特征点提取与匹配提供更多的有效信息。通常星球车会对前方行驶区域进行多次成像，如何从存在大尺度形变的前后站多幅图像中挑选具有最大重叠区的星表图像，是操作员必备的一种操作能力。在实际操作中可以以相机光轴方向与站点偏移方向的夹角最小作为准则，如图 4-17 所示。

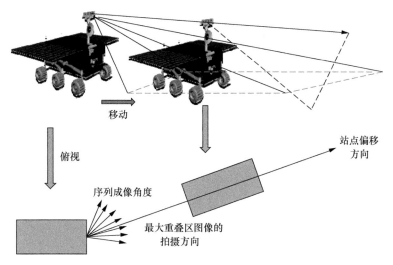

移动

俯视

站点偏移方向

序列成像角度

最大重叠区图像的拍摄方向

图 4-17　最大重叠区图像旋转

具体来说，设星球车在前一站点的位置为 S_0，当前站点的位置为 S_1，从 S_0 到 S_1 的站点偏移方向的单位向量记为 v_{12}；星球车在前一站点车体的单位方向向量为 v_1，在当前站点车体的单位方向向量为 v_2；星球车在前一站和当前站拍照时云台的俯仰角分别为 ϕ_1 和 ϕ_2，偏航角分别为 κ_1 和 κ_2。最大重叠区图像进行选择的方法可描述为：

$$\min_{\kappa_{ij}} \left| v_{12} \cdot v_i^{\mathrm{c}} \right|$$

$$\text{s.t.} \quad v_i^{\mathrm{c}} = \begin{bmatrix} \cos\kappa_{ij} & -\sin\kappa_{ij} & 0 \\ \sin\kappa_{ij} & \cos\kappa_{ij} & 0 \\ 0 & 0 & 1 \end{bmatrix} \begin{bmatrix} \cos\phi_i & 0 & \sin\phi_i \\ 0 & 1 & 0 \\ -\sin\phi_i & 0 & \cos\phi_i \end{bmatrix} \cdot v_i \qquad （4\text{-}24）$$

式中，$i = 1$，2 分别表示星球车在前一站点和当前站点拍照；j 为巡视器拍摄序列成像的编号；星球车在某一站点拍摄序列图像时，ϕ_i 为固定值；κ_{ij} 为星球车拍摄第 j 副图像时的偏航角；v_i^{c} 表示相机光轴的方向向量；通过求解 $\left| v_{12} \cdot v_i^{\mathrm{c}} \right|$ 的最小值，即可选定最优的拍摄重叠区域。当 $\left| v_{12} \cdot v_i^{\mathrm{c}} \right| = v_{12} \cdot v_i^{\mathrm{c}}$ 时，前后站点选择了 2 幅同方向拍摄的最大重叠区图像。

（2）大间距图像的特征提取与匹配。由于星球车两次成像的距离较大，获取的图像存在尺度与旋转差异，因此从存在较大仿射变换关系中的 2 幅图像中选择同名点，是整个视觉定位操作的难点。特征点的分布与数量直接影响视觉定位结果的正确性。尽管理论上选择 3 组以上的特征点就能实现星球车的定位，但是由于特征点选择误差的存在，在特征点数量较少时，可能会产生较大的定位误差，当特征点组数较多时，多次定位结果具有较好的一致性。同时也应当注意到，当选择的特征点数量较多且各特征点在图像中的分布较为分散时，即使包含少量错配点，定位结果仍然正确[20]。因此，如何选择合适数量和分布的特征点，确保定位结果的准确性，是视觉定位操作的关键。

（3）定位结果正确性判断。由于视觉定位结果没有真值参考，因此在实际操作中，需要操作员能够对结果的精度和有效性进人工判断，从多方面对视觉定位结果进行校验。主要判断的方法包括：①根据行驶区域的坡度判读，如果地形的坡度较大，则遥测定位定位结果和视觉定位结果之间可能存在较大偏差；如果是在平坦区域，则遥测定位结果和视觉定位结果的偏差较小；②根据行驶区域的车辙图像进行判读，车辙印迹单元长度变短，则说明车轮空转对车轮后方的土壤造成了多次挤压，此时遥测定位结果可能比视觉定位结果行驶距离更长；反之，车辙印迹单元长度变长，则视觉定位结果对应的行驶距离更短；③可通过多次重复定位校验视觉定位结果正确性。错配点存在或者初值选择不当，会使得视觉定位结果可能因为迭代陷入局部最小值导致定位结果的错误，在实际操作中可以通过更换定位图像和特征点，经过反复多次定位，如果结果具有一致性则可认为定位结果正确。

3. 星球车行驶路径规划操控训练要求

星球车行驶路径规划是依据星球车待巡视区域的地形图求解出星球车从当前位置到指定科学探测地点的最优路径，主要包括环境代价图生成和移动路径搜索两个功能模块。其中，环境代价图生成功能模块是综合考虑了坡度障碍、粗糙度障碍、阶梯障碍等影响星球车行驶性能的安全因素，光照阴影、通信遮挡等影响星球车通信与充电性能的时变性参数以及人工干预等各类因素的影响，通过代价加权得到的反应巡视区域行驶代价的综合代价图。移动路径搜索功能模块是根据综合代价图寻找一条代价最小且无碰撞的行驶路径。路径规划的结果将通过上行控制参数计算变成星球车的控制参数文件直接注入星球车，因此这一环节的操作直接关系到星球车的安全，需要人工干预与复核以确保行驶路径的安全无误。操控训练需要重点关注的操作要点包括：

（1）环境代价图的质量评判。环境代价图是路径规划的基础，得到高质量的环境代价图是实现安全路径规划的基本保障。环境代价图的生成不仅要考虑地形的凹凸性、坡度、坡向等因素，还要考虑车体的尺寸、轮子的大小与地形的匹配关系，以便于评判行驶的安全性和滑移的可能性，同时也要考虑光照阴影、通信遮挡等影响因素，为环境代价图的生成设定不同的参数。另外，还要对不同因素设定不同的优先级和权重，使得环境代价图的取值合理，从而能够有效支撑路径的选择。故操作员需要熟练掌握各类因素对星球车移动安全性、可靠性的影响，能够选择和调整各类参数，以实现环境代价图的快速生成。

（2）目标位置的确定。在实际操作中，操作员容易将注意力集中在星球车沿途区域的安全性和可达性，而忽略了对目标位置的考察，从而造成星球车到达后无法下脚（目标位置不安全）、无路可走（后续路径无效）以及无处可探（科考对象不可达）的局面。目标位置的确定是路径规划中的关键环节，该位置不仅是连接两段路径的中间点，更是星球车实施探测的停泊点。因此，在确定该位置时要同时考虑该区域的平坦度、粗糙度等地貌特征，该位置开展科学探测的有效性与安全性，以及前方邻近区域是否具备可通行性等各项因素，以确保星球车每一次的巡视都行之有效。

（3）规划路径的调整。利用环境代价图，我们可以得到一条理论最优的路径，这条路径满足安全和可达的要求，但是在实际操作中，由于光线影响、纹理缺失、人工选点的精准度等因素的影响，这就导致依据 DEM 生成的环境代价图可能存在误差，因此需要操作员在综合分析行驶路况的基础上对规划出的路径进行人工复核。另外，由于星球车巡视的环境在不断的变化，故需要操作员根据当时巡视环境及星球车的性能对路径的长短、路径与障碍物之间的距离，规划路径的曲率与光滑度、路径通行时间等限制条件，对规划得到的行驶路径进行优化调整，以便生成更加有利于高效行驶的安全路径，从而确保星球车能够以最优的性能、最少的耗能行驶到目标位置。

4. 星球车手控驾驶训练要求

星球车手控驾驶是指操作员通过操作手控设备，完成一步或多步的操作，根据手控设备的输出值，直接生成控制指令，对星球车实施控制。在手控驾驶模式中，星球车的行驶主要依赖于操作员的控制，这就对操作员的驾驶能力提出了较高的要求，主要包括下面 2 个方面。

（1）操作员具有沿指定路径驾驶的能力。在星球车开始行驶前，路径规划软件会依据星表环境预先规划一条最优路径，操作员需要沿着该路径驾驶到达目标位置，这就要求操作员能够理解星球车当前位置与规划路径点、邻近障碍物之间的方位关系，从而准确驾驶手控设备，有效避让障碍物。

（2）操作员具有根据地形直接驾驶的能力，通常星表遍布各类石块凸起和凹坑，在星表驾驶就如在障碍丛中穿梭。操作员根据下传图像数据和重建的三维场景直接驾驶星球车在星表移动，具有很高的危险性。这种驾驶方式对操作员提出了更高的要求，不仅仅要求操作员能够对地形图和星表图像的内容深入理解、对星表图像与真实星表环境之间的投影变换关系了然于心，而且要求他们能够对所有限制条件、可能的危险因素都提前规划并及时给出安全预案，同时还要求操作员必须具有精确的操控能力，能够准确掌握操控台与星球车移动方向、移动距离的对应关系，做到精准驾驶控制。

4.3.3　星球车巡视探测地面操控训练的实现

星球车巡视探测地面操控训练的目标是提升操作员对巡视探测过程的理解深度，对星球车驾驶原理的认知深度，对星表地形建立、星球车视觉定位、星球车行驶路径规划等各类关键操作的熟练掌握程度和对过程事件决断以及问题处理的准确度。本节从技术的角度阐述星表地形建立、星球车视觉定位、星球车行驶路径规划、星球车手控驾驶 4 类关键技术的技术原理和技术参数，阐明每类训练功能的实现方法和技术途径。

1. 星表地形建立

星表地形建立是通过星球车携带的感知仪器，对星表的环境进行获取并下传至地面，地面遥操作系统通过对环境数据的处理，恢复出星表局部区域的三维地形，为星球车进行路径规划和安全避障行驶提供基本保证。以我国月球车和美国火星车为例，其顶部一般都安装有立体视觉系统，能够对复杂的星表环境进行感知，获取星表图像后通过数传系统将图像发送回地面，在地面完成图像特征提取与匹配、三维解算、DEM 生成等一系列操作，实现星表三维地形环境重建恢复，为路径规划、可视化显示等提供局部地形数据。本节首先介绍基于双目视觉的三维重建方法，阐明如何利用三维重建算法得到空间离散点三维位置坐标；然后介绍 DEM 生成方法，在离散点三维坐标已知的条件下对地形表面进行构网建模和插值重建。

（1）基于双目视觉的三维重建

星球车在星表巡视过程中对其巡视区域进行序列成像，图像间具有较大的重叠区域，立体像对之间满足三角交会条件，并且形成对极几何约束关系，从而能够利用双目视觉下的重叠区域的对应关系对地形进行三维重建。本节中首先介绍对极几何约束关系[21]，然后介绍基本矩阵的估计方法，最后给出空间离散点的三维重建算法。

首先对双目相机成像的极线几何关系进行介绍。图 4-18 所示为双目相机的成像几何关系。在图 4-18 中，C 和 C' 分别表示左相机和右相机的光心（两点的坐标向量分别记为 C、C'），空间中的场景点 X（坐标向量记为 X）在左右图像上的投影点分别为 u 和 u'（两投影点的坐标向量分别记为 u 和 u'）。相机光心 C 在右相机成像面上的投影点为 e'（坐标向量记为 e'），相应地可以得到左相机成像面上的投影点 e（坐标向量记为 e），这两个投影点为极点，并且有 $e = MC'$ 和 $e' = M'C$。其中，M、M' 为透视投影矩阵。空间点 X 和两相机光心 C 和 C' 确定了一个平面，这个平面称为极面。极面与图像平面的交线称为极线，记为 l 和 l'（轴向量分别记为 l、l'）。极线就是一个相机的射线在另一个相机成像面中的投影，它经过极点和投影点，以一侧极线为例，有：

$$l' = e' \times u' = e' \times \left(M'M^+ u \right) = S(e')M'M^+ u \qquad (4\text{-}25)$$

式中，$M^+ = M^{\mathrm{T}} \left(MM^{\mathrm{T}} \right)^{-1}$ 为伪逆矩阵，空间中场景点 $X = M^+ u$；$u' = M'M^+ u$；$S(\cdot)$ 为叉积矩阵，表示为：

$$S(u) = S\left([u, v, w]^{\mathrm{T}} \right) = \begin{bmatrix} 0 & -w & v \\ w & 0 & -u \\ -v & u & 0 \end{bmatrix} \qquad (4\text{-}26)$$

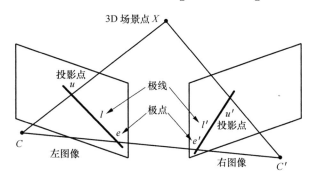

图 4-18　双目相机的成像几何关系

根据式（4-25），我们可以将极线 l' 看成是对应像点 u 的线性映射，定义矩阵 F 来表示这种线性映射：

$$F = S(e')M'M^+ \qquad (4\text{-}27)$$

极线方程可简写为 $l' = Fu$。根据极线约束关系可知，2 张图像上的投影点一定在其对应的极线上，即 $l'^{\mathrm{T}} u' = 0$。利用这个约束关系，可以得到极线约束的代数形式：

$$u^{\mathrm{T}} F^{\mathrm{T}} u' = 0 \qquad (4\text{-}28)$$

式中，矩阵 F 称为基本矩阵。利用式（4-27），能够根据 2 个相机的透视投影矩

阵 M 和 M' 计算得到基本矩阵 F 。

在已知相机的内参数矩阵 K 的情况下，用它的逆作用于图像投影点，由此得到图像归一化的坐标：

$$\tilde{u} = K^{-1}u = \begin{bmatrix} R & t \end{bmatrix} X \tag{4-29}$$

此时，相机的内参数矩阵为 I ，外参数矩阵为 $\begin{bmatrix} R & t \end{bmatrix}$ ，因此，相机矩阵只与 $\begin{bmatrix} R & t \end{bmatrix}$ 有关，内参数矩阵的影响已经被消除，矩阵也被称为归一化的相机矩阵。

根据式（4-25），可以对 $\tilde{u}$ 运用极线约束 $\tilde{u}'^{\mathrm{T}} E \tilde{u} = 0$ 。其中，$E = RS(t)$ 为本质矩阵，进一步可以得到基本矩阵和本质矩阵之间的关系：

$$E = K'^{\mathrm{T}} FK \tag{4-30}$$

本质矩阵的秩为 2，所以本质矩阵中有 2 个奇异值为非零，且这 2 个非零奇异值相等[22]。引入单位的参考正交矩阵 $W = \begin{bmatrix} 0 & -1 & 0 \\ 1 & 0 & 0 \\ 0 & 0 & 1 \end{bmatrix}$ 和参考反对称矩阵

$Z = \begin{bmatrix} 0 & 1 & 0 \\ -1 & 0 & 0 \\ 0 & 0 & 0 \end{bmatrix}$ 。对 E 做奇异值分解（SVD）可以得到 $E = U\mathrm{diag}(1,1,0)V^{\mathrm{T}}$ 。

设第 1 个相机的透视投影矩阵为 $M = K\begin{bmatrix} I & 0 \end{bmatrix}$ ，与之对应的第 2 个相机的投影矩阵可能有以下 4 种形式：

$$M' = \begin{bmatrix} UWV^{\mathrm{T}} | u_3 \end{bmatrix}; \begin{bmatrix} UWV^{\mathrm{T}} | -u_3 \end{bmatrix}; \begin{bmatrix} UW^{\mathrm{T}}V^{\mathrm{T}} | u_3 \end{bmatrix}; \begin{bmatrix} UW^{\mathrm{T}}V^{\mathrm{T}} | -u_3 \end{bmatrix}$$

式中，u_3 为 U 的最后一列。4 种相机分别对应以下几种分布[22]：

在图 4-19 所示的 4 种分布中，只有图 4-19（a）所示的分布，即空间点在 2 个相机前面时，才符合正常情况。因此，在对空间点进行重建时，可以根据空间点在两个相机坐标系里 z 方向的坐标确定相机的本质矩阵。

根据极线几何关系，利用左右图像的对应点估计基本矩阵的方法描述如下。设图像中任意一对匹配特征点的坐标为 $(u_i, v_i, 1)^{\mathrm{T}}$ 和 $(u_i', v_i', 1)^{\mathrm{T}}$ ，则由式（4-28）可得：

$$u_i' u_i f_{11} + u_i' v_i f_{12} + u_i' f_{13} + v_i' u_i f_{21} + v_i' v_i f_{22} + v_i' f_{23} + u_i f_{31} + v_i f_{32} + f_{33} = 0 \tag{4-31}$$

式中，f_{ij} 为基本矩阵 F 中元素。图像中每一对匹配点都可以构成一个方程。如果匹配点足够多，则能够求解上述方程，得到基本矩阵。常见的方法包括八点算法、七点算法、最大似然度估计等方法。本节以八点算法为例，介绍基本矩阵 F 的求解过程。

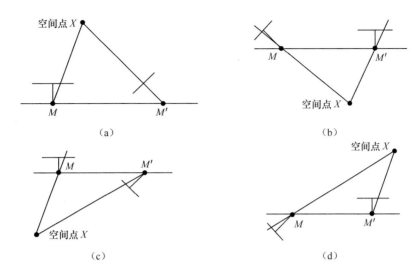

图 4-19　相机分布

给定齐次坐标系中 $n \geq 8$ 个匹配特征点，可以得到以下线性超定方程组：

$$\boldsymbol{K}\boldsymbol{u}'^{\mathrm{T}}\boldsymbol{F}\boldsymbol{u} = \left[\boldsymbol{u}^{\mathrm{T}} \otimes \boldsymbol{u}'^{\mathrm{T}} \right]\boldsymbol{f} = \boldsymbol{W}\boldsymbol{f}$$

$$= \begin{bmatrix} u'_1 u_1 & u'_1 v_1 & u'_1 & v'_1 u_1 & v'_1 v_1 & v'_1 & u_1 & v_1 & 1 \\ \vdots & \vdots & \vdots & \vdots & \vdots & \vdots & \vdots & \vdots & \vdots \\ u'_n u_n & u'_n v_n & u'_n & v'_n u_n & v'_n v_n & v'_n & u_n & v_n & 1 \end{bmatrix}\boldsymbol{f} = \boldsymbol{0} \qquad (4\text{-}32)$$

式中，$\boldsymbol{f} = \left[f_{11}, f_{12}, f_{13}, f_{21}, f_{22}, f_{23}, f_{31}, f_{32}, f_{33} \right]^{\mathrm{T}}$；$\otimes$ 为 Kronecker 积。如果矩阵 $\boldsymbol{W}$ 的秩为 8，则方程组具有唯一解，可以用线性算法求解；如果矩阵 $\boldsymbol{W}$ 的秩大于 8，可以利用最小化代数距离来求解。另外，由于基本矩阵的秩为 2，为奇异矩阵。因此，在求解时需要加入强制约束使得基本矩阵满足秩为 2 的条件。假设求得的基本矩阵为 $\boldsymbol{F}$，进行奇异值分解后得到 $\boldsymbol{F} = \boldsymbol{U}\boldsymbol{D}\boldsymbol{V}^{\mathrm{T}}$。其中，$\boldsymbol{D} = \mathrm{diag}(r,s,t)$ 为对角阵，且 $r > s > t$。令 $t = 0$，就可以得到 $\boldsymbol{F}$ 满足秩为 2 且使得 $\boldsymbol{F} - \boldsymbol{F}'$ 的 Frobenius 范数最小的 $\boldsymbol{F}'$。

在此基础上进行空间三维重建的具体步骤如下：①对立体图像对进行特征点的提取与匹配，得到匹配序列点集 $\left(\boldsymbol{u}_i, \boldsymbol{u}'_i \right)$，$i = 1, 2, \cdots, n$，$n$ 为特征点的数量；②根据匹配序列点集，利用八点算法计算基本矩阵 $\boldsymbol{F}$；③在已知双目相机的内参数矩阵的条件下，根据式（4-30）解算本质矩阵 $\boldsymbol{E}$。由式（4-29）可知本质矩阵只与相机的旋转和平移有关，因此根据本质矩阵可以分解得到相机的旋转矩阵 $\boldsymbol{R}$ 和平移向量 $\boldsymbol{t}$；④对 $\boldsymbol{R}$、$\boldsymbol{t}$ 的结果进行优化。优化目标函数为所有准确匹配的内点到对应极线距离的和函数：

$$f(\boldsymbol{R}, \boldsymbol{t}) = \sum_{i=1}^{N} (\boldsymbol{x}_i'^{\mathrm{T}} [\boldsymbol{t}] \times \boldsymbol{R} \boldsymbol{x}_i^{\mathrm{T}})^2 \left(\frac{1}{\alpha_i^2 + \beta_i^2} + \frac{1}{\alpha_i'^2 + \beta_i'^2} \right) \qquad (4\text{-}33)$$

式中，α_i、β_i 和 α_i'、β_i' 分别为左右图像上对应极线方程的变量系数。用 L-M 算法最小化该目标函数可得到 $\boldsymbol{R}$、$\boldsymbol{t}$ 的高精度最优解。然后，由旋转矩阵和平移向量计算相机的投影矩阵 $\boldsymbol{M} = \boldsymbol{K}\begin{bmatrix} \boldsymbol{I} & \boldsymbol{0} \end{bmatrix}$，$\boldsymbol{M}' = \boldsymbol{K}'\begin{bmatrix} \boldsymbol{R} & \boldsymbol{t} \end{bmatrix}$；最后，利用三角交会重建匹配序列点集的空间坐标。

（2）DEM 生成

DEM 是对星表地形信息的一种离散数学表达，其定义为区域 A 上的一个三维向量序列 $\{V_i = (x_i, y_i, z_i), i = 1, 2, \cdots, n\}$。其中，$(x_i, y_i) \in A$，$z_i$ 是对应的高程。DEM 以三维重建得到的离散数据点为依据，对排列和存储无规则的三维点进行重新编组构网，再使用某种数学模型去拟合地形表面，利用内插的方法计算出该数学表面上任意位置处的高程值，从而可以按照分辨率要求以网格形式输出。下面首先对基于大量无规则排列三维点的快速网格化建模方法进行描述，再对 DEM 内插进行介绍。

由于星球车在每个导航站点都会获取多对立体图像，因此利用星表图像匹配和立体交会方法会得到大量的观测点，以我国"玉兔"系列月球车为例，在每个导航站点一般会生成 20 万到 30 万个特征点。为了实现大量无规则拍摄数据点的快速分割和网格化建模，本节介绍一种基于并行计算思想的数据点云快速处理方法来提高 DEM 的构建效率。该方法主要通过下面 3 个步骤构建并行处理算法[1]。

首先，利用 KD 树方法完成数据集的并行分区。设当前点云为 V，$|V|$ 表示点云中点的个数，C 表示点云的规模阈值，则基于 KD 树的数据分割方法如下：

（a）若 $|V| < C$，则建立一个 KD 树叶节点，同时向子点云剖分任务队列添加一个任务，并跳转至步骤（d）；

（b）遍历 V 中的点，选择延展度最大的维作为分割维，选定分割维中点为分割点，按分割点将 V 划分为左右子点集 V_L 和 V_R。建立一个 KD 树非叶节点，同时向子三角网归并任务队列添加一个任务；

（c）在 V_L 和 V_R 中递归进行 KD 树分割，即分别令 $V = V_\mathrm{L}$，$V = V_\mathrm{R}$，转跳至步骤（a）；

（d）结束分割过程。

经过上述过程后就完成了地形特征点云数据分割，同时建立了并行 Delaunay 三角剖分算法的任务队列，并为并行不规则三角网（TIN）转换算法建立了 KD 树点云空间索引。基于 KD 树的地形特征点云分割过程如图 4-20 所示。

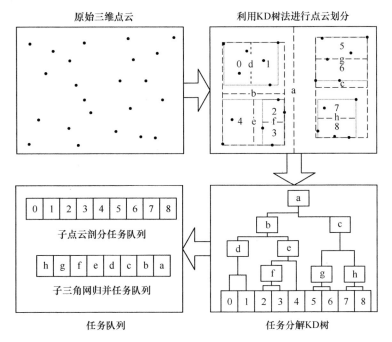

图 4-20　基于 KD 树的地形特征点云分割过程

其次，采用串行分区归并算法完成 Delaunay 三角网的构建。在进行点云划分的过程中，完成划分的子点云块会以任务的形式压入任务队列。其中，KD 树叶节点的子点云剖分任务（用数字标号表示）和非树叶节点的子三角网归并任务（用字母标号表示）被压入不同的任务队列。任务分解完成后，子点云剖分任务队列中的任务被首先并行执行，每个子点云剖分任务采用基于分区归并思想的串行 Delaunay 算法完成三角剖分，每个处理器在执行完一个任务后在任务队列头取新的任务执行直到队列为空。子三角网归并任务队列中的任务需要分级进行，只有并行完成同一深度的任务之后才能进行上一层归并任务的执行，在每次执行归并后进行 Delaunay 三角网局部优化，在完成 KD 树根节点的任务后形成整张 Delaunay 三角网。

最后，完成并行规则网格（GRID）模型和不规则三角网（TIN）模型的转换。在规则网格模型中，假设地面按照一定网格形式有规则地排列，则地表形态可以只用高程 z 来表达，DEM 可以表示成一个高程矩阵。对于不规则三角网模型，其基本思想是将按地形特征采集到的点按一定规则连接形成覆盖整个区域且互不重叠的许多三角形，构成一个不规则的三角网。在利用不规则的三角网生成 DEM 时，三角形区域中的任意点可由三个顶点插值得到。TIN 模型向GRID 模型的转换算法本质上是对 TIN 模型按照 GRID 模型进行网格点的逐点插值，并根据 TIN 模型中顶点的高程及拓扑结构计算出插值点的高程。完成该过程的直接思路包括 2 步：一步是确定插值点所在的三角形；另一步是根据所在三角形顶点坐标确定插值点高程。

为快速确定插值点所在三角形，首先对 TIN 模型中的三角形建立空间索引，由于之前通过数据分割已经建立了点云的 KD 树空间索引，在这里可以对其进行复用，将 KD 树叶节点中顶点所关联的三角形压入叶节点的三角形队列，在点云空间索引的基础上完成 TIN 模型的 KD 树索引。

在进行插值点搜索时，首先按照 KD 树非叶节点保存分割维及分割平面进行划分，将插值点划分到某叶节点，再按该叶节点三角形队列中的三角形进行逐一判断，确定插值点在哪个三角形内部，完成搜索过程。在确定三角形后利用线性插值方法确定插值点高程。

DEM 内插就是根据若干相邻数据点上的高程信息求出其他待定点上高程值的方法。任意一种内插方法都是基于原始地形起伏变化的连续光滑性实现的，这要求原始数据的邻近点间必须具有很大的相关性，才能由邻近的数据点内插出待定点的高程。

DEM 内插与地形区域的尺寸、平坦程度等指标相关，通常根据需求特点确定多种内插算法组合使用。数据点内插方法可以分为整体函数内插、局部函数内插和逐点内插三类。整体函数内插将整个地形数据拟合成一个多项式函数实现数据总内插。对于一般的月面，大范围内的地形凹凸关系复杂，难以用一个简单的低次多项式来拟合，而高次多项式的拟合又容易出现振荡现象，因此星表大范围复杂地形重建时一般不采用整体函数内插，而主要采用局部函数内插[23]。局部函数内插是把整个地形区域分成若干分块，并对各分块使用不同的函数进行拟合，该方法能够较好地保留地形细节，并且通过相邻分块间的重叠保证了相邻分块间的连续性。而对于局部要求很高的情况，如石块的棱角处等，则一般选用逐点内插。逐点内插是一种更加精确的局部插值方法，通过以每一待定点为中心，定义一个局部函数去拟合周围的数据点。该方法应用简单灵活，精度较高，但是计算量较大。

2. 星球车视觉定位

星球车视觉定位主要是通过获取星球车下传的图像，采用计算机视觉的相关方法来实现星球车在星表行进导航点的精确定位，其主要原理是通过引入图像的近似投影变换，将两个位置拍摄的图像投影到同一尺度和旋转条件下，搜索前后站图像的重叠区域，确定图像的同名点，利用图像特征点的位置分布关系剔除错误的匹配点，利用剩余的匹配同名点建立光束法平差方程，从而实现对相邻导航站点相对位姿的解算。然而由于星表图像纹理匮乏、不同区域之间有较高的相似度，使得在图像匹配时会产生大量错配点，为了解决这一问题，需设计错配点剔除和平差模型解算交叉进行的迭代精化算法，同步实现错配点逐步剔除、正确匹配点的完全保留和定位结果的精确求解。

　　下面先对星球车视觉定位框架进行介绍，星球车视觉定位的流程如图 4-21所示。

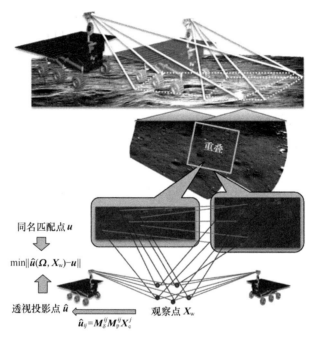

图 4-21　基于光束法平差模型和图像配准的视觉定位流程

　　基于光束法平差的星球车定位模型为一个优化问题[24]，优化目标为最小化图像同名匹配点和对应透视投影点之间偏差的 L_2 范数的平方，即：

$$\left(\hat{\boldsymbol{\Omega}},\hat{\boldsymbol{X}}\right)=\arg\min_{\boldsymbol{\Omega}_i,X_w^j}\sum_{i=1}^{M}\sum_{j=1}^{N}\left\|\hat{\boldsymbol{u}}_{ij}\left(\boldsymbol{\Omega}_i,X_w^j\right)-\boldsymbol{u}_{ij}\right\|_2^2 \qquad (4\text{-}34)$$

式中，$\hat{\boldsymbol{u}}_{ij}=(\hat{u}_{ij},\hat{v}_{ij},1)^{\mathrm{T}}$ 表示第 j 个观测点投影到第 i 幅图像平面的点坐标；$\boldsymbol{u}_{ij}$ 表示从第 i 幅图像中提取的特征点；$\boldsymbol{\Omega}_i=\left(\boldsymbol{t}_i,\boldsymbol{\theta}_i\right)$ 表示第 i 个相机的相机坐标系相对于世界坐标系的平移 $(\boldsymbol{t}_i)$ 和旋转 $(\boldsymbol{\theta}_i)$；M 和 N 分别表示相机和观测点的数量。观测点投影坐标 $\hat{\boldsymbol{u}}_{ij}$ 可以利用透视投影成像模型计算为：

$$\hat{\boldsymbol{u}}_{ij}=\boldsymbol{M}_\delta^{ij}\boldsymbol{M}_p^{ij}X_c^j=\boldsymbol{M}_\delta^{ij}\boldsymbol{M}_p^{ij}[\boldsymbol{R}(\boldsymbol{\theta}_i)^{\mathrm{T}} \quad -\boldsymbol{R}(\boldsymbol{\theta}_i)^{\mathrm{T}}\boldsymbol{t}_i]\bar{X}_w^j \qquad (4\text{-}35)$$

式中，$X_c^j = (x_c^j, y_c^j, z_c^j)^T$、$X_w^j = (x_w^j, y_w^j, z_w^j)^T$ 分别表示第 j 个观测点在相机坐标系和世界坐标系中的坐标；$\bar{X}_w^j = \left[(X_w^j)^T 1 \right]^T$ 为相应的齐次坐标；$R(\theta_i)$ 表示相机坐标系相对于世界坐标系的旋转矩阵；$M_p^{ij} \in \mathbf{R}^{3\times 3}$ 表示从第 j 个观测点到第 i 幅图像的透视投影变换；$M_\delta^{ij} \in \mathbf{R}^{3\times 3}$ 表示与投影坐标相关的畸变参数矩阵。M_p^{ij}、M_δ^{ij} 分别定义为：

$$M_p^{ij} = \frac{1}{z_c^j} \begin{bmatrix} f_i^u & 0 & u_i^0 \\ 0 & f_i^v & v_i^0 \\ 0 & 0 & 1 \end{bmatrix}, M_\delta^{ij} = \begin{bmatrix} 1 & 0 & -\Delta u_{ij} \\ 0 & 1 & -\Delta v_{ij} \\ 0 & 0 & 1 \end{bmatrix}$$

式中，f_i^u、f_i^v 分别表示以像素为单位的相机焦距；(u_i^0, v_i^0) 为图像主点坐标；Δu_{ij}、Δv_{ij} 分别表示由于径向畸变、偏心畸变和薄透镜畸变引起的投影点偏移量。

式（4-34）描述的优化问题可以通过将非线性函数 $\hat{u}_{ij}(\Omega_i, X_w^j)$ 按泰勒级数展开线性化，得到线性最小二乘问题：

$$\left(\Delta \hat{\Omega}, \Delta \hat{X} \right) = \arg \min_{\Delta \Omega, \Delta X} \left\| J(\Omega, X) \cdot \begin{bmatrix} \Delta \Omega \\ \Delta \hat{X} \end{bmatrix}^T - b \right\|_2^2 \qquad （4-36）$$

式中，$J(\Omega, X) \in \mathbf{R}^{2MN \times (6M+3N)}$ 是非线性函数 $\hat{u}_{ij}(\Omega_i, X_w^j)$ 的雅可比矩阵；$b \in \mathbf{R}^{2MN \times 1}$ 是误差向量，分别定义如下：

$$J(\Omega, X) = \frac{\partial \hat{u}_{ij}}{\partial (\Omega_i, X_j)}, \quad b = \left[b_{ij} \right] = \left[u_{ij} - \hat{u}_{ij}(\Omega_i^0, X_j^0) \right]$$

式中，Ω_i^0、X_j^0 分别为 Ω_i、X_w^j 的初值。

基于上述过程可知，式（4-34）描述的优化问题可以通过迭代求解式（4-36）描述的线性最小二乘问题和通过 $(\hat{\Omega}, \hat{X}) = (\Omega, X) + (\Delta \hat{\Omega}, \Delta \hat{X})$ 逐步修正 $\hat{\Omega}$ 和 $\hat{X}$。

在式（4-34）中，$\hat{u}_{ij}(\Omega_i, X_w^j)$ 为成像透视投影关系，是星球车位姿和特征点位置的函数，为确定性关系，因此图像配准特征点 u_{ij} 的精度就直接决定了定位求解的精度。

为了能够得到图像高精度配准特征点，假设星球车在 2 个不同的位置停留，对应的左相机在世界坐标系中的位姿分别定义为 $\Omega_1 = \left[t_1^T \ \theta_1^T \right]^T$ 和 $\Omega_2 = \left[t_2^T \ \theta_2^T \right]^T$，$\theta_i = \left[\theta_{ix}, \theta_{iy}, \theta_{iz} \right]^T$ 表示相机的姿态相对于世界坐标系的姿态。由式（4-35）则：

$$\hat{u}_{ij}' = \hat{u}_{ij} + \Delta u_{ij} = u_i^0 + \frac{1}{z_c^{ij}} \mathrm{diag}\left(f_i^u, f_i^v, 1 \right) \left[R(\theta_i)^T - R(\theta_i)^T t_i \right] \bar{X}_w^j \qquad （4-37）$$

式中，$u_i^0 = \begin{bmatrix} u_i^0 & v_i^0 & 0 \end{bmatrix}^{\mathrm{T}}$ 表示图像主点的坐标；$\Delta u_{ij} = \begin{bmatrix} \Delta u_{ij} & \Delta v_{ij} & 0 \end{bmatrix}^{\mathrm{T}}$ 表示畸变偏移；$\mathrm{diag}\left(f_i^u, f_i^v, 1 \right)$ 表示对角矩阵；$R(\theta_i)$ 简写为 R_i，$R_i = \begin{bmatrix} r_{i1}^{\mathrm{T}} & r_{i2}^{\mathrm{T}} & r_{i3}^{\mathrm{T}} \end{bmatrix}^{\mathrm{T}} = \begin{bmatrix} r_{i1}' & r_{i2}' & r_{i3}' \end{bmatrix}$ 和 $t_i = \begin{bmatrix} t_i^x, t_i^y, t_i^z \end{bmatrix}^{\mathrm{T}}$ 分别表示相机坐标系相对于世界坐标系的旋转矩阵和平移向量；$z_c^{ij} = r_{i3}'\left(X_w^j - t_i \right)$ 表示特征点在相机坐标系中的 z 坐标。

本节设计一种利用式（4-37）的透视投影变换关系计算不同位置拍摄图像单应性变换关系的方法来辅助评估每一对匹配点的正确性，同时提出一种利用正确匹配点计算星球车定位结果，并利用新定位结果重新评估匹配点正确性的迭代优化方法，实现错配点的逐步剔除和定位结果的逐步精化。下面从近似单应性变换关系的计算和匹配与定位融合的交叉迭代精化算法两个方面分别介绍。

（1）近似单应性变换关系的计算

假设 I_1 和 I_2 分别表示在两个站点（位置）获取的相机图像，在两幅图像的重叠区域对应的地面距离中，第一个站点比第二个站点更近，则重叠区域在图像 I_1 中的分辨率高于其在图像 I_2 中的分辨率。我们期望利用式（4-37）的投影关系计算出从图像 I_1 到图像 I_2 的单应性变换关系。然而，由于图像 I_1 中的一个特征点无法唯一确定出其对应的世界坐标系中的观测点，而是对应了从光心出发过特征点的一条射线，观测点即为射线与星表的交点。为此，推导从光心出发过特征点的射线方程如下，先定义中间变量 x_{ij}：

$$x_{ij} = \mathrm{diag}\left(f_i^u, f_i^v, 1 \right)^{-1} \left(\hat{u}_{ij}' - u_i^0 \right) \tag{4-38}$$

则将 z_c^{ij} 和 x_{ij} 代入式 $\left(4-37 \right)$ 得到：

$$\left(R_i x_{ij} r_{i3}' - I \right)\left(X_w^j - t_i \right) = 0 \tag{4-39}$$

令 $X_c^{ij} = X_w^j - t_i$，$A^{ij} = R_i x_{ij} r_{i3}' - I$，则可得到以下齐次矩阵方程：

$$A^{ij} X_c^{ij} = 0 \tag{4-40}$$

式中，A^{ij} 为系数矩阵，由 $r_{ik}^{\mathrm{T}} x_{ij} r_{i3}' = x_{ij} r_{ik} r_{i3}'$ 可得：

$$A^{ij} = \begin{bmatrix} x_{ij}^{\mathrm{T}} r_{i1} \\ x_{ij}^{\mathrm{T}} r_{i2} \\ x_{ij}^{\mathrm{T}} r_{i3} \end{bmatrix} r_{i3}' - I_{3\times3} \tag{4-41}$$

利用最小化代数距离方法对方程（4-40）进行求解，令 $\left\| X_c^{ij} \right\| = 1$，将齐次矩阵方程的求解转化为最小化范数 $\left\| A^{ij} X_c^{ij} \right\|$ 的优化问题；该问题转化为求取系数矩阵 A^{ij} 奇异值分解后的最小奇异值对应的右向量；将 A^{ij} 进行奇异值分解，即 $A^{ij} = U_i D_i V_i^{\mathrm{T}}$，得到奇异值由大到小分别为 σ_1、σ_2、σ_3，对应的右向量矩阵

$V_i^{\mathrm{T}} = \begin{bmatrix} v_1^i, v_2^i, v_3^i \end{bmatrix}$，则 X_{c}^{ij} 近似为最小的奇异值 σ_3 对应的右向量 v_3^i，即 $X_{\mathrm{c}}^{ij} = v_3^{ij}$，其物理含义为表示从相机光心出发指向 X_{w}^j 的方向向量。因此，X_{w}^j 计算为：

$$X_{\mathrm{w}}^j = t_i + \frac{z_0^i}{v_{33}^{ij}} v_3^{ij} \tag{4-42}$$

式中，$v_3^{ij} = \begin{bmatrix} v_{31}^{ij} & v_{32}^{ij} & v_{33}^{ij} \end{bmatrix}^{\mathrm{T}}$ 表示从相机光心 O_i 出发指向 X_{w}^j 的方向向量；v_{33}^{ij} 为 v_3^{ij} 的第三行，表示 v_3^{ij} 在 z 方向上的分量；z_0^i 表示从相机光心 O_i 指向观测点 X_{w}^j 的向量在 z 向上的分量。

基于上述公式可以求得图像 I_1 的特征点对应的世界坐标 X_{w}^j，而世界坐标 X_{w}^j 投影到图像 I_2 的坐标可以计算为：

$$\begin{cases} \hat{u}'_{2j} = u_2^0 + \dfrac{1}{z_{\mathrm{c}}^{2j}} \mathrm{diag}\left(f_2^u, f_2^v, 1\right) \begin{bmatrix} R_2^{\mathrm{T}} & -R_2^{\mathrm{T}} t_2 \end{bmatrix} \bar{X}_{\mathrm{w}}^j \\ \hat{u}_{2j} = \hat{u}'_{2j} - \Delta u_{2j}\left(\hat{u}'_{2j}\right) \end{cases} \tag{4-43}$$

根据式（4-42）和式（4-43），我们能够将图像 I_1 投影到图像 I_2 所在的平面上，生成一幅新的图像 I_1^p。图像 I_1^p 和图像 I_2 具有相似的尺度关系。图像 I_1^p 上的每一个点 $\hat{u}_{1j}^p$ 对应着图像 I_2 上的一个点 $\hat{u}_{2j}$，并且能够被映射回图像 I_1 中的 $\hat{u}_{1j}$。这样，图像 I_1 到图像 I_1^p 的单应性变换矩阵可以通过求解下面的优化问题得到：

$$H = \arg\min_{H} \sum_{j=1}^{n} \left\| H\hat{u}_{1j} - \hat{u}_{1j}^p \right\|_2^2 + \left\| \hat{u}_{1j}^p - \hat{u}_{2j} \right\|_2^2 \tag{4-44}$$

式中，$\hat{u}_{1j}$ 为图像 I_1 中的任意一点；$\hat{u}_{2j}$ 是通过式（4-44）在 $n \geqslant 4$ 条件下计算得到；$H = \begin{bmatrix} h_1 & h_2 & h_3 \end{bmatrix}$ 可以通过最小化代数距离的方法估计得到，其过程为：

令 $h = \begin{bmatrix} h_1^{\mathrm{T}} & h_2^{\mathrm{T}} & h_3^{\mathrm{T}} \end{bmatrix}^{\mathrm{T}}$ 表示 H 各元素的 9 维列向量，则式（4-44）的问题可以重新表达为：

$$h = \arg\min_{h} \sum_{j=1}^{n} \left\| \left[\hat{u}_{1j}^{\mathrm{T}} \otimes G\left(\hat{u}_{2j}\right) \right] h \right\|_2^2 \tag{4-45}$$

式中，$G\left(\hat{u}_{2j}\right)$ 为叉乘矩阵，对于任意的 $\hat{u}_{2j}$ 和 $\hat{u}_{1j}$，它能够满足 $G\left(\hat{u}_{2j}\right) u_{1j} = \hat{u}_{2j} \times u_{1j}$；$\otimes$ 表示矩阵的 Kronecker 积，从而可得 $\left[\hat{u}_{1j}^{\mathrm{T}} \otimes G\left(\hat{u}_{2j}\right) \right] h = G\left(\hat{u}_{2j}\right) H\hat{u}_{1j}$。对 $\hat{u}_{1j}^{\mathrm{T}} \otimes G\left(\hat{u}_{2j}\right)$ 进行奇异值分解可以近似计算向量 h 为右矩阵中对应最小奇异值的列向量。

（2）匹配与定位融合的交叉迭代精化算法

匹配与定位融合的交叉迭代精化（Interactive Refinement of Match and

Localization，IRML）算法解决了前后站点（位置）拍摄图像中特征点干扰大量存在且表观特性相近、有效的匹配特征点数量较少的情况下，难以选出正确匹配点从而影响视觉定位精度和效率的问题，其基本思想是：一方面利用星球车粗定位结果作为约束，限制特征匹配的范围从而减小错配点数量；另一方面以筛选出的同名匹配点作为输入重新进行视觉定位精化，重复交叉迭代直至收敛。错配点剔除和迭代算法详细介绍如下。

令 $\boldsymbol{u}_{1j}$、$\boldsymbol{u}_{2j}$ 分别表示前后站点两幅图像 I_1 和 I_2 的匹配点坐标，$\boldsymbol{H}$ 为两幅图像的单应性变换矩阵，则正确匹配点需要满足以下距离约束：

$$\delta_j = \left\| \boldsymbol{u}_{2j} - \boldsymbol{H}\boldsymbol{u}_{1j} \right\|_2 < \xi_j, \; j = 1, \cdots, N, \tag{4-46}$$

式中，$\xi_j = \max\limits_{k} \left\| \overline{\boldsymbol{u}}_{2j} - \overline{\boldsymbol{u}}_{2j}^k \right\|_2$；$\overline{\boldsymbol{u}}_{2j}$ 是相机位置分别为 $\boldsymbol{t}_1$ 和 $\boldsymbol{t}_2$ 条件下由 $\boldsymbol{u}_{1j}$ 投影到图像 I_2 中的点坐标；$\overline{\boldsymbol{u}}_{2j}^k$ 是相机位置分别为 $\boldsymbol{t}_1$ 和 $\boldsymbol{t}_2 \pm \eta |\boldsymbol{t}_2 - \boldsymbol{t}_1|$ 条件下由 $\boldsymbol{u}_{1j}$ 投影到图像 I_2 中的点坐标，其中 η 为定位误差率。η 的初值由惯导粗定位结果的精度确定，在算法迭代过程中逐渐减小直到收敛。在算法执行中，η 的更新方式定义为：

$$\eta = \frac{\alpha \max\limits_{j} \left\| \boldsymbol{u}_{2j} - \boldsymbol{H}\boldsymbol{u}_{1j} \right\|_2 + (1-\alpha) \operatorname*{mean}\limits_{j} \left\| \boldsymbol{u}_{2j} - \boldsymbol{H}\boldsymbol{u}_{1j} \right\|_2}{\left(\dfrac{\max\limits_{j} \xi_j}{\eta_0} \right)} \tag{4-47}$$

式中，α 是权重系数，满足 $0 < \alpha < 1$，则 $\overline{\boldsymbol{u}}_{2j}^k \, (k = 1, \cdots, 8)$ 计算为：

$$\begin{cases} \overline{\boldsymbol{u}}_{2j}^k = \boldsymbol{u}_2^0 - \Delta\boldsymbol{u}_{2j} + \dfrac{1}{z_c^{2j}} \operatorname{diag}\left(f_2^u, f_2^v, 1 \right) \left[\boldsymbol{R}_2 - \boldsymbol{R}_2 \boldsymbol{t}_2^k \right] \overline{\boldsymbol{X}}_w^j \\ \boldsymbol{t}_2^k = \boldsymbol{t}_2 \pm \eta |\boldsymbol{t}_2 - \boldsymbol{t}_1| \\ \quad = (t_2^x \pm \eta |t_2^x - t_1^x|, \; t_2^y \pm \eta |t_2^y - t_1^y|, \; t_2^z \pm \eta |t_2^z - t_1^z|)^{\mathrm{T}} \end{cases} \tag{4-48}$$

不满足式（4-46）的距离约束的匹配点，被看作是错配点，会被剔除掉。这样，我们设计了一个迭代精化算法在逐渐减少错配点的同时不断精化星球车的定位结果；第一，从匹配点集中删除不满足式（4-46）的错配点；第二，利用保留下来的匹配点对计算雅可比矩阵 $\boldsymbol{J}$ 和月球车的位置；第三利用式（4-45）结合当前星球车位置信息更新单应性变换矩阵 $\boldsymbol{H}$。重复上述过程直至收敛。

3. 星球车行驶路径规划

星球车行驶路径规划是在星球车当前位置和目标位置之间寻找最优可通行路径，对于以地面遥操作规划主导的大间距行进模式，主要是寻找星球车从一个导航站点移动至下一个导航站点的无障碍最优通行路径。星球车在星表行进时不仅受到星表地形影响，还要受到太阳光照阴影、通信遮挡和星表土壤松软程度等因素的影响，因此需要综合多类因素构建环境代价图，并以环境代价图为基础进行最优路径搜索。下面对环境代价图生成和移动路径搜索过程分别介绍。

（1）环境代价图生成

路径规划需要将星球车所处的实际物理环境（地形、太阳光照、通信等）抽象为能被计算机理解和分析的环境信息，即通过分析和提取典型的物理环境特征，形成可用于移动路径搜索的环境代价图。环境代价图融合了坡度坡向、粗糙度、阶梯边缘、星表通信、太阳光照和地星通信 6 项特征。其中，前 4 项为固定特征，后 2 项为时变特征。在获取地形 DEM 后，就可按图 4-22 所示的过程生成环境代价图。具体生成流程包括坡度坡向计算、粗糙度计算、阶梯边缘计算、通视性计算、导引/排斥代价计算等。

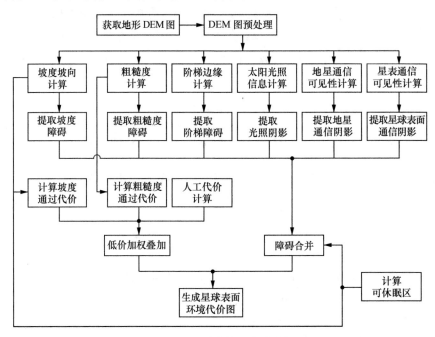

图 4-22　环境代价图生成流程

① 坡度坡向计算。巡视区域的坡度反映了地表单元陡缓的程度，它与行驶路径密切相关。坡度角越小，说明坡度越缓和；坡度角越大，则说明坡度越陡峭。给定 DEM 图像的局部计算窗口，利用最小二乘法对窗口内所有像素（x,y,z）的高程进行平面拟合，可得平面方程为：

$$ax + by + z + c = 0 \qquad (4\text{-}49)$$

式中，a、b和c为常数。

通常以拟合平面与水平面的夹角作为窗口中心像素的坡度角 β，等价于将法向量 $\vec{n}$ $\left(\dfrac{a}{\sqrt{a^2+b^2+1}}, \dfrac{b}{\sqrt{a^2+b^2+1}}, \dfrac{1}{\sqrt{a^2+b^2+1}}\right)$ 与其在水平面 $O_0 x_0 y_0$ 上投影向量的夹角的余角作为坡度：

$$\beta = \arctan\sqrt{\left(a^2+b^2\right)} \qquad (4\text{-}50)$$

根据星球车移动约束条件，当巡视的坡度大于某个角度时，星球车不可通过，因此，星球车通过地形位置时产生的坡度通过代价定义如下：

$$f(\beta) = \begin{cases} g(\beta), & \beta < \beta_{\max}; \\ \infty, & \beta \geqslant \beta_{\max} \end{cases} \qquad (4\text{-}51)$$

式中，β 为星球车所要通过的栅格的坡度；$\beta_{\max}$ 为星球车最大通过坡度。当坡度 β 小于最大通过坡度 $\beta_{\max}$ 时，星球车可安全通过该地形点，但要付出一定的代价 $g(\beta)$。这里，$g(\beta)$ 为坡度代价函数，是关于 β 的增函数，可设置为指数函数：$g(\beta) = \exp\left(-\left(\beta_{\max} - \beta\right)\right)$ 或者线性函数：$g(\beta) = \beta / \beta_{\max}$。当坡度 β 大于等于最大通过坡度 $\beta_{\max}$ 时，该地形点视为坡度障碍，星球车通不过。

② 粗糙度计算。巡视区域中往往存在障碍物，如小石块、小土坑等，如果在平面拟合过程中这些障碍物被消除，就无法描述通过小型障碍物所要付出的代价，为此需要计算通行区域的粗糙程度，建立粗糙度代价函数。通过求解拟合平面内各高程点高度的极值，就可有效表征巡视区域的粗糙程度，从而构建粗糙度代价函数。

首先选取 9 个高程点，根据点到平面的距离计算公式，计算任一高程点 $V_i = (x_i, y_i, z_i)(i = 1, 2, \cdots, 9)$ 到拟合平面的距离 d_i 为：

$$d_i = \pm\frac{\left|ax_i + by_i + z_i + c\right|}{\sqrt{a^2+b^2+1}} \qquad (4\text{-}52)$$

式中，"+"表示在拟合平面上面，即小石块等障碍物；"–"表示在拟合平面下面，即为小土坑等。

用这 9 个高程点中到拟和平面距离最远的两个正负点的距离和来表示该平面的粗糙度 L，如图 4-23 所示，该平面的粗糙度表示为：

$$L = \max\{d_i\} - \min\{d_i\}, \quad i = 1, 2, \cdots, 9 \qquad (4\text{-}53)$$

定义粗糙度代价函数为：

$$f_c(L) = \begin{cases} g_c(L), & L < L_{\max}; \\ +\infty, & L \geqslant L_{\max} \end{cases} \qquad (4\text{-}54)$$

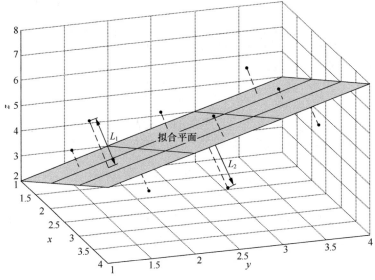

图 4-23　粗糙度计算

式中，L 为分析区域内的粗糙度；$L_{\max}$ 为能够接受的最大粗糙度。当 $L < L_{\max}$ 时，巡视器可安全通过该栅格，但要付出一定的粗糙度通过代价；当 $L > L_{\max}$ 时，该栅格为粗糙度障碍，星球车通不过。

③ 阶梯边缘计算。星表除了大大小小的撞击坑以外，还有分布着很多零散的石块，与星表之间形成了高程变化明显阶梯，这些阶梯状的地形与高低起伏的斜坡一起威胁着星球车巡视的安全。当阶梯尺寸远大于轮系尺寸时，阶梯障碍转换为坡度障碍进行分析；当阶梯尺寸小于轮系尺寸或与轮系尺寸相当时，我们可以使用图像边缘检测的方法提取阶梯障碍，如图 4-24 所示，具体实施步骤为：

（a）阶梯尺寸远大于轮系尺寸　　　　（b）阶梯尺寸小于轮系尺寸或与轮系尺寸相当

图 4-24　阶梯障碍

步骤 1：用高斯滤波器来平滑图像。Canny 算法选用合适的一维高斯函数，

分别对图像 $f(x,y)$ 按行和列进行平滑去噪，这相当于对图像信号的卷积，所选高斯函数为：

$$G = \frac{1}{\sigma\sqrt{2\pi}}\exp\left(-\frac{x^2+y^2}{2\sigma^2}\right) \qquad (4\text{-}55)$$

式中，σ 为高斯滤波函数的标准差。这里用高斯滤波函数的标准差来控制平滑度。当 σ 较小时，滤波器也较短，卷积运算量小，定位精度高，但信噪比低；当 σ 较大时，情况恰好相反。因此，要根据实际需要适当选取高斯滤波器参数。

步骤 2：用一阶偏导有限差分来计算梯度幅值的方向。Canny 算子采用 2×2 领域一阶偏导的有限差分来计算平滑后数据阵列 $I(x,y)$ 的梯度幅值和梯度方向。x 方向和 y 方向偏导数的 2 个阵列 $G_x(i,j)$ 和 $G_y(i,j)$ 分别为：

$$\begin{cases} G_x(i,j) = \left(I[i,j+1]-I[i,j]+I[i+1,j+1]-I[i+1,j]\right)/2 \\ G_y(i,j) = \left(I[i,j]-I[i+1,j]+I[i,j+1]-I[i+1,j+1]\right)/2 \end{cases} \qquad (4\text{-}56)$$

则

$$\begin{cases} G(i,j) = \sqrt{G_x^{\ 2}(i,j)+G_y^{\ 2}(i,j)} \\ \theta(i,j) = \tan^{-1}\left(G_x(i,j)/G_y(i,j)\right) \end{cases} \qquad (4\text{-}57)$$

式中，$G_x(i,j)$ 和 $G_y(i,j)$ 分别是在点 (i,j) 处 x 方向和 y 方向的偏导数；$G(i,j)$ 和 $\theta(i,j)$ 分别是数据阵列 $I(x,y)$ 的梯度幅值和梯度方向。

步骤 3：对梯度幅值进行非极大值抑制。为了精确定位边缘，防止出现伪边缘，还要对边缘进行细化，因此只保留 $G(i,j)$ 的局部极大值，消除其余的像素点。

步骤 4：用双阈值算法检测和连接边缘。Canny 算法使用 2 个阈值分别检测强边缘和弱边缘。当图像边缘点 (i,j) 的幅值 $G(i,j)$ 高于高阈值时，该点是强边缘点，边缘点被输出。当 $G(i,j)$ 介于高阈值和低阈值之间时，认为是弱边缘点，而且仅当弱边缘与强边缘相连时，弱边缘才会包含在输出中。

④　通视性计算。所谓通视性就是指给定视点和目标点，能否从视点直接看到目标点，即视点和目标点之间的地形和地物是否遮挡住了两者之间的连接线。如果能够通视，则视点和目标点的连线，即视线（Line of Sight，LOS）上任意一点的高度都要大于两者之间对应位置的地形或地物高度，如图 4-25 所示。所以，只要在视点和

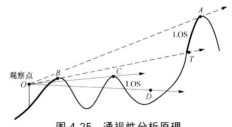

图 4-25　通视性分析原理

目标点之间找出一个能遮挡住视线的高度，就可以判定不能通视，而要能够通视，则视点和目标点之间的地形和地物都必须在视线之下。

影响星球车通视性的主要因素包括太阳光照和通信可见。太阳光照是星球车巡视探测的主要能源动力，是影响在星表工作过程的一大重要因素，在进行巡视探测任务规划时，必须分析太阳光照如何影响星球车的巡视路径、行为序列等，并建立太阳光照的评估模型。通信可见是星球车工作时需保证的另一重要条件，是遥测遥控指令传输的重要前提，主要由 2 个因素决定：一个是地球相对探测区域的位置；另一个是星球车与地面测控站的连线是否被遮挡。以下从太阳光照和通信可见 2 个因素着手分析星球车的通视性。

（a）太阳光照通视性。为确定星表上某点 p 是否处在周围景物形成的阴影中，可从当前位置投射一条阴影测试光线，沿着太阳光照方向逆向跟踪。若光线在到达光源之前就与其他景物有交，则说明该位置位于光源的阴影区域内。

在图 4-26 中，假设太阳高度角为 α_s，相对星表北向（$+y$ 方向）的方位角为 β_s，则阴影测试光线矢量 $\boldsymbol{l_s}$ 为：

$$\boldsymbol{l_s} = \left(\cos\alpha_s \sin\beta_s, \cos\alpha_s \cos\beta_s, \sin\alpha_s\right) \tag{4-58}$$

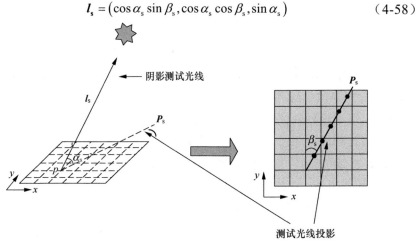

图 4-26　阴影测试光线投影计算

阴影测试光线在月面上的投影矢量 $\boldsymbol{P_s}$ 为：

$$\boldsymbol{P_s} = \left(\sin\beta_s, \cos\beta_s\right) \tag{4-59}$$

在投影线上按照某种原则寻找一系列测试点 P_i，以栅格分辨率 d_s 为步长，则测试点的位置矢量 $\boldsymbol{P_i^s}$ 为：

$$\boldsymbol{P_i^s} = i \times d_s \times \boldsymbol{P_s} \tag{4-60}$$

式中，i 为测试点 P_i 的栅格数。

根据测试点位置从 DEM 数据中提取测试点周围高程点的高度信息，通过线性插值等方法，计算测试点的地理高度，设为 z_i。

测试点位置上的光线高度 h_i 为：

$$h_i = z_i + i \times |\boldsymbol{P}_s| \times \tan \alpha_s \tag{4-61}$$

从当前位置出发，依次比较测试点地理高度 z_i 和光线高度 h_i，一旦出现 $z_i > h_i$，则可判定考察位置处在阴影区内，否则就处在太阳光照区。太阳光照通视性函数定义如下：

$$\text{shadow}\left(P_i\right) = \begin{cases} 1, \exists z_i > h_i; \\ 0, \forall z_i \leqslant h_i \end{cases} \tag{4-62}$$

（b）通信可见通视性。一般认为地面测控站对星球不同位置的观测视线是一族平行线，这与太阳光照的情况类似。影响通信条件的主要因素除了地球自转产生的测站位置变化外，还有星表景物的遮挡。遮挡会严重影响星球车在某些位置上建立对地通信链路，因此在规划路径时要尽量避免经过这些测控盲区位置。为此，可采用与前面计算太阳光照通视性一样的方法，从当前位置引出一条指向地面测控站的测试视线，其中指向地球的测试视线矢量通过高度角和方位角 (α_e, β_e) 描述。一旦该测试视线在到达地面测控站之前与其他景物有交，则表示该位置处于测控盲区内，否则就处于测控可见区域内。

星表某点 p 的通信可见代价函数可表示如下：

$$f_{\text{comm}}\left(p\right) = \begin{cases} +\infty, \text{shadow}\left(p\right) = 1; \\ 0, \text{shadow}\left(p\right) = 0 \end{cases} \tag{4-63}$$

⑤ 导引/排斥代价计算。与人的智能相比，计算机在低维度空间具有很强的寻优能力。然而，限于真实环境难以准确描述，由机器规划出来的最优路径从人的角度看可能并不是最优的。为了能规划出更接近人类思维的满意路径，可将人的高层决策以导引点和排斥点的形式添加到星表环境模型中，实现以人为主，人与机器共同协作的智能路径规划。人工导引点是人为添加到 DEM 中，期望星球车通过（并不一定通过）的点。人工排斥点是人为添加到 DEM 中，排斥星球车通过（并不一定不通过）的点。

实现人工导引、排斥的方法描述如下：产生以导引、排斥点为圆心，逐渐向外发散的人工代价图，将人工代价按一定权值叠加于代价图中，从而影响路径搜索结果。人工代价可用图 4-27 所示方法实现，将 xOz 平面内的曲线绕 z 轴旋转后形成的曲面平移至导引、排斥点 (x_0, y_0)，并进一步缩放，以满足任务中的行驶安全性要求。

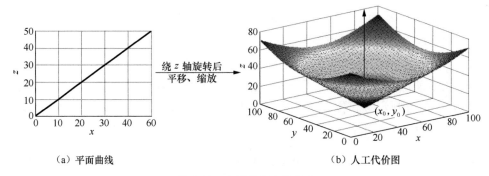

（a）平面曲线　　　　　　　　　　（b）人工代价图

图 4-27　人工代价实现方法

典型的导引点代价函数如表 4-2 所示。

表 4-2　典型的导引点代价函数

平面函数	旋转平移缩放后的人工代价函数（K 为常数）
线性函数：$z = x$	线性代价：$z = \sqrt{\left(K \times x - x_0\right)^2 + \left(K \times y - y_0\right)^2}$
平方函数：$z = x^2$	平方代价：$z = \left(K \times x - x_0\right)^2 + \left(K \times y - y_0\right)^2$
对数函数： $z = \log_2\left(x+1\right)$	对数代价：$z = \log_2\left(\sqrt{\left(K \times x - x_0\right)^2 + \left(K \times y - y_0\right)^2} + 1\right)$

设导引点为 $(0,0)$，即 $x_0 = 0$，$y_0 = 0$，$z = 1/\sqrt{\left(K \times x - x_0\right)^2 + \left(K \times y - y_0\right)^2}$，$K = 1$，则 (x,z) 平面内的平面曲线及典型的导引点代价函数如图 4-28 所示，其中图 4-28（a）中的点 P 为三条曲线的交点。

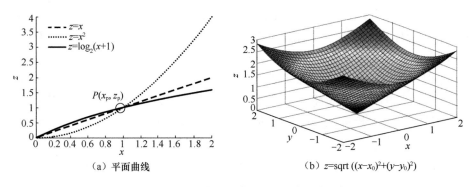

（a）平面曲线　　　　　　　（b）$z=\mathrm{sqrt}\left((x-x_0)^2+(y-y_0)^2\right)$

图 4-28　平面曲线及典型的导引点代价函数

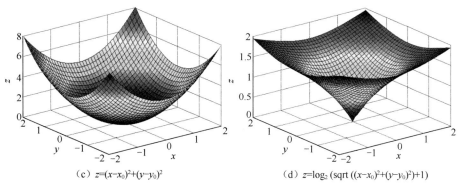

（c）$z=(x-x_0)^2+(y-y_0)^2$　　　（d）$z=\log_2(\mathrm{sqrt}((x-x_0)^2+(y-y_0)^2)+1)$

图 4-28　平面曲线及典型的导引点代价函数（续）

我们定义 $D=\sqrt{(x-x_0)^2+(y-y_0)^2}$ 为代价图中某点到导引点 (x_0,y_0) 的距离，则 $D_\mathrm{P}=\sqrt{(x_\mathrm{p}-x_0)^2+(y_\mathrm{p}-y_0)^2}$。由图 4-28 所示可以看出，随着 D 的增加，线性代价均匀增大；当 $D<D_\mathrm{P}$ 时，对数代价大于线性代价，指数代价小于线性代价；当 $D>D_\mathrm{P}$ 时，情况相反。

典型的排斥点代价函数，如表 4-3 所示。

表 4-3　典型的排斥点代价函数

平面函数	旋转平移缩放后的人工代价函数（c 为常数）
高斯函数：$z=e^{-x^2/c^2}$	高斯代价函数：$z=e^{-\left((K\times x-x_0)^2+(K\times y-y_0)^2\right)/c^2}$
双曲函数：$z=1/x$	双曲代价函数：$z=1/\sqrt{\left(K\times x-x_0\right)^2+\left(K\times y-y_0\right)^2}$

设排斥点为 $(0,0)$，即 $x_0=0$，$y_0=0$，$K=1$，$c=1$，则 (x,z) 平面内的平面曲线及典型的排斥点代价函数如图 4-29 所示。

由图 4-29 所示可知，在靠近排斥点 (x_0,y_0) 时，双曲代价迅速增大，高斯代价增加相对较慢。二者的本质区别在于在排斥点 (x_0,y_0) 处，前者代价为无穷大，后者为有限值。因此，在实际应用中存在路径通过高斯排斥点的可能性，而绝不可能通过双曲排斥点。

（2）移动路径搜索

移动路径搜索是根据环境代价图求解星球车行驶最优路径的过程，简单地说是指给定星球车及其工作环境，按某种优化指标（如路径最短）在指定的初始位姿和目标位姿之间规划出一条与环境障碍没有碰撞的路径。下面首先介绍传统的基于 A*算法的路径搜索算法，然后在此基础上介绍一种考虑星球车运动学约束的路径搜索方法——Hybrid A$^{*[25]}$算法。

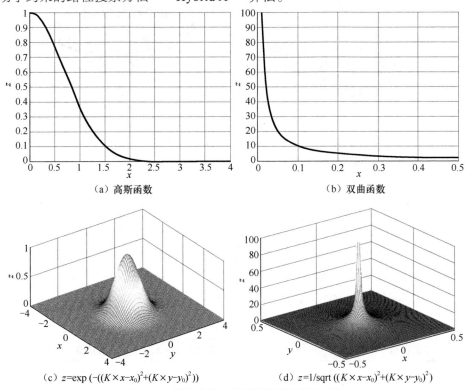

（a）高斯函数 （b）双曲函数

（c）z=exp$(-((K×x-x_0)^2+(K×y-y_0)^2))$ （d）z=1/sqrt$((K×x-x_0)^2+(K×y-y_0)^2)$

图 4-29　平面曲线及典型的排斥点代价函数

A*算法是一种图搜索算法，图中每个栅格被分配了两种代价：一种记为 $g(n)$（n 为当前节点），是指已经实际走过的路径的代价（Actual Cost 或 Path Cost），一般为从起点开始所经历的路径的代价和；另一种是剩余路程代价（Heuristic Cost）的启发式函数，记为 $h(n)$，一般定义为从当前位置到终点的欧式距离。两种代价之和记为 $f(n)$。在算法的每次迭代中，会从一个优先队列中取出 $g(n)$ 值最小（估算成本最低）的节点作为下次待遍历的节点。这个优先队列通常称为 open list。然后相应地更新其邻域节点的 $f(n)$ 和 $g(n)$ 值，并将这些邻域节点添加到优先队列中。最后把遍历过的节点放到一个集合中，称为 close list。直到目标节点的 $f(n)$ 值小于队列中的任何节点的 $f(n)$ 值为止（或者说直到队列为空为止）。因为目标点的启发式函数 $h(n)$ 值为 0，所以说目标点的 $f(n)$ 值就是最优路径的实际代价。

Hybrid A*算法和普通的 A*算法的对比如图 4-30 所示。普通的 A*算法在空间划分的栅格中寻求一条规避障碍物的路径，以栅格中心为 A*算法路径规划的节点，假定物体总是沿 45$°$ 整数倍方向运动。在 Hybrid A*算法中则根据星球车的实际运动约束将控制空间离散化，星球车可能出现在栅格的任何地方，但必须严格受限于运动学模型。

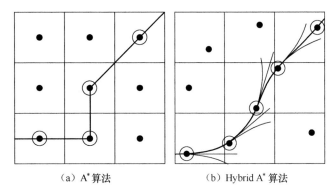

（a）A*算法　　　　　（b）Hybrid A*算法

图 4-30　Hybrid A*与传统 A*算法对比

A*算法路径搜索求解的路径只保证连通性，不保证星球车实际是否可行。而 Hybird A*算法同时考虑空间连通性和车辆朝向，将二维平面空间和角度同时进行二维离散化。在(x, y, θ)三个维度上进行搜索树（Search Tree）扩展时，Hybird A*算法将车辆的运动学约束引入其中，路径节点可以是栅格内的任意一点，保证了搜索出的路径一定是星球车实际可以行驶的。

在路径搜索阶段，可以将环境代价图结果与图搜索代价函数结合，使路径规划结果充分体现地形特性、坡度、高度等因素对星球车安全的综合损害。Hybird A*算法保留了 open list 和 close list 集合，都含有 2 种代价 $g(n)$ 和 $h(n)$。此处实际代价 $g(n)$ 的定义可设置为高度、坡度代价与地形特性的通行代价之和，启发式代价函数 $h(n)$ 也可设置为欧式距离代价与剩余路径地形特性的通行代价之和。图 4-31 所示为 Hybrid A*算法的具体流程。

通过前述运动学约束的路径规划算法得到路径点初始化结果，在此基础上可以对星球车移动轨迹进行优化（可采用离散优化的方式实现）。将地图分割为四叉树地图，则轨迹优化算法的关键在于将每个路径点所在的四叉树方格进行膨胀，在膨胀的方格内优化一条相连的曲线，其曲线方程为：

$$f(t) = \begin{cases} \sum_{j=0}^{N} a_{1j}\left(t-t_0\right)^j, & t_0 \leqslant t \leqslant t_1; \\ \sum_{j=0}^{N} a_{2j}\left(t-t_1\right)^j, & t_1 \leqslant t \leqslant t_2; \\ \cdots \\ \sum_{j=0}^{N} a_{Mj}\left(t-t_{M-1}\right)^j, & t_{M-1} \leqslant t \leqslant t_M \end{cases} \quad (4\text{-}64)$$

式中，M 表示路径点数目；N 表示曲线方程的最高阶数；$a_{1j}, a_{2j}, \cdots, a_{Mj}$ 表示曲线方程系数。轨迹优化的目标函数为式（4-65）。其中，$\boldsymbol{p}$ 为多项式系数向量；$\boldsymbol{H}$ 为 Hessian 矩阵；$\boldsymbol{A}_{eq}$ 为等式约束系数矩阵；$\boldsymbol{A}_{lq}$ 为不等式约束系数矩阵。等式和不等式约束分别表示硬约束和软约束，硬约束用于定义必须满足的条件，如不得经过障碍，软约束用于定义可优化的条件，如轨迹平滑等。

$$\min \boldsymbol{p}^{\mathrm{T}} \boldsymbol{H} \boldsymbol{p}$$
$$\text{s.t.} \quad \boldsymbol{A}_{eq}\,\boldsymbol{p} = \boldsymbol{b}_{eq};$$
$$\boldsymbol{A}_{lq}\,\boldsymbol{p} \leqslant \boldsymbol{b}_{eq}$$

(4-65)

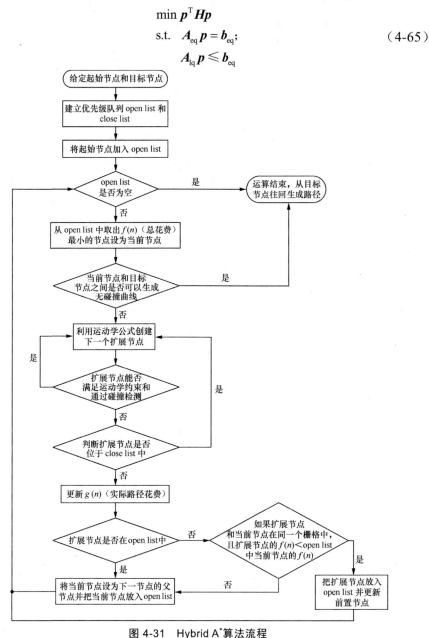

图 4-31　Hybrid A*算法流程

以图 4-32 所示的环境为例，不考虑远离障碍和轨迹平滑等约束，搜索得到的路径为红色路径，经过优化后可得到绿色的轨迹。由于绿色轨迹考虑了星球车行驶中与障碍的距离和轨迹平滑等因素，故在实际应用中能够更好地远离危险，并且在行驶过程中发生不确定性滑移时仍能确保星球车行驶的安全性。

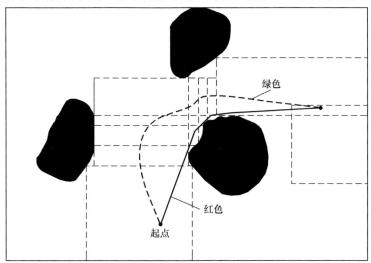

图 4-32 四叉树地图轨迹优化结果示例

4. 星球车手控驾驶系统

星球车手控驾驶系统是将地形建立、视觉定位与路径规划等遥操作感知规划功能和遥测、指令生成和遥控等辅助功能一起集成，形成的综合驾驶系统。地面操作员通过操控星球车手控驾驶系统能够高效快速地控制星球车在星表行驶，实现人在回路的天地一体化闭环驾驶控制。星球车手控驾驶系统在我国"嫦娥三号"任务论证时被提出，并在地面遥操作系统建设中形成雏形，是巡视探测任务地面遥操作的重要组成，期望能够通过手控驾驶系统将传统的多岗位联合工作的模式集成，建立高效的遥操作辅助驾驶的能力。下面对该系统介绍如下。

（1）星球车手控驾驶系统的组成

如图 4-33 所示，星球车手控驾驶系统由手控设备、主控计算机、遥操作计算机、仿真计算机、遥控软件、遥测软件等组成。系统能够通过主控计算机实现将硬件输出转换为所需的各类参数，并生成控制序列，对星球车进行控制。主控计算机同时能够显示车体的运动状态、巡视路径、三维地形信息以及可通行区域。

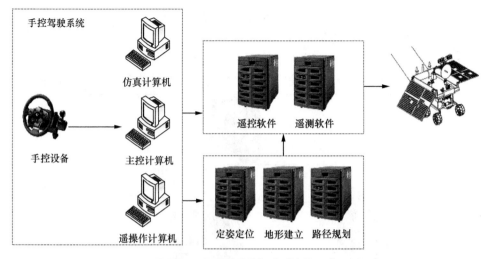

图 4-33　星球车手控驾驶系统的组成

（2）星球车手控驾驶系统的功能

星球车手控驾驶系统的功能包括手控设备输出数据预处理、移动控制参数计算、轮系控制参数计算、数据仿真、移动路径生成及拟合、移动控制序列生成、驾驶员视景仿真、安全控制等，如图 4-34 所示。

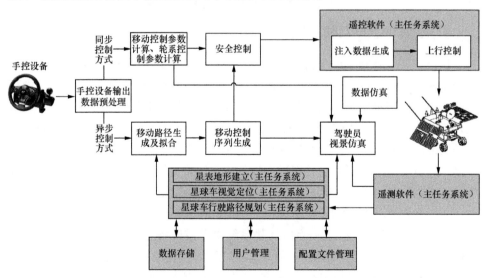

图 4-34　星球车手控驾驶系统的功能

① 手控设备输出数据预处理功能：能够对手控设备输出数据进行合法性判断、剔除野值、零值判断等工作；能够对方向盘转角和转向输出值进行采样，平滑手控时的数据波动；能够进行数据格式转换，将方向盘转角转换为行驶曲

率和转动角度；在同步控制方式中，星球车的当前状态判断是否响应下一步手控设备输出，并给出提示。

② 移动控制参数计算功能：能够根据手控设备输出值计算移动曲率、里程、移动时间等注入数据所需的参数，输出到控制软件。

③ 轮系控制参数计算功能：能够根据移动路径生成及拟合软件输出的路径曲率及原地转弯角度，计算生成各移动轮和转向轮的控制参数，包括移动时间、各轮的转角和速度等。

④ 数据仿真功能：能够对星球车运动过程进行仿真，输出星球车的位置和姿态。

⑤ 移动路径生成及拟合功能：能够读取手控设备输出的数据（方向盘转动、手柄动作、速度设置等），生成、显示星球车的移动路径；能够对移动路径进行分段拟合，并对危险区域进行有效预警。

⑥ 移动控制序列生成功能：能够根据拟合巡视路径及控制参数，并按相应时序、控制间隔生成控制序列以及进行控制序列的合理性检查。

⑦ 驾驶员视景仿真功能：能够显示星球车周边环境、环境代价图、可达区域以及行驶路径等场景信息；能够显示星球车移动速度、曲率、移动时间、移动里程、原地转弯角度等星球车运动状态信息。

⑧ 安全控制功能：能够根据预装的环境代价图预判可达性，并进行预警提示；能够根据星球车下传的位姿信息、驱动轮相关参数监视移动状态，并对相关危险进行预警提示。

（3）星球车手控驾驶系统的控制模式

星球车手控驾驶系统控制模式可以分为异步控制模式和同步控制模式 2种。异步控制模式是指在操作员在完成的一系列控制动作完成之后才开始星球车的移动，同步控制模式则是指操作员完成一步控制动作之后星球车立即开始移动。2种控制模式具体介绍如下。

① 异步控制模式是指手控驾驶系统控制模拟器在虚拟星表上行走一段里程后，根据路径分段拟合，生成控制序列，完成星球车的移动。这个过程是通过操作员操作方向盘、手柄和按键完成的。此时，模拟器所在的三维场景与当前星球车所在的环境一致。首先，模拟器实时响应手控设备的动作，同时，操作员可在主控计算机监视屏上实时观察模拟器的移动情况及周边环境；然后，主控计算机记录模拟器的行走路线，拟合为路径，再分解成按曲率行走和原地转弯的注入数据控制参数，生成控制序列，对星球车实施控制，使星球车按模拟器在三维场景上移动的路径在真实星表上移动。异步控制模式控制流程如图4-35所示。

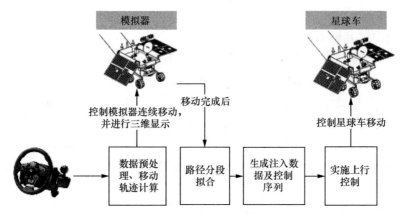

图 4-35　异步控制模式

异步控制模式可以看作是感知、规划与驾驶控制的分步实施，需要预先做好规划和验证后再通过手控驾驶实施控制。在该控制模式下，操作员要一次性完成多个操作步骤，并且需要对多步操作后星球车的状态是否安全有准确的判断，并能够根据状态判断做出正确应对和处置，这对操作员的驾驶水平提出了很高的要求。

②　同步控制模式是指操作员操纵手控设备完成星球车单步移动的动作设置（如沿曲率行走、原地转弯等）之后，根据手控设备输出值，立即生成相应控制指令和注入数据，并向星球车实施注入，控制星球车完成移动。控制流程如图 4-36 所示。该模式可以看作是操作员根据环境地形开展的实时性手控驾驶，驾驶过程较为灵活，也能够根据状态及时停止和转向，但受天地时延的影响，该模式有一定的风险性，因此该模式仅适用于时延较小的月球车驾驶，对大时延情况（如火星车驾驶）无法适用。

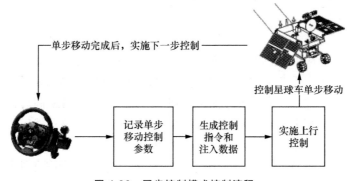

图 4-36　同步控制模式控制流程

|4.4　星球车巡视探测地面操控训练评估|

星球车巡视探测过程涉及星表地形建立、星球车视觉定位、星球车移动路径规划、星球车手控驾驶等环节。按照训练层次，星球车巡视探测的操控训练内容可分为认知训练、专项（环节）训练和综合协调训练。认知训练主要目的是了解星球车巡视探测流程和各个环节的关注点，理解核心算法的基本原理（主要为星表地形建立和光束平差法等）。综合协调训练是指同一参训人员与不同参训人员组队完成任务流程的协作能力，不仅要掌握好本岗位的操控流程，还需要与其他岗位进行协同工作的能力。认知训练和综合协调训练的评价规则在第2章已经提及，本节不再赘述。专项训练评价指标包括主观指标和客观指标。主观指标涉及基础理论掌握程度、操作熟悉程度、操作技巧等方面；客观指标又分为质量指标和风险指标，质量指标指可量化的操控精度参数，风险指标则指必须达到的操控结果。当每一个参训人员的各项操控能力进行量化评分后，训练评估系统可自动按照训练模式组织参训人员进行训练。下面仅针对星表地形建立、星球车视觉定位、星球车移动路径规划和星球车手控驾驶4个专项涉及的客观指标进行介绍。

4.4.1　星表地形建立客观指标设计

星表地形建立功能主要完成图像预处理、核线校正、特征点提取与匹配和三维地形重建等内容。其中，预处理、核线校正和三维地形重建依赖于少量的参数，程序自动执行，操作员基本不需要交互。由于星表地形建立的精度直接与特征点提取与匹配的精度密切相关，故操作员必须保证有充分的、且匹配正确的特征点对，特征点对的增加和删除操作是最重要也是最耗时费力的环节，需要仔细设计客观评价指标，以量化操控水平。

（1）图像中存在一些无效区域不能反映地形的纹理信息，例如，太阳能帆板或者活动机构等的遮挡造成的阴影区域、图像过曝或者光线不足导致的全白或全黑的区域。这些无效区域必须在星表地形建立前排除，不然会严重影响星表地形建立的精度。因此，一方面可以将无效区域的剔除数量作为风险指标，另一方面可以将无效区域的剔除率即剔除区域与无效区域交集和无效区域的面积比作为质量指标。当剔除个数接近无效区域总数而满足无风险时，可用剔除率来衡量操控的精准度。

（2）自动特征提取与匹配算法得到的特征点对较为稀疏，生成的地形产品无法满足要求，需要人工添加匹配的特征点对。操作员只能通过仔细观察图像的局部纹理信息，在相邻位置寻找形状、颜色和明暗变化等都相似的特征点对。在工程任务中，特征点对数量要满足一定要求，操作时间也不能太长，故可以将特征点对数量和交互时间作为质量指标。

（3）图像纹理缺失或目标周围相似特征的干扰都可能导致自动匹配算法得到的特征点对中包含一定数量的错配点对，直接利用这些特征点对进行三维地形重建计算，会影响地形局部精度，故需要对自动匹配的结果进行人工剔除。因此可以将地形局部精度作为质量指标，如巡视路径附近的精度。另外，整个地形的精度也可以作为质量指标。

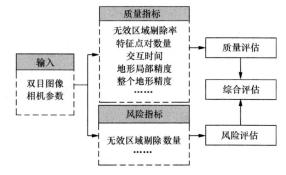

图 4-37　星表地形建立客观指标设计

星表地形建立客观指标设计如图 4-37 所示。

4.4.2　星球车视觉定位客观指标设计

星球车视觉定位功能主要包括前后站图像选择、前后站图像特征提取与匹配、前方交会、基于光束法平差的星球车位置计算等。由于前方交会和基于光束法平差的星球车位置计算不需要操作员交互，故主要围绕前后站图像选择和前后站图像特征提取与匹配来讨论客观评价指标。

（1）前后站图像选择主要是利用星球车和相机的位姿从前后站的序列图像中选择具有最大重叠区的一组图像（通常会有几组能够满足重叠需求）。但是如果选择的图像不属于可行的这几组，则定位精度将极有可能不满足巡视定位要求，导致巡视任务存在隐患。因此，可以以最大重叠区作为风险指标。

（2）前后站图像和双目图像的特征提取与匹配是为了寻找前后位置、左右目图像中的同名特征点的位置和匹配关系，是光束法平差模型的重要输入，与定位精度密切相关。与星表地形建立类似，可以将无效区域剔除率、特征点对数量、交互时间和定位精度作为质量指标，无效区域剔除数量作为风险指标。

星球车视觉定位客观指标设计如图 4-38 所示。

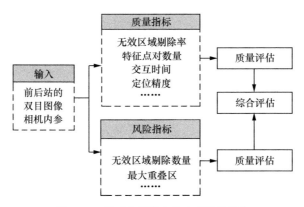

图 4-38　星球车视觉定位客观指标设计

4.4.3　星球车移动路径规划客观指标设计

星球车路径规划以环境代价图的构建为基础进行移动路径搜索。其中，移动路径搜索自动进行，不需要人工交互。环境代价图构建依赖一些参数，如坡度坡向的邻域大小。当搜索得到的路径存在风险时，可调这些参数，迭代进行环境代价图构建和移动路径搜索，最终生成控制参数。路径长度、环境代价和行驶时间可作为质量指标，路径沿途的障碍物距离和障碍物数量可作为风险指标，如图 4-39 所示。

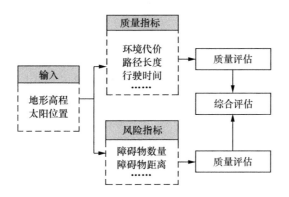

图 4-39　星球车移动路径规划客观指标设计

4.4.4　星球车手控驾驶客观指标设计

星球车手控驾驶系统将方向盘转角转换为行驶曲率和转动角度，生成各移动轮和转向轮的控制参数（包括各轮的转角和速度等），驱动星球车行进。

在路径引导模式下，如果星球车完全沿着预先规划的路径巡视，则说明驾驶员具有高超的驾驶技能，星球车发生事故的风险较低，故可以将星球车行驶路径差异作为质量指标。同一段路径的行驶时间，也可以作为质量指标，因为它能够反映驾驶员的熟练程度。在自由行驶模式下，驾驶员根据现场图像逐步从一个位置移动到另外一个位置，故可将行驶路径附近出现的障碍物数量作为风险指标，将路径长度作为质量指标，如图 4-40 所示。

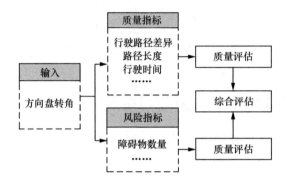

图 4-40　星球车手控驾驶客观指标设计

｜参考文献｜

[1]　王保丰，刘传凯. 月球车遥操作中的计算机视觉技术[M]. 北京：国防工业出版社，2016.

[2]　吴伟仁，李海涛，李赞，等. 中国深空测控网现状与展望[J]. 中国科学：信息科学，2020, 50(01):87-108.

[3]　岳宗玉，邸凯昌. 好奇号巡视器及其特点分析[J]. 航天器工程，2012, 21(5): 110-116.

[4]　LOWE D G. Object recognition from local scale-invariant features[C]//7th IEEE International Conference on Computer Vision. Piscataway, USA: IEEE, 1999, 2:1150-1157.

[5]　LOWE D G. Distinctive image features from scale-invariant keypoints[J]. International Journal of Computer Vision, 2004, 60(2): 91-110.

[6]　ZHOU Z L, WANG Y L, WU Q M J, et al. Effective and efficient global context

verification for image copy detection[J]. IEEE Transactions on Information Forensics and Security, 2016, 12(1):48-63.

[7] MORTENSEN E N, DENG H, SHAPIRO L. A SIFT descriptor with global context[C]// 2005 IEEE Computer Society Conference on Computer Vision and Pattern Recognition. Piscataway, USA: IEEE, 2005, 1:184-190.

[8] 李立春, 邱志强, 王鲲鹏, 等. 基于匹配测度加权求解基础矩阵的三维重建算法[J]. 计算机应用, 2007, 27(10):2530-2533.

[9] BESL P J, MCKAY N D. Method for registration of 3-D shapes[C]//Sensor Fusion IV: Control Paradigms and Data Structures.Bellingham, WA：SPIE, 1992, 1611:586-606.

[10] OPPENHEIMER P E. Real time design and animation of fractal plants and trees[J]. ACM SIGGRAPH Computer Graphics, 1986, 20(4):55-64.

[11] HART J C, LESCINSKY G W, SANDIN D J, et al. Scientific and artistic investigation of multi-dimensional fractals on the AT&T pixel machine[J]. The Visual Computer, 1993, 9(7):346-355.

[12] GERVAUTZ M, TRAXLER C. Representation and realistic rendering of natural phenomena with cyclic CSG graphs[J]. The Visual Computer, 1996, 12(2):62-74.

[13] MUSGRAVE F K, KOLB C E, MACE R S. The synthesis and rendering of eroded fractal terrains[J]. ACM SIGGRAPH Computer Graphics, 1989, 23(3):41-50.

[14] MILLER G S P. The definition and rendering of terrain maps[C]//13th Annual Conference on Computer Graphics and Interactive Techniques. 1986:39-48.

[15] FOURNIER A, FUSSELL D, CARPENTER L. Computer rendering of stochastic models[J]. Communications of the ACM, 1982, 25(6):371-384.

[16] PIKE R J. Depth/diameter relations of fresh lunar craters: revision from spacecraft data[J]. Geophysical Research Letters, 1974, 1(7):291-294.

[17] KEYS R G. Cubic convolution interpolation for digital image processing [J]. IEEE Transactions on Acoustics, Speech, and Signal Processing, 1981, 29(6):1153-1160.

[18] REZ P, GANGNET M, BLAKE A. Poisson image editing [J]. Acm Transactions on Graphics, 2003, 22(3):313-318.

[19] YOSHIDA K, NENCHEV D, ISHIGAMI G, et al. Space robotics[M]. Berlin: Springer, 2014.

[20] LIU C, WANG B, JINGSONG S, et al. A positioning method of chang'e-3 rover in large-span states based on cylindrical projection of images[C]//11th World Congress on Intelligent Control and Automation. Piscataway，USA：IEEE, 2014: 2475-2480.

[21] SONKA M, HLAVAC V, BOYLE R. Image processing, analysis, and machine

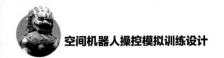

vision[M].4th ed. Boston: Cengage Learning, 2014.

[22] 高翔, 张涛. 视觉 SLAM 十四讲:从理论到实践[M]. 北京: 电子工业出版社, 2017.

[23] OLIVER M A, WEBSTER R. Kriging: a method of interpolation for geographical information systems[J]. International Journal of Geographical Information Systems, 1990, 4(3):313-332.

[24] LIU C, WANG B, YANG X, et al. Introducing projective transformations into lunar image correspondence for positioning large distance rover[C]// 12th World Congress on Intelligent Control and Automation (WCICA). Piscataway, USA: IEEE, 2016:1206-1211.

[25] DOLGOV D, THRUN S, MONTEMERLO M, et al. Practical search techniques in path planning for autonomous driving[J]. Ann Arbor, 2008, 1001(48105):18-80.

第 5 章

星表采样机器人操控模拟训练设计

采样机器人是完成星表土壤采样任务不可缺少的关键设备。随着月球探测和火星探测任务的执行，特别是未来月球或者火星基地的建设，采样机器人的应用范围将越来越广泛，在空间探测中发挥的作用也会越来越明显。任务的高频次执行必将深化采样机器人的应用，地面模拟训练的需求也会越来越多。本章首先概括性介绍采样机器人的特点、类别及应用场景，在此基础上提出采样机器人操控训练系统的体系框架；围绕体系框架，详细介绍采样过程需要模拟的主要内容、地面训练过程设计和训练评估方法设计方面的知识。

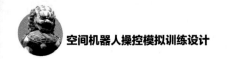
|5.1 概述|

　　深空探测是人类对月球及更远的天体或空间环境开展的探测活动，是人类航天活动的重要方向和空间科学与技术创新的重要途径，也是当前和未来航天领域的发展重点之一。目前的深空探测任务主要包括对月球、火星、木星、土星及众多小行星的探测活动与规划。我国在深空探测领域的规划是以月球探测为基础，逐步拓展到火星及更远的深空。目前，我国按照探月工程"绕、落、回"三步走战略，已经完成了月球表面采样返回任务。同时探月四期以人类首次月球背面软着陆开启，极地采样、巡视采样和月球基地建设等规划布局也在有序推进。另外，2020 年我国还首次进行了自主火星探测任务，本次任务要一次性实现"绕、着、巡"工作，之后还会进行木星和小行星探测。因此，星表采样将是我国深空探测发展的重点方向。

　　星表采样过程面临任务流程复杂、技术难度大、大时延且地面支持频繁等众多挑战，因此迫切需要设计和打造一套星表采样过程操控模拟训练系统，以实现对操作员进行贴近实战的模拟训练，使其预先熟悉操控流程和岗位职能，熟练应对各种复杂工况，确保遥操作工作无差错。

　　鉴于此，本节设计了一种星表采样过程操控模拟训练系统的整体框架，主要包括星表采样过程模拟系统、采样机器人地面操控训练系统和采样机器人操控训练管理与评估系统 3 个部分，如图 5-1 所示。星表采样过程模拟系统利用数字或者半实物的方法模拟星表空间环境和采样机器人的采样过程。基于采样机器人地面操控训练系统，操作员通过遥测数据、图像等信息感知采样机器人的任务状态，做出规划和决策，并通过遥控指令控制采样机器人准确执行任务。采样机器人操控训练管理与评估系统对操作员的操控水平进行评价，并对人员和任务进行管理。

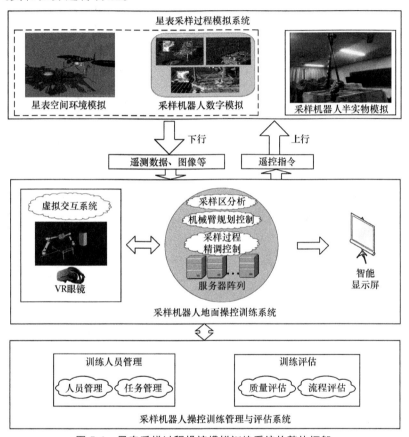

图 5-1　星表采样过程操控模拟训练系统的整体框架

|5.2　星表采样过程模拟|

本节对星表采样过程进行系统性介绍。首先介绍星表采样过程的数字模拟方法，包括星表空间环境模拟、采样机器人数字模拟等；然后介绍采样机器人半实物模拟方法。

5.2.1 星表采样过程概述

采样机器人在地外星表采样的全流程，包含了发射、着陆、采样及返回等阶段。其中，着陆后的采样阶段是采样机器人遥操作的关键阶段，该阶段可进一步划分为采样区分析、样品收集、放样、样品转移等环节，如图 5-2 所示。

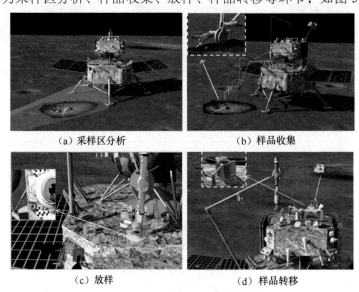

（a）采样区分析　　　　　　　（b）样品收集

（c）放样　　　　　　　（d）样品转移

图 5-2　星表采样阶段主要环节

（1）采样区分析

面对地形环境未知，采样对象不确定等问题，首先需要综合考虑采样区地形和采样机器人工况等复杂因素，对采样区的可采性程度进行评估，进而辅助地面操作员完成采样点的选取和定位。

（2）样品收集

确定采样点的位置后，采样机器人机械臂末端执行器按照规划方案运动至采样点的上方，然后从上方逐渐逼近采样点。对于大范围转移的路径采用关节空间规划，以避免对多个逆向动力学解进行筛选；对于小范围运动或者需要末端精细控制的路径采用笛卡儿空间规划。当末端执行器到达采样点后，打开铲挖勺，开始收集样品。

（3）放样

当样品收集完成后，需要将样品精准地放入着陆器中的样品容器里。由于采样机器人细长结构的机械臂具有柔性的特点，导致机械臂末端的实际抵达位置与预期位置存在一定偏差，因此需要多次控制机械臂才能最终达到目标位姿。从直觉上说，可以通过观察遥测图像的变化定性估计机械臂调整量，实现增量式控制，使得机械臂逐步逼近容器的罐口位置。相比之下，基于视觉原理从遥测图像中推断罐口与相机的相对位置的方法具有相对较高的定位精度，生成的调整量也更有效。

（4）样品转移

样品转移是将着陆器的样品容器转移至上升器的密封装置的过程。与放样类似，需要利用遥测图像推断密封装置罐口与机械臂末端执行器的相对位姿关系，进而设计精调控制量，控制机械臂到达目标位置。

为了实现上述 4 个环节的模拟，首先需要对星表空间环境进行模拟，尤其是对采样区土壤的模拟。其次是构建采样机器人的静态模型，进而根据运动学模拟采样的动态过程。最后是采样过程成像模拟（遥测光学图像是操作员感知地外场景的最重要数据源）。

5.2.2　星表空间环境模拟

星表空间环境包括地形、大气效应、沙尘效果、采样区土壤等。地形实物模拟请参考第 2 章，数字模拟方法请参考第 4 章。与前述章节不同，本章要求地形具有更高的精度。星表采样任务聚焦的是星表局部场景，对场景的逼真度具有更高的要求，因此本节新增了大气效应、沙尘效果和采样区土壤 3 类数字模拟对象，以实现对气候和地理条件更全面的物理仿真，呈现接近真实的星表空间环境。

1. 大气效应模拟

大气散射是由光线与空气中的灰尘和微粒相互作用引起的现象，在星球的自然现象中扮演着重要的角色，如地球的蓝色天空。大气散射现象提供了一种均匀的环境光源，对相机成像存在一定的影响，故需要对大气散射进行真实感模拟。

大气散射可分为 Rayleigh 散射和 Mie 散射[1-2]。通常半径小于波长十分之一的微粒发生的散射为 Rayleigh 散射，而由半径不小于波长的微粒引起的散射为 Mie 散射。以火星为例，其大气主要由 95%的二氧化碳、3%的氮气、1.6%的氩以及微量的氧气、水蒸气和甲烷组成。此外，由于火星沙尘暴的原因，火星周围有一层由棕褐色的氧化铁组成的沙尘薄雾，这种微粒能够有效地吸收蓝光，并散射其他波长的光，主要发生 Mie 散射，从而导致大气和微粒一样变成了粉红色。另外，火星的空气比较稀薄，故 Rayleigh 散射在火星大气中仅产生很小的影响。图 5-3 所示为在火星低轨道观察到的火星大气，这与地球观察到的还是存在较大的差异的。

图 5-3　在火星低轨道观察到的火星大气

如第 2 章所述，可以用散射模型进行大气效应模拟，而散射模型依赖于大气在垂直方向上的成分构成，故在模拟前必须对软件系统配置合适的散射模型参数，将大气成分映射为模型参数。月球表面的真空环境不具有大气效应，故可直接展示星空背景即可。

2. 沙尘效果模拟

火星基本上是沙漠行星，其地表沙丘、砾石遍布。火星表面的平均大气压大约为 700Pa 并随着地形高度的变化而变化，在盆地最深处的大气压可高达900Pa，而在奥林匹斯山脉顶端的大气压却只有 100Pa，但是它也足以支持偶尔整月席卷整颗行星的沙尘暴（见图 5-4）。

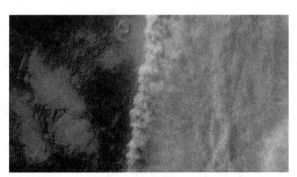

图 5-4　火星沙尘暴

火星的沙尘现象可以通过粒子系统进行模拟[3-4]。粒子系统常用来模拟一些特定的模糊现象，如火、烟、水流、云、雾、雪、沙尘等。粒子系统根据生成速度以及更新间隔计算新粒子的数量，每个粒子根据发射器的位置及给定的生成区域在特定的三维空间位置生成，并且根据发射器的参数初始化每个粒子的速度、颜色、生命周期等参数，然后检查每个粒子是否已经超出了生命周期，一旦超出就将这些粒子剔出模拟过程，否则就根据物理模拟更改粒子的位置与特性。

沙尘的强弱会影响光照效果，进而影响相机成像的清晰度。通过仿真不同强度的沙尘现象有利于增强地面遥操作训练系统的应急处理能力以及验证成像分析和视觉引导功能的稳定性和可靠性。

3. 采样区土壤模拟

无论是月球表面还是火星表面，土壤的结构特征决定了其主要的物理性质，并影响采样器与土壤的交互过程，开展土壤的结构建模对于采样器的设计和对采样过程进行定性定量分析都具有重要意义。

土壤是一种非均质、分散和多孔的复杂系统，从土壤固体颗粒间的微观相互作用入手来认识土壤结构有助于准确地对土壤进行建模。因为表征土壤结构状况的关键参量，如土壤粒径分布、孔隙度和孔隙连通状况都表现出分形特征[5-6]，所以分形理论一直是研究土壤结构的重要方法。这种方法的基本原理是假定土壤颗粒的构成和分布具有分形特征，通过粒子系统对土壤进行建模，模拟土壤粒子的无规则运动过程，并将最后形成的稳态结构作为土壤的三维结构[7]。具体上讲，就是针对不同的星表区域，以基于统计数据或者局部光学图像选定和设置几种土壤粒子的基本形状，将土壤容重和比重等参数转化为粒子数量并进行相应的初始化，利用特定的运动学方程和碰撞处理方法模拟粒子的运动过程，待粒子运动进入平衡态后，暂停粒子运动就可获得土壤的三维结构，如图 5-5 所示。

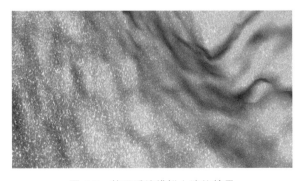

图 5-5　粒子系统模拟土壤的效果

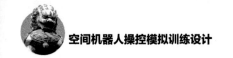

相比于 2.5D 的高程模型，基于粒子系统的土壤的三维结构会占用更多的存储空间和计算资源，对整个训练系统的性能和稳定性可能会产生一定的负面影响，故建议在局部采样区域用粒子系统，而在其他采样区域以面片的三维模型表示，只要能够确保在面片与粒子系统的交界处满足视觉自然平滑过渡即可。

5.2.3 采样机器人数字模拟

采样机器人的主要功能包括成像感知、机械臂运动和采样器采样等。其中，成像感知和机械臂运动是采样机器人最重要的功能，是星表采样机器人训练系统最需要关注的部分。另外，采样器执行采样过程的模拟对理解任务全过程同样具有重要的作用，下面也将进行详细介绍。

1. 机械臂运动模拟

首先介绍采样机器人模型构建方法，然后介绍基于正向运动学的采样机器人运动模拟方法。

（1）采样机器人模型构建

采样机器人的三维建模既要考虑到模型的精度，也要顾及模型制作的时效成本和存储容量。太复杂的精细模型导入模拟系统后会占据较大的内存和显存空间，不利于系统的稳定性。反之，太粗糙的模型又不利于后续任务执行，比如当需要精确判定位于机械臂末端的采样器与地形是否发生碰撞时。因此必须对重点部件进行精细建模，对不重要的部件可以减少面片数量，通过纹理来弥补视觉效果。

采样机器人模型构建的基本流程分为 2 个步骤：①利用 CAD 或者 3ds Max 软件构造图 5-6（a）～图 5-6（d）所示采样机器人的各个关节部件，并建立各关节的父子层次关系，且保证机械臂结构符合预设的 D-H 参数，然后根据现场照片为模型赋予材质、纹理和贴图，增强视觉逼真度，生成采样机器人静态模型［见图 5-6（e）］；②在模拟软件中导入采样机器人模型，在内存中建立模型的层次组织，并为各节点设定与关节角度关联的旋转变换。随着关节角度发生变换，机械臂构型会发生改变，模拟软件就渲染出机械臂的运动过程。

（2）采样机器人运动模拟

采样机器人运动学正问题是机械臂关节空间到末端操作空间的映射问题，对映射关系的求解被称为采样机器人的运动学正解，在已知采样机器人关节角和机械臂基座位姿时，可求得采样机器人末端执行器的位姿。除了末端的位姿，运动模拟还需要计算各个关节的固连局部坐标系相对于全局坐标系的变换。

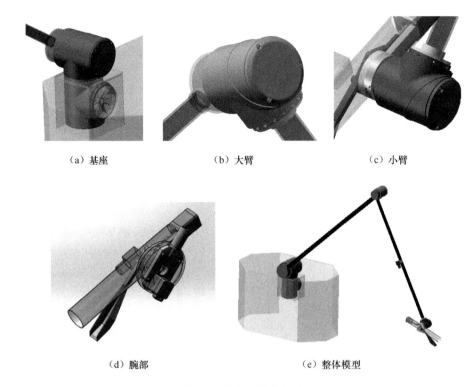

（a）基座　　　　　　　（b）大臂　　　　　　　（c）小臂

（d）腕部　　　　　　　　　　　（e）整体模型

图 5-6　采样机器人模型

　　本章将以"嫦娥五号"月球车四自由度机械臂为例讨论相关内容，该机械臂具有 1 个偏航关节（关节角为 θ_1）和 3 个俯仰关节（关节角分别为 θ_2、θ_3 和 θ_4）。各关节的运动范围为：$\theta_1 \in \left[-180°,180° \right]$，$\theta_2 \in \left[-135°,90° \right]$ $\theta_3 \in \left[-180°,180° \right]$，$\theta_4 \in \left[-180°,180° \right]$，且关节 1、关节 3 和关节 4 不能跨越 180° 或 –180° 角位置，具体构型如图 5-7 所示。

　　$O_0 x_0 y_0 z_0$ 为基座坐标系，基座坐标系首先沿着 z_0 方向平移 d_1 得到中间坐标系 $O_0' x_0' y_0' z_0'$，然后 $O_0' x_0' y_0' z_0'$ 绕 z_0' 轴旋转 θ_1 得到固连于连杆 1 的坐标系 $O_1 x_1 y_1 z_1$，因此 $O_1 x_1 y_1 z_1$ 相对于 $O_0 x_0 y_0 z_0$ 的变换矩阵为平移和旋转矩阵乘积 $\boldsymbol{M}_0^1$：

$$\boldsymbol{M}_0^1 = \begin{bmatrix} 1 & 0 & 0 & 0 \\ 0 & 1 & 0 & 0 \\ 0 & 0 & 1 & d_1 \\ 0 & 0 & 0 & 1 \end{bmatrix} \begin{bmatrix} c_1 & -s_1 & 0 & 0 \\ s_1 & c_1 & 0 & 0 \\ 0 & 0 & 1 & 0 \\ 0 & 0 & 0 & 1 \end{bmatrix} = \begin{bmatrix} c_1 & -s_1 & 0 & 0 \\ s_1 & c_1 & 0 & 0 \\ 0 & 0 & 1 & d_1 \\ 0 & 0 & 0 & 1 \end{bmatrix} \tag{5-1}$$

式（5-1）中 s_1 和 c_1 分别代表关节 1 的转动角度 θ_1 的正弦和余弦值，后续公式中正弦和余弦符号同此。M_0^1 将坐标系 $O_0x_0y_0z_0$ 的坐标变换到坐标系 $O_1x_1y_1z_1$ 的坐标。

固连于连杆 2 的坐标系 $O_2x_2y_2z_2$ 可通过对连杆坐标系 $O_1x_1y_1z_1$ 进行 3 次简单变换得到，即 $O_1x_1y_1z_1$ 绕 x_1 轴旋转 $-90°$ 得到中间坐标系 $O_1'x_1'y_1'z_1'$，$O_1'x_1'y_1'z_1'$ 沿 z_1' 轴平移 $-d_2$ 得到中间坐标系 $O_2'x_2'y_2'z_2'$，$O_2'x_2'y_2'z_2'$ 绕 z_2' 轴旋转 θ_2 得到 $O_2x_2y_2z_2$，因此 $O_2x_2y_2z_2$ 相对于 $O_1x_1y_1z_1$ 的变换矩阵 M_1^2 为 3 个简单矩阵的乘积：

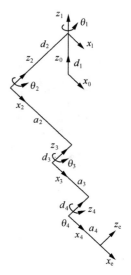

图 5-7　"嫦娥五号"月球车机械臂构型

$$M_1^2 = \begin{bmatrix} 1 & 0 & 0 & 0 \\ 0 & \cos(-90°) & -\sin(-90°) & 0 \\ 0 & \sin(-90°) & \cos(-90°) & 0 \\ 0 & 0 & 0 & 1 \end{bmatrix} \begin{bmatrix} 1 & 0 & 0 & 0 \\ 0 & 1 & 0 & -d_2 \\ 0 & 0 & 1 & 0 \\ 0 & 0 & 0 & 1 \end{bmatrix} \begin{bmatrix} c_2 & -s_2 & 0 & 0 \\ s_2 & c_2 & 0 & 0 \\ 0 & 0 & 1 & 0 \\ 0 & 0 & 0 & 1 \end{bmatrix}$$

$$= \begin{bmatrix} c_2 & -s_2 & 0 & 0 \\ 0 & 0 & 1 & -d_2 \\ -s_2 & -c_2 & 0 & 0 \\ 0 & 0 & 0 & 1 \end{bmatrix} \tag{5-2}$$

类似地，固连于连杆 3 的坐标系 $O_3x_3y_3z_3$ 相对于连杆坐标系 $O_2x_2y_2z_2$ 的变换矩阵为：

$$M_2^3 = \begin{bmatrix} c_3 & -s_3 & 0 & a_2 \\ s_3 & c_3 & 0 & 0 \\ 0 & 0 & 1 & -d_3 \\ 0 & 0 & 0 & 1 \end{bmatrix} \tag{5-3}$$

固连于连杆 4 的坐标系 $O_4x_4y_4z_4$ 相对于连杆坐标系 $O_3x_3y_3z_3$ 的变换矩阵为：

$$M_3^4 = \begin{bmatrix} c_4 & -s_4 & 0 & a_3 \\ s_4 & c_4 & 0 & 0 \\ 0 & 0 & 1 & -d_4 \\ 0 & 0 & 0 & 1 \end{bmatrix} \tag{5-4}$$

末端执行器（工具端）坐标系 $O_e x_e y_e z_e$ 相对于连杆坐标系 $O_4 x_4 y_4 z_4$ 的变换阵为：

$$M_4^e = \begin{bmatrix} 1 & 0 & 0 & a_4 \\ 0 & 1 & 0 & 0 \\ 0 & 0 & 1 & 0 \\ 0 & 0 & 0 & 1 \end{bmatrix} \qquad (5\text{-}5)$$

式中，a_4 是采样器长度。

逐步复合由以上位姿矩阵可得到任意连杆坐标系相对于基座坐标系的变换矩阵，即 $M_0^2 = M_0^1 M_1^2$，$M_0^3 = M_0^1 M_1^2 M_2^3$，$M_0^4 = M_0^1 M_1^2 M_2^3 M_3^4$。特别地，末端执行器坐标系相对于基座坐标系的变换矩阵为：

$$M_0^e = M_0^1 M_1^2 M_2^3 M_3^4 M_4^e$$
$$= \begin{bmatrix} c_1 c_{2+3+4} & -c_1 s_{2+3+4} & -s_1 & s_1(d_2 + d_3 + d_4) + c_1(a_2 c_2 + a_3 c_{2+3} + a_4 c_{2+3+4}) \\ s_1 c_{2+3+4} & -s_1 s_{2+3+4} & c_1 & -c_1(d_2 + d_3 + d_4) + s_1(a_2 c_2 + a_3 c_{2+3} + a_4 c_{2+3+4}) \\ -s_{2+3+4} & -c_{2+3+4} & 0 & d_1 - a_2 s_2 - a_3 s_{2+3} - a_4 s_{2+3+4} \\ 0 & 0 & 0 & 1 \end{bmatrix} \quad (5\text{-}6)$$

2. 采样器采样过程模拟

采样器采样过程模拟包括样品铲挖过程模拟（包括表取采样和钻取采样）、放样和样品转移过程模拟。

（1）样品铲挖过程模拟

当地形和采样机器人的三维模型都具备时，采样过程是指采样机器人机械臂末端运动到特定位置以及采样器与土壤进行交互的过程。采样器与土壤的交互过程是指土壤如何从星表转移到采样器容器的过程。土壤转移意味着土壤粒子系统的拓扑结构发生了改变。在这种情况下，采样器与土壤接触面的应力应变分析相对复杂，对两者的物理交互过程进行精确模拟是很困难的，因此在训练任务中建议采用基于几何的方式近似模拟交互过程，下面分别针对表取采样和钻取采样进行模拟算法设计。

表取采样一般是指在土壤表层进行铲挖式的采样过程，当勺状采样器从土壤表层扫过时，被采集的土壤样品汇集到采样器铲勺里，这种样品主要用于分析土壤的表层结构，如图 5-8 所示。一次样品收集通常能够在较短时间（T）内完成，并可以忽略中间采样状态，只关注采集后的总样品。由于不考虑分层结构，总样品可以按照随机方式进入铲勺里，但放入过程仍需满足粒子系统的运动规则。假定勺状采样器在 t 时刻的内侧曲面为 $S(t)$，采样局部区域的土壤粒子系统占据的体空间为 $V_{terrian}$，则总样品相应的粒子系统 $V_{collect}$ 可定义为采样器

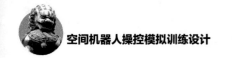
在 $[0,T]$ 内扫过的总空间与地形土壤粒子系统的交集：

$$V_{collect} = (\bigcup_{t \in [0,T]} S(t)) \bigcap V_{terrain} \tag{5-7}$$

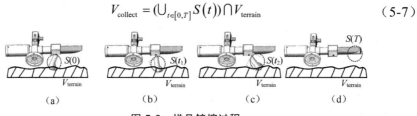

图 5-8　样品铲挖过程

钻取采样是在地形垂直剖面上进行土壤样品的收集，采集的样品主要用于分析土壤的分层结构。"嫦娥五号"任务的钻取采样器为嵌入式圆柱形结构的细长布袋，下端开口。在钻取过程中，土壤样品逐渐从开口处压入布袋。钻取结束后，布袋下端封口，转移机构直接将布袋经过缠绕后放入密封罐。为了简化模拟过程，假定钻取采样器为圆柱形，且钻取过程中采样区域逐渐形成越来越深的圆柱形空洞，因此样品收集过程就是如何将圆柱形区域的土壤按顺序逐层压入到钻头容器的过程。首先将圆柱形土壤区域按照从地表到钻头前端位置分为 N 个层次（见图 5-9），第 1 层为最早收集的土壤，应该最先压入钻取采样器里。放置时，第 1 层土壤进入钻取采样器的过程满足粒子系统的运动力学。这里，运动力学需要考虑推力、重力、碰撞力和阻尼系数等。随后待第 1 层粒子系统稳定后，可以压入第 2 层，继续进行直到第 N 层土壤完全进入钻取采样器。可以看出，上述过程能够近似保持星表土壤的分层结构。

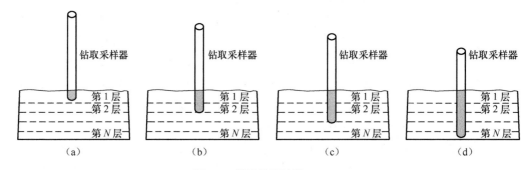

图 5-9　样品钻取过程

（2）放样和样品转移过程模拟

表取采样的放样过程就是将铲勺里的样品转移到位于着陆器的初级密封罐的过程。首先将采样器由水平方向［见图 5-8（d）］旋转至垂直向下的方向，随机械臂运动到初级密封罐灌口正上方的特定位置后打开铲挖勺，在重力的作用下样品从铲挖勺的开口处滑落至罐内［图 5-10（a）］。从开口处下落至灌内的过程可采用粒子系统的运动规则进行模拟。

表取采样的样品转移是初级密封罐从着陆器转移到位于上升器的密封罐的过程［见图 5-10（b）］，而钻取采样的放样过程则是将绕着细长样品布袋的圆柱直接放入密封罐的过程［图 5-10（c）］。这 2 个模拟过程在算法设计上是一致的，都是要解决如何将圆柱状物体放入大圆柱容器的问题。需要仿真 2 个方面的内容：一方面是小圆柱从起点跟随机械臂运动到大圆柱容器正上方的过程，其速度和机械臂末端一致，属于刚体运动；另一方面是小圆柱下落过程，属于重力驱动下的自由落体过程，仍然是刚体运动，但速度由重力加速度和下落时间决定。

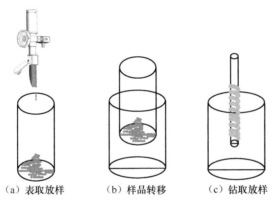

（a）表取放样　　　　（b）样品转移　　　　（c）钻取放样

图 5-10　放样和样品转移过程

3.　采样过程成像模拟

采样过程成像模拟就是模拟采样机器人的相机拍照过程，即根据机械臂的构型和相机的安装参数，计算相机在空间中的外方位参数（位置与姿态），并结合相机内参数与外方位参数生成带畸变的仿真图像。本节主要讨论相机外参数即相机相对于基座坐标系的位姿矩阵的计算问题，成像的其他因素请参考第 3 章。

为了有效实施任务，采样机器人一般携带多个相机，地面操作员正是利用这些位于不同位置的相机图像来对现场工况进行分析。根据采样过程中位置是否固定，可将相机分为 2 类：第 1 类是安装在机械臂基座（着陆器）上的相机，这类相机在任务实施过程中保持静止，用于分析全局的工况；第 2 类是安装在机械臂连杆上或者采样器末端的相机，这类相机随机械臂运动而运动，其外参数发生变化，图像也会相应发生变化，主要用于局部工况分析。

在图 5-11 中，相机 c1 安装在着陆器的侧面，属于第 1 类；相机 c2 安装连杆 3 的中间位置，属于第 2 类。相机 c1 的外参数矩阵 $\boldsymbol{M}_0^{c1}$ 在任务实施前利用相机标定算法可以获取。相机 c2 的外参数矩阵 $\boldsymbol{M}_0^{c2}$ 与 c2 坐标系与连杆 3 坐标系的变换矩阵 $\boldsymbol{M}_3^{c2}$ 和连杆 3 坐标系与基座坐标系的变换矩阵 $\boldsymbol{M}_0^3$ 有关，因此：

$$\boldsymbol{M}_0^{c2} = \boldsymbol{M}_0^3 \boldsymbol{M}_3^{c2} \tag{5-8}$$

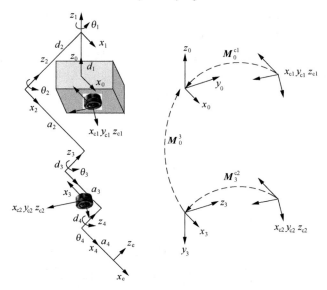

图 5-11　采样机器人相机外参数计算

在式（5-8）中，由于相机固定安装，位姿 $\boldsymbol{M}_3^{c2}$ 保持不变，故可预先标定。相机的外参数计算问题本质上仍然是机械臂连杆坐标系与基座坐标系的变换矩阵计算问题。对于安装在其他连杆位置或者采样器末端的相机，其外参数计算过程也是类似的，不再赘述。

当相机在基座坐标系的外参数和内参数已知，采样机器人各个部件实时转换到基座坐标系时，可采用第 3 章的方法对场景进行渲染模拟成像效果。与星球车不同，采样任务的操控过程要求达到毫米级误差水平，对图像的逼真度提出了更高的要求，这时可借助主流游戏引擎（如 Unity 3D 和 Unreal）提供的绘制算法渲染出高逼真的图像。

5.2.4　采样机器人半实物模拟

采样机器人真实工作的微重力状态在地面很难实现，因此在地面模拟采样工作面临着重力环境下的种种挑战。其机械臂本体必须克服由自身重力带来的在速度、加速度、位置和力矩等控制精度方面的复杂影响，以保证表取采样工作的顺利进行。作为以训练为目的的采样机器人，使用频次较高，可以用较低成本的机械臂来代替采样器，这样既降低成本又能保证训练效果，但需要保证机械臂与采样器具有相同的拓扑构型和形状参数，以及相同的通信接口。

采样机器人被设计成四自由度的串联结构，主要分为基座、大臂、小臂和采样器 4 个部分，整体安装在着陆器平台上，如图 5-12 所示。着陆器负责支撑机械臂所有转动构件、负载及驱动电机。着陆器稳固结实，具有较大的质量和较高的固有频率。大臂转速较高、载荷较大，为防止电机因弯矩过大受损，在电机和机械臂中间还加入滚珠轴承，使机械臂产生的大部分弯矩作用在轴承上而不是电机上，增加了电机的使用寿命。基座部分选用结构钢，大、小臂的主体结构为管状碳纤维，通过若干安装块将主体结构与电机相连。其中，大臂最底部的连接块是用来固定为大臂提供动力的电机，小臂最底部的一块连接板是用来固定为小臂提供动力的电机。腕部使用类似的安装块连接在小臂的另一端，采样器通过安装底座固定在机械臂的腕部。着陆器平台在上面和侧面各安装一个摄像头，小臂和采样器上也各安装有一个摄像头。

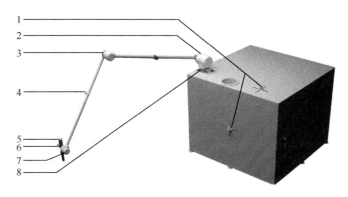

图 5-12　采样机械臂半实物模拟
1—着陆器摄像头；2—大臂电机；3—小臂电机；4—小臂摄像头；
5—采样器电机；6—采样器摄像头；7—腕部电机；8—基座电机

如图 5-13 所示，采样机器人机械臂、机械臂控制模块、测量信息采集模块和着陆器基座共同形成了半实物采样机器人。采样对象设计为细颗粒状的有机塑料材料，用以模拟月壤或火壤的形状，同时对机械臂本体和着陆器基座的材料和结构也可以起到保护作用，减少对机械部件的磨损和侵蚀。在机械臂的可达区域布置采样对象，并对理想的采样点进行十字标识。这样可以让参训人员对采样点的位置和形状等有直观的认识，通过系统的视频监控画面可以清晰地获得待采样位置信息，引导操作员按规划完成训练和考核任务。为了得到接近真实的成像效果，内部的光源系统需要准确模拟星表的特定光照环境。地面操控训练系统通过天线将机械臂控制指令发送到位于厂房的采样机器人，机械臂控制模块根据收到的指令驱动机械臂运动并进行采样。完成采样后，采样机器人将测量信息采集模块的状态信息（如关节力矩、角度和基座位姿）和图像发送至地面操控系统。

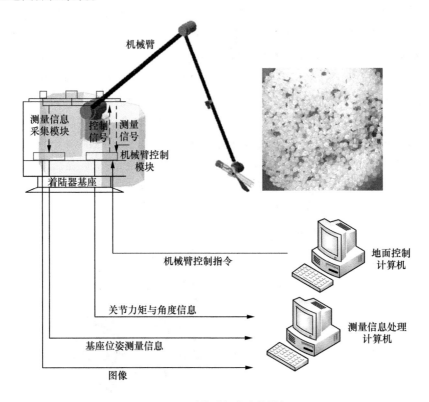

图 5-13　采样过程半实物模拟

|5.3　采样机器人地面操控训练系统设计与实现|

采样机器人的地面操控是指采用地面遥操作的方式辅助采样机器人实现精准且安全的星表样品收集。操控训练则是针对地面人员对任务实施过程和操作流程认知不清晰、对异常工况应对不及时等开展的系统性和针对性训练。

本节首先对采样机器人地面操控训练系统进行架构设计和功能细分；然后针对各个模块的功能进行分解剖析，理清每个模块的各项子功能和任务实施中可能存在的难点，提出对操作员的能力要求；最后从技术角度设计各项子功能的实现方法，提出操控训练中有待提升的系统认知、参数调整与关键过程应对策略。

5.3.1　采样机器人地面操控训练系统架构设计

给定遥测参数和相机拍摄的光学图像，期望实现一次成功的表取采样，至少需要面临以下几个问题：①图像中的哪些位置比较适合采样；②怎么计算这些位置的坐标；③机械臂怎么接近这些位置；④对采集到的样品怎么度量体积和重量，以判定采样是否可以结束。

为了能够解决上述问题，采样机器人地面操控训练系统需要具备采样区分析、械臂规划与控制、机械臂采样过程精调控制和信息存储与管理等功能模块，如图 5-14 所示。采样区分析模块负责从接收的图像或遥测数据中评估采样区的可采性，并将分析结果（如采样点位置）输出到机械臂规划与控制和机械臂采样过程精调控制模块；机械臂规划与控制模块根据分析结果或者机械臂采样过程精调控制模块的控制结果（如精调量，即运动微调量）规划机械臂的运动路径；机械臂采样过程精调控制模块利用图像、采样区分析模块的分析结果和机械臂规划与控制模块的规划结果（如关节角度或末端位姿）计算机械臂的精调量，逐渐引导采样器末端逼近目标；信息存储与管理模块负责存储和管理遥测数据、图像、分析结果、规划结果、控制结果和遥控指令等信息。

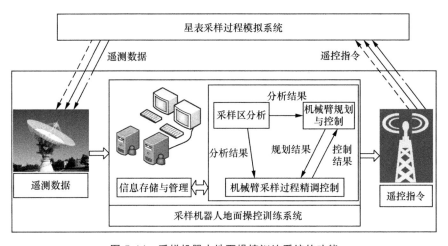

图 5-14　采样机器人地面操控训练系统的功能

进一步将 3 个主要功能模块进行细化设计，如图 5-15 所示。采样区分析模块包括星表地形建立、采样点选择、采样点定位和采样量计算 4 个子模块；机械臂规划与控制模块包括逆向运动学问题求解、路径规划和安全性验证 3 个子模块；机械臂采样过程精调控制模块利用 2 类靶标（棋盘格和椭圆特征）对机械臂运动逼近过程进行精确控制。

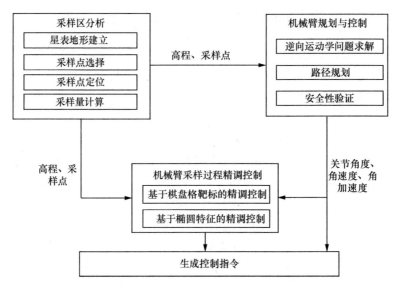

图 5-15　采样机器人地面操控训练系统架构

5.3.2　采样机器人地面操控训练要求

采样机器人星表采样过程涉及采样区评估、机械臂运动、样品收集、样品放置、样品转移等众多环节，加之空间环境的复杂性，导致操控任务面临较大的风险，故要求地面操作员具有较强的机械臂操控能力，不仅要熟悉具体的任务流程，还要理解每个环节涉及的数学原理，甚至还需要对可能出现的问题进行预判和现场处置。为此，本节针对采样区分析、机械臂规划与控制和机械臂采样过程精调控制的主要功能进行介绍，讨论每项功能迫切需要关注的内容和对操作员的具体训练要求。

1.　采样区分析训练要求

采样区分析功能模块具有完成星表地形建立、采样点选择、采样点定位和采样量计算等功能。其中，星表地形建立的相关内容同第 4 章一样，此处不再赘述；采样点选择主要完成候选采样点的自动生成，为末端执行器进行铲挖式采样提供目标位置；采样点定位可以看作采样点选择的补充，支持操作员交互指定采样点的图像坐标，并通过视觉定位算法求解采样点的三维坐标；采样量计算主要完成采样量的估计，用于判定是否终止采样操作。

（1）采样点选择训练要求：判定地形上某一点是否可以作为采样点，即是否具有较大的可采性，本质上是一个多因素决策模型。操作员需要理解影响可采性的主要因素以及这些因素的融合形式。主要因素包含 3 个方面：①从地形的角度，考察地形是否平坦；②从机械臂的角度，考察机械臂是否可达，是否会与本体发生碰撞；③从两者的相互关系，考虑两者是否发生碰撞和两者的距离大小。操作员不仅需要理解了这些因素的计算方法，还需要明白哪些因素必须强制满足、哪些因素需要设定取值范围，以及决策模型的权重系数与可采性值的关系。

（2）采样点定位训练要求：采样点定位本质上是双目视觉定位问题。操作员要从输入/输出以及实现过程等方面充分理解双目视觉定位相关的内容。输入包括相机参数和左右目图像。首先必须正确配置相机参数（包括相机内参数和相机外参数）且确保相机参数与左右目图像匹配。实现过程包括图像预处理、点对特征匹配和视线交会。操作员要理解图像预处理的基本功能、特征描述的主要内容和视线交会定位的基本原理，这样才能合理进行阈值参数的设置，才能理解阈值参数与点对特征匹配是否成功或者交点是否存在的关联关系。如果点对特征匹配失败，操作员还需要交互指定匹配点。匹配点的指定精度与定位结果密切相关。

（3）采样量计算训练要求：采样量计算本质上是 2 次高程数据求差问题。如果在整个地形对高程差的绝对值进行积分，高程数据本身的重构精度将会影响采样量的计算，因此应该将积分限制在采样点的局部区域。操作员只有理解了计算过程才能在任务实施中交互描画出最有效的局部区域。

2.　机械臂规划与控制训练要求

机械臂规划与控制功能模块主要完成逆向运动学问题求解、路径规划和安全性验证等功能。其中，逆向运动学问题求解功能主要完成末端位姿到关节角度的转换；路径规划则根据具体任务过程为机械臂设计安全的运动路径；安全性验证主要用于判定机械臂是否发生本体干涉或者是否与地形发生碰撞。

（1）逆向运动学问题求解训练要求

除了逆向运动学问题求解过程本身，操作员还关注多组解的筛选规则，即如何根据末端执行器姿态需求或启发式方法进行筛选。

（2）路径规划训练要求

无论是笛卡儿空间还是关节空间规划，路径规划的主要目的是在初始位姿和终止位姿之间设计一条运动路径，规划路径上每一点的机械臂构型、运动速度和加速度等。为了保证特定任务阶段的安全实施，操作员需要将整个路径拆分为多段子路径，中间点设定依赖于工程实践经验，这是操控训练的重点。从规划类型看，一个基本原则就是对于大范围转移的子路径采用关节空间规划，以避免对多个逆向运动学解进行筛选，对于小范围运动或者需要精细控制的子路径采用笛卡儿空间规划。

（3）安全性验证训练要求

安全性验证的目的是判定机械臂与本体或者地形是否发生碰撞，其本质上是几何体求交问题。为了加速相交测试，通常会对机械臂几何模型进行简化，这就要求操作员根据任务阶段和机械臂构型设置适当的简化模式，确保如果简化体安全则机械臂也安全。

3. 机械臂采样过程精调控制训练要求

细长结构机械臂的柔性特征使得通过遥测关节角度确定的机械臂末端位姿与实际位姿存在一定的差异，需要借助其他手段测量末端执行器的位姿。手眼相机（即安装在末端执行器上的相机）遥测图像提供了一种精确测量手眼相机和目标相对位姿的手段。由于目标相对于基座的安装位姿已知，则可计算出相机相对于基座的位姿。进一步，通过手眼标定可计算出末端执行器的精确位姿。已知当前位姿和期望目标位姿，则可逐渐引导机械臂末端向目标靠拢。相对位姿测量可以基于棋盘格靶标或者椭圆特征来完成。

（1）基于棋盘格靶标的精调控制

在棋盘格靶标坐标系下，棋盘格角点的三维坐标可直接获得。相对位姿估计本质上是 PnP 问题，即已知角点的图像坐标和三维坐标求取相机相对于靶标坐标系的位姿参数。操作员需要理解角点数目和角点图像坐标的检测精度与最终相对位姿精度的关联关系。当靶标图像成像不清晰，自动检测的角点位置可能存在较大误差，甚至出现大量的角点缺失时，操作员需要手动标记出角点位置。当得到末端执行器的位姿后，操作员需要根据目标位姿设置精调控制量。精调控制量占比相对位姿的比例越大，末端接近目标越快，需要调整的次数越少，但柔性误差也会导致较大的安全隐患，该比例系数（即精调量）需要基于工程实践合理设置。

（2）基于椭圆特征的精调控制

基于棋盘格靶标的精调控制依赖于角点检测，而基于椭圆特征的精调控制则需要在图像空间进行椭圆检测。通常在密封罐罐口附近存在多个圆形靶标（投影为椭圆），操作员首先要识别用于计算的圆形靶标，如果自动算法检测不准确，还需要手动增减特征点，以确保能够拟合出与靶标重叠的椭圆特征。基于圆形靶标和椭圆特征的投影关系可以确定目标罐口与相机的相对位置与轴向关系。进一步基于机械臂构型可以求解出末端执行器在基座坐标系的位姿。最后通过设置适度的单步精调量就可逐渐控制末端抵达目标位置。

5.3.3　采样机器人地面操控训练的设计与实现

在明确采样区分析、机械臂规划与控制和机械臂采样过程精调控制功能的重点内容和对操作员的具体要求后，本节将从技术分析的角度阐述 3 类功能的基本原理和关键参数，阐明每一类功能训练的实现方法和技术途径。

1. 采样区分析功能的设计与实现

采样区的星表地形建立算法已在第 4 章详细介绍，此处不再赘述。如图 5-16 所示，假定双目图像、地形数字高程模型（DEM）和影像（DOM）已经具备，本节主要讨论采样区分析的其他 3 项子功能的算法设计。在采样点选择时，要求对采样区内每一位置的可采性进行评估量化，并自动选择采样点。在采样点定位时，要求利用双目图像基于对极几何原理完成采样点的位置计算。在星表采样过程中，要求基于 DEM 地形产品完成采样量估计，以判断表取采样是否结束。

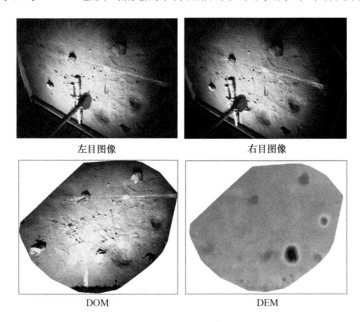

左目图像　　　　　　　　　　　右目图像

DOM　　　　　　　　　　　　DEM

图 5-16　采样区分析输入数据

（1）采样点选择功能设计与实现

采样点选择功能设计与实现主要是利用地形 DEM 和机械臂构型计算平坦度、坡度坡向、机械臂可达性、机械臂安全性和机械臂-地形距离等地形特征，进而融合加权这些地形特征生成可采性图像，并基于可采性图像选择采样点，具体过程如图 5-17 所示。

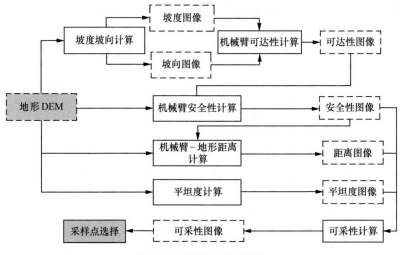

图 5-17　采样点选择流程

对于给定的地形 DEM，平坦度反映了窗口区域中每一个像素对应空间坐标和窗口区域拟合平面之间的距离的离散度关系。平坦度值越大，即像素对应空间点到平面的距离离散度越大，说明该窗口区域越不平坦；反之平坦度值越小，反映了像素对应空间点到平面的距离的离散度越小，说明该窗口区域越平坦。

结合实际工程需求，设定计算窗口大小为末端执行器的最小包围球的直径。使用最小二乘法对窗口中的所有像素进行平面拟合，拟合的平面方程为：

$$ax + by + z + c = 0 \tag{5-9}$$

式中，a、b和c为常数。

平坦度定义为窗口内所有像素到该平面垂直距离的平均值：

$$V = \frac{1}{N} \sum_{i \in W} \left[\frac{|ax_i + by_i + z_i + c|}{\sqrt{a^2 + b^2 + 1}} \right] \tag{5-10}$$

式中，$(x_i, y_i, z_i)(i = 1, 2, \cdots, N)$ 为窗口中各个像素对应的空间坐标；窗口区域大小为 $W \times W$ 像素；V 为当前窗口中心像素对应的平坦度值；N 为窗口内参与计算的像素个数。当高程为无效值时，该像素不参与计算。

如第 4 章所述，坡度反映了地形陡峭的程度，坡度角越小，表示地形越缓和；坡度角越大，表示地形越陡峭。坡度定义为拟合平面的法向量与其在水平面 $O_0 x_0 y_0$ 上的投影向量之间的夹角的余角为：

$$\beta = \arctan\sqrt{(a^2 + b^2)} \tag{5-11}$$

坡向反映斜坡面对的方向，即平面法向量在水平面的投影与起始方向夹角，坡向的范围为 $[0, 360°)$。以正东方向（x_0 轴正方向）为起始方向，并按逆时针方向度量，窗口中心像素坡向定义为：

$$\gamma = \begin{cases} \mathrm{atan2}(b, a), b > 0 \\ 2\pi + \mathrm{atan2}(b, a), b < 0 \end{cases} \tag{5-12}$$

机械臂正向运动学描述了关节角度到机械臂末端位姿的映射关系，而逆向动力学描述了末端位姿到关节角度的映射关系。机械臂可达是指给定末端执行器位姿，逆向运动学问题存在一组不超限的关节角度。逆向运动学问题将在机械臂规划与控制功能设计与实现中详细介绍，本节只讨论末端位姿的确定问题。如图 5-18（a）所示，末端位置是末端执行器坐标系 $O_e x_e y_e z_e$ 的原点在基座坐标系 $O_0 x_0 y_0 z_0$ 的坐标，当该原点与地形上的一点 (p_x, p_y, p_z) 重合时，第一关节角（偏航角）θ_1 可通过下式计算：

$$\theta_1 = \mathrm{atan2}(p_x, p_y) + \mathrm{asin}\left(\frac{d_2 + d_3 + d_4}{\sqrt{p_x^2 + p_y^2}}\right) \tag{5-13}$$

末端执行器平行于目标点 (p_x, p_y, p_z) 所在坡面时，将采样器在坡面的投影与水平面的夹角记作采样角 α。该角表征了末端执行器的姿态，也可称作末端执行器的姿态角。坡面的坡度为 β，坡向为 γ，末端执行器与目标点所在坡面的构型关系如图 5-18（b）所示，根据几何关系求得末端执行器的采样角 α 为：

$$\alpha = \arctan\frac{\sin\beta\cos(\pi - (\gamma - \theta_1))}{\cos\beta} \tag{5-14}$$

可以看出，在保证末端执行器平行于目标点所在坡面时，末端执行器的采样角 α 可通过式（5-14）确定，末端执行器位姿因此也是确定的。机械臂可达性判定问题等价于在给定末端执行器位姿情况下，判定逆向运动学是否有解的问题。

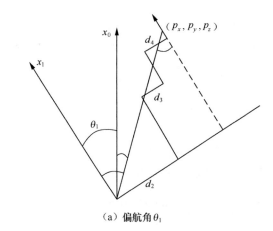

（a）偏航角 θ_1

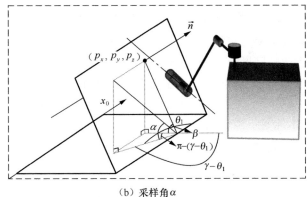

（b）采样角 α

图 5-18　采样器位姿

　　给定地形上一点，在保证该点是机械臂可达的情况下，如果机械臂与着陆器本体不发生干涉且与地形不发生碰撞，表明该地形点作为采样点是安全的，否则是不安全的。已知采样机器人机械臂构型和地形 DEM，本体干涉或者碰撞检测可以归结为几何相交判定问题，这将在机械臂规划与控制空能设计与实现中进行详细讨论。

　　在采样过程中，机械臂通常会首先运动到预定的采样中间点，然后从采样中间点开始逐渐运动至采样点，最终完成样品收集。机械臂-地形距离表征了机械臂到达采样中间点后，后续通过路径规划到达采样点的难易程度，可近似认为距离越小，机械臂运动到采样点的过程越容易，即发生碰撞的概率越小或者能量消耗越少。假设采样中间点到地形上投影点的距离为 d_0，投影点到采样点的测地距离为 d_s，则机械臂-地形距离 D 定义为 $d_0 + d_s$（见图 5-19）。如果在投影点附近存在较大的地形起伏，测地距离 d_s 将会变得较大，这说明这类地形点也不适合作为采样点，因此机械臂-地形距离 D 也在一定程度上度量了地形的平坦度。

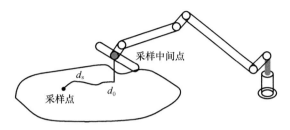

图 5-19　机械臂-地形距离定义

可采性反映了一个地形点的可采适宜程度。对于不安全的地形点，定义其可采性为 0。对于安全的地形点，定义其可采性为平坦度和机械臂-地形距离的加权。将像素 i 的平坦度记为 V_i，距离记为 D_i，利用极值对整个地形点的平坦度 V_i 和距离 D_i 进行归一化得到：$\overline{V_i} = \dfrac{V_i - \min(\{V_i\})}{\max(\{V_i\}) - \min(\{V_i\})}$，$\overline{D_i} = \dfrac{D_i - \min(\{D_i\})}{\max(\{D_i\}) - \min(\{D_i\})}$。进一步，将可采性 ζ_i 定义为两个归一化参数的线性组合：

$$\zeta_i = k(1 - \overline{V_i}) + (1 - k)(1 - \overline{D_i}) \tag{5-15}$$

式中，$k \in [0, 1]$ 为系数。

生成可采性结果后，采样点的选择基于 2 个标准：一是可采性越大的地形点被选中的概率越大；二是局部小区域的土壤具有相似的成分组成，故为了收集到不同类型的土壤，建议采样点要尽可能分散。采样点的具体选择流程如下：

步骤 1：对可采性图像进行平滑滤波，去除噪点。

步骤 2：将滤波图像的像素按照可采性取值进行降序排序。

步骤 3：取可采性最大的像素作为第一个采样点，加入到已选采样点集。

步骤 4：依次迭代，若当前地形点和已选采样点集的距离超过阈值，则加入到已选点集，否则跳过，直到找到一个满足条件的地形点。当已选采样点的个数达到预设个数时，选择过程完成。

（2）采样点定位

在地形 DEM 已知的情况下，一个地形点被自动选中为采样点时，其三维坐标可以直接从 DEM 中计算得到，采样点定位退化为 DEM 索引问题。如果 DEM 不具备或者自动生成的采样点不满足需求，这就需要在双目左右图像上交互选定采样点。对于交互选定的采样点，要么利用双目左右图像和 DEM 的映射关系取得坐标，要么基于双目视觉定位算法重新定位。即使具备地形 DEM，如果交互指定的采样点不是地形重构中的稀疏或者稠密特征点，其高程必然是通过插值计算得到的，这就引入了计算误差，导致不适合毫米级误差要求的采样过程。另外，双目定位还可以用于对非地形点（如采样器末端位置）的定位。因此，设计一种高精度的采样点定位方法具有工程实际意义。

以双目左右图像为输入，采样点定位基于星表地形建立的核心思想，并引入适当优化技巧，具体流程为：首先对双目左右图像进行预处理，然后完成双目左右图像的特征点提取与匹配，最后通过前方交会计算位置采样点的位置。

双目左右图像预处理包括滤波处理、直方图处理和图像校正。滤波处理采用中值滤波去除椒盐噪声和双边滤波在过滤低频噪声的同时保持边缘特性。直方图处理采用直方图均衡化算法对图像的对比度进行调整，避免图像中出现过亮或过暗的区域。图像校正只包括畸变校正，即通过畸变校正将图像校正为理想透视投影成像。与星表地形建立算法不同，采样点定位算法不采用核线校正将二维的匹配问题简化为沿核线方向的一维匹配问题，而是通过在右目图像的外极线附近搜索与左目图像采样点最匹配的点[10]。对于少量的采样点，在外极线附近直接搜索比先做核线校正再沿着核线搜索更有效率。

星表地形建立需要对整个图像进行描述和匹配，通常选用 Forstner 特征以提高效率。对于少量采样点的定位问题，可以忽略特征的计算效率，而应该关注特征的描述能力，以有利于后续特征更精准的匹配。考虑到 SIFT 特征的良好特性，如对旋转、尺度和亮度的不变性，可采用 SIFT 特征对图像进行描述。通过比较左目图像的采样点特征与右目图像局部邻域内所有像素的特征，将特征最相似的右目图像素作为匹配点。

对于匹配的点对，利用左右相机的内外参数计算各自在归一化平面的空间坐标，分别构建从相机光心到归一化平面坐标的射线，将射线的交点作为采样点的理论位置。如果两条射线不相交，则可将公垂线的中点作为交点。

（3）采样量计算

通过计算采样前后两个 DEM 高程数据之差，并利用积分求取体积可以得到已采样品的土方量，从而决定是否继续采集样品。地形点对应的高程差值 δz 定义为：

$$\delta z(i,j) = z(i,j) - z'(i,j) \tag{5-16}$$

式中，$z(i,j)$ 和 $z'(i,j)$ 分别表示采样前和采样后的 DEM 中地形像素点 $P(i,j)$ 对应的高程值。若该点被采样，则高程差值应大于零，否则高程无变化，理想情况下高程差值应为零。设 DEM 图像在 x 方向的分辨率为 r_x，y 方向的分辨率为 r_y，则本次采样量 G 为：

$$G = r_x r_y \sum_{\delta z(i,j) > 0} \delta z(i,j) \tag{5-17}$$

2. 机械臂规划与控制功能的设计与实现

机械臂规划的核心理论是机械臂的正向运动学和逆向运动学。最终的路径不仅取决于规划空间类型（关节空间或笛卡儿空间），也与具体的作业过程密切相关。下面首先给出逆向运动学问题求解原理，然后介绍安全性验证方法，在此基础上讨论机械臂规划空间类型，并针对具体任务进行路径规划方案设计。

（1）逆向运动学问题求解

逆向运动学问题求解就是在给定末端执行器位姿的情况下计算各关节转角的过程。以图 5-7 所示的机械臂为例，假设末端执行器在基座坐标系下的期望坐标以及末端执行器 x_e 轴的姿态（采样角 α）均已知，基于几何的方法求解关节角度 θ_1、θ_2、θ_3 和 θ_4 的具体过程如下：

步骤 1：求解 θ_1

由式（5-6）可知，末端执行器（$O_e x_e y_e z_e$ 坐标系的原点）在基座坐标系下的位置坐标为：

$$\begin{bmatrix} p_x \\ p_y \\ p_z \end{bmatrix} = \begin{bmatrix} s_1(d_2 + d_3 + d_4) + c_1(a_2 c_2 + a_3 c_{2+3} + a_4 c_{2+3+4}) \\ -c_1(d_2 + d_3 + d_4) + s_1(a_2 c_2 + a_3 c_{2+3} + a_4 c_{2+3+4}) \\ d_1 - a_2 s_2 - a_3 s_{2+3} - a_4 s_{2+3+4} \end{bmatrix} \tag{5-18}$$

末端执行器在基座坐标系下的姿态矩阵为：

$$\boldsymbol{R}_b^e = \begin{bmatrix} c_1 c_{2+3+4} & -c_1 s_{2+3+4} & -s_1 \\ s_1 c_{2+3+4} & -s_1 s_{2+3+4} & c_1 \\ -s_{2+3+4} & -c_{2+3+4} & 0 \end{bmatrix} \tag{5-19}$$

由式（5-18）可知，θ_1 满足下式：

$$p_x s_1 - p_y c_1 = d_2 + d_3 + d_4 \tag{5-20}$$

式（5-20）有解当且仅当 $d_2 + d_3 + d_4 \leqslant \sqrt{p_x^2 + p_y^2}$。若该条件不成立，则逆向动力学问题的解不存在。

令 $\cos(\varepsilon) = p_x(p_x^2 + p_y^2)^{-\frac{1}{2}}$，$\sin(\varepsilon) = p_y(p_x^2 + p_y^2)^{-\frac{1}{2}}$，则 $\varepsilon = \mathrm{atan2}(p_x, p_y)$，由式（5-20）可得：

$$\sin(\theta_1 - \varepsilon) = \frac{d_2 + d_3 + d_4}{\sqrt{p_x^2 + p_y^2}} \tag{5-21}$$

故可求得 θ_1 的 2 个解为：

$$\begin{cases} \theta_1^{(1)} = \arctan\left(\dfrac{d_2 + d_3 + d_4}{\sqrt{p_x^2 + p_y^2 - (d_2 + d_3 + d_4)^2}}\right) + \varepsilon + 2k_1\pi \\ \theta_1^{(2)} = \arctan\left(-\dfrac{d_2 + d_3 + d_4}{\sqrt{p_x^2 + p_y^2 - (d_2 + d_3 + d_4)^2}}\right) + \varepsilon + 2k_2\pi \end{cases} \quad （5-22）$$

式中，k_1 和 k_2 分别为使 $\theta_1^{(1)}$ 和 $\theta_1^{(2)}$ 落于 $[-\pi, \pi]$ 区间内的整数。

步骤 2：求解 θ_2

已知末端执行器 x_e 轴与 x_1 轴之间夹角 $\alpha \in [-\pi, \pi]$（规定 α 逆时针为正，顺时针为负），则 $\alpha = \theta_2 + \theta_3 + \theta_4$，$s_{2+3+4} = \sin(\alpha)$，$c_{2+3+4} = \cos(\alpha)$。利用式（5-18）和已求得的 θ_1 值，可得：

$$\begin{cases} a_2 c_2 + a_3 c_{2+3} = p_x c_1 + p_y s_1 - a_4 c_{2+3+4} \triangleq w \\ a_2 s_2 + a_3 s_{2+3} = d_1 - p_z - a_4 s_{2+3+4} \triangleq v \end{cases} \quad （5-23）$$

由式（5-23）可得：

$$w^2 + v^2 = a_2^2 + a_3^2 + 2a_2 a_3 c_3 \quad （5-24）$$

由式（5-24）可知式（5-23）存在关于 θ_2 和 θ_3 的解当且仅当：

$$|a_2 - a_3| \leqslant \sqrt{w^2 + v^2} \leqslant a_2 + a_3 \quad （5-25）$$

若上述不等式不成立，则目标点位于末端执行器活动范围之外，逆向运动学问题无解；若满足该不等式，则需进一步求解下述超越方程组：

$$\begin{cases} w = a_2 c_2 + a_3 c_{2+3} \\ v = a_2 s_2 + a_3 s_{2+3} \end{cases} \quad （5-26）$$

从式（5-26）中消去 c_{2+3} 和 s_{2+3} 可得：

$$\frac{w^2 + v^2 + a_2^2 - a_3^2}{\sqrt{4a_2^2\left(w^2 + v^2\right)}} = \frac{2a_2 w}{\sqrt{4a_2^2\left(w^2 + v^2\right)}} c_2 + \frac{2a_2 v}{\sqrt{4a_2^2\left(w^2 + v^2\right)}} s_2$$
$$= \sin\left(\theta_2 + \arctan\left(\frac{w}{v}\right)\right) \quad （5-27）$$

进而由式（5-27）可求得 θ_2 的 2 个解为：

$$\begin{cases} \theta_2^{(1)} = \arctan\left(\dfrac{w^2 + v^2 + a_2^2 - a_3^2}{\sqrt{4a_2^2\left(w^2 + v^2\right) - (w^2 + v^2 + a_2^2 - a_3^2)^2}}\right) - \arctan\left(\dfrac{w}{v}\right) + 2k_1\pi \\ \theta_2^{(2)} = \arctan\left(-\dfrac{w^2 + v^2 + a_2^2 - a_3^2}{\sqrt{4a_2^2\left(w^2 + v^2\right) - (w^2 + v^2 + a_2^2 - a_3^2)^2}}\right) - \arctan\left(\dfrac{w}{v}\right) + 2k_2\pi \end{cases}$$
$$（5-28）$$

式中，k_1 和 k_2 分别为使 $\theta_2^{(1)}$ 和 $\theta_2^{(2)}$ 落于 $\left[-\dfrac{3}{4}\pi, \dfrac{1}{2}\pi\right]$ 区间内的整数。若不存在 k_1 和 k_2 使得 $\theta_2^{(1)}$ 和 $\theta_2^{(2)}$ 落于 $\left[-\dfrac{3}{4}\pi, \dfrac{1}{2}\pi\right]$ 区间内，则说明目标点超出关节 2 的运动范围，故逆向运动学问题无解。

步骤 3：在已求得 θ_2 的基础上，通过式（5-26）可进一步求得 θ_3 为：

$$\theta_3 = \arctan\left(\frac{c_2 v - s_2 w}{c_2 w + s_2 v - a_2}\right) \tag{5-29}$$

步骤 4：在得到 θ_2 以及 θ_3 的前提下，由于 $\alpha = \theta_2 + \theta_3 + \theta_4$ 已知，则可计算 θ_4 为：

$$\theta_4 = \arctan\left(\frac{c_{2+3} s_{2+3+4} - s_{2+3} c_{2+3+4}}{c_{2+3} c_{2+3+4} + s_{2+3} s_{2+3+4}}\right) \tag{5-30}$$

从计算过程可知，逆向运动学问题最多可以得到 4 组解。这时可根据实际机械臂构型需求（如末端执行器姿态需求）或启发式方法进行筛选。例如，可采用最小变化角度的启发式策略：

$$j^* = \arg\min \sum_{i=1}^{4} \left|\theta_i^{(j)} - \theta_i\right| \tag{5-31}$$

式中，$\theta_i^{(j)}$ 表示由逆向运动学求解所得关节 i 的第 j 个解；θ_i 表示关节 i 运动前的角度值，通常作为筛选 $\theta_i^{(j)}$ 的参考关节角度。若仍出现多解的情况，则以距离末端执行器越远的关节其角度变化也应越小的原则，对初步筛选结果按照关节 1 至关节 4 的顺序依次比较以进一步筛选结果。

（2）安全性验证方法

给定地形上或者空间中一点，当逆向运动学求解得到一组关节角度的解后，安全性验证的主要目的是判定机械臂与着陆器本体是否发生干涉以及机械臂与地形是否发生碰撞。已知着陆器三维构型、机械臂构型和地形 DEM，本体干涉或者碰撞检测本质上是几何求交问题。

设着陆器的主体结构为长方体，机械臂安装在着陆器顶板上，本体干涉主要考虑机械臂与着陆器顶板和侧板之间的干涉关系，其具体判定过程如下：

步骤 1：给定可达点对应的一组关节角度值，计算各连杆和末端执行器的端点在基座坐标系下的坐标。

步骤 2：利用连杆和末端执行器两端点坐标得到其所在的直线方程。

步骤 3：利用基座坐标系和着陆器平面关系得到着陆器平面方程。

步骤 4：计算连杆和末端执行器所在的空间直线与着陆器平面（顶板、侧板）的交点坐标。

步骤 5：依次对所有交点坐标进行范围检测，即判断交点是否在机械臂（连杆或末端执行器）内，以及是否在着陆器顶板平面上或侧板平面上。

若交点同时满足上述 2 个条件，即交点既在连杆内，同时也在着陆器平面（顶板或侧板）内，则认为机械臂与着陆器本体会发生干涉。

为提高地形碰撞检测的效率，需要将机械臂模型进行等效简化，如图 5-20 所示。机械臂与地形是否发生碰撞的具体判定过程如下：

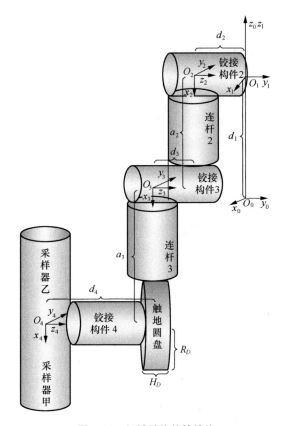

图 5-20　机械臂构件等效体

步骤 1：从关节 2 至关节 4，将与之连接的机械臂构件等效成圆柱体，并对圆柱面进行网格化，得到当前关节坐标系下的圆柱面网格的坐标。

步骤 2：依据地形点对应的关节角度将各关节坐标系（关节 2 至关节 4）下的等效圆柱体网格点坐标进行坐标变换，将其变换至基座坐标系下。

步骤 3：遍历网格点，根据网格点坐标插值计算对应的 DEM 高程，将所得高程与网格点 z 坐标比较。若 DEM 高程小于网格点 z 坐标，则该地形点不发生碰撞；否则存在碰撞风险，终止检测。

（3）路径规划方案

本节首先讨论采样机器人路径规划的类型（包括笛卡儿直线规划和关节空间规划），然后根据不同任务阶段设计规划方案。

笛卡儿直线规划对末端执行器位姿的变化轨迹进行规划，该直线轨迹的规划方法并不唯一，本节采用一种基于"加速-匀速-减速"的方法进行规划，即在预先设定末端执行器线速度、线加速度、姿态角速度以及姿态角加速度后，整个运动过程中位姿变量由静止状态先进行匀加速运动，然后转至匀速运动，最后变为匀减速运动（其加速度与匀加速段加速度相同，符号为负）直至恢复静止状态。

利用四维向量 $\boldsymbol{P}(t)=\begin{bmatrix} p_x(t) & p_y(t) & p_z(t) & \alpha(t) \end{bmatrix}^{\mathrm{T}}$ 描述时刻 t 末端执行器的位姿，其中前 3 个向量元素为末端执行器位置的笛卡儿坐标，第 4 个向量元素为末端执行器的姿态角度（采样角 α，即末端执行器 x_e 轴与 x_1 轴的夹角）。已知末端执行器的运动起始时刻（$t=0$）位姿向量 $\boldsymbol{P}(0)=\begin{bmatrix} p_x(0) & p_y(0) & p_z(0) & \alpha(0) \end{bmatrix}^{\mathrm{T}}$、末端执行器的运动终止时刻 t_{f} 位姿向量 $\boldsymbol{P}(t_{\mathrm{f}})=\begin{bmatrix} p_x(t_{\mathrm{f}}) & p_y(t_{\mathrm{f}}) & p_z(t_{\mathrm{f}}) & \alpha(t_{\mathrm{f}}) \end{bmatrix}^{\mathrm{T}}$、末端执行器在匀速段的速度 $\dot{\boldsymbol{P}}=\begin{bmatrix} \dot{p}_x & \dot{p}_y & \dot{p}_z & \dot{\alpha} \end{bmatrix}^{\mathrm{T}}$（前 3 个向量元素为末端线速度，第 4 个向量元素为末端姿态角速度）、末端执行器在匀加速段的加速度 $\ddot{\boldsymbol{P}}=\begin{bmatrix} \ddot{p}_x & \ddot{p}_y & \ddot{p}_z & \ddot{\alpha} \end{bmatrix}^{\mathrm{T}}$ 以及末端执行器在匀减速段的加速度 $\ddot{\boldsymbol{P}}=-\begin{bmatrix} \ddot{p}_x & \ddot{p}_y & \ddot{p}_z & \ddot{\alpha} \end{bmatrix}^{\mathrm{T}}$，对每个向量元素使用抛物线结合直线的拟合方法进行规划，则需计算各向量元素匀加速段、匀速段以及匀减速段的持续时长参数：

$$\begin{cases} t_{\mathrm{b}}^x = \dfrac{\dot{p}_x}{\ddot{p}_x}, \ t_{\mathrm{f}}^x = t_{\mathrm{b}}^x + \dfrac{p_x(t_{\mathrm{f}})-p_x(0)}{\dot{p}_x} \\[3mm] t_{\mathrm{b}}^y = \dfrac{\dot{p}_y}{\ddot{p}_y}, \ t_{\mathrm{f}}^y = t_{\mathrm{b}}^y + \dfrac{p_y(t_{\mathrm{f}})-p_y(0)}{\dot{p}_y} \\[3mm] t_{\mathrm{b}}^z = \dfrac{\dot{p}_z}{\ddot{p}_z}, \ t_{\mathrm{f}}^z = t_{\mathrm{b}}^z + \dfrac{p_z(t_{\mathrm{f}})-p_z(0)}{\dot{p}_z} \\[3mm] t_{\mathrm{b}}^\alpha = \dfrac{\dot{\alpha}}{\ddot{\alpha}}, \ t_{\mathrm{f}}^\alpha = t_{\mathrm{b}}^\alpha + \dfrac{\alpha(t_{\mathrm{f}})-\alpha(0)}{\dot{\alpha}} \\[3mm] \mathrm{s.t.} \quad t_{\mathrm{f}}^x = t_{\mathrm{f}}^y = t_{\mathrm{f}}^z = t_{\mathrm{f}}^\alpha = t_{\mathrm{f}} \end{cases} \tag{5-32}$$

式中，t_{b}^x、t_{b}^y、t_{b}^z 和 t_{b}^α 分别为三维坐标分量和姿态角度的匀加速段（或匀减速段）时长；t_{f}^x、t_{f}^y、t_{f}^z 和 t_{f}^α 分别为三维坐标分量和姿态角度的终止时间。式（5-32）中的约束条件为各位姿向量的终止时间相同，从而确保运动合成轨

迹为直线，该约束条件通过设置位姿向量元素（尤其是位置坐标）的速度和加速度来满足。姿态角的速度 $\dot{\alpha}$ 和加速度 $\ddot{\alpha}$ 可通过设置关节 2 至关节 4 的速度和加速度实现：

$$\begin{cases} \dot{\alpha} = \dot{\theta}_2 + \dot{\theta}_3 + \dot{\theta}_4 \\ \ddot{\alpha} = \ddot{\theta}_2 + \ddot{\theta}_3 + \ddot{\theta}_4 \end{cases} \tag{5-33}$$

依据运动时段的持续时长判断时间 t 处于哪个运动时段，按照路径更新率生成各向量元素的笛卡儿路径。以位姿向量元素 p_x 为例（其余位姿向量元素同理），则有：

① 匀加速段（ $t \in \left[0,\ t_b^x \right]$ ）：

$$p_x\left(t_1\right) = p_x\left(0\right) + \frac{1}{2}\ddot{p}_x t_1^2 \tag{5-34}$$

式中， $t_1 = t$ 。

② 匀速段（ $t \in \left[t_b^x,\ t_f^x - t_b^x \right]$ ）：

$$p_x\left(t_2\right) = p_x\left(0\right) + \frac{1}{2}\ddot{p}_x(t_b^x)^2 + \dot{p}_x t_2 \tag{5-35}$$

式中， $t_2 = t - t_b^x$, $t_2 \in \left[0,\ t_f^x - 2t_b^x \right]$ 。

③ 匀减速段（ $t \in \left[t_f^x - t_b^x,\ t_f^x \right]$ ）：

$$p_x\left(t_3\right) = p_x\left(0\right) + \dot{p}_x\left(t_f^x - \frac{3}{2}t_b^x\right) + \dot{p}_x t_3 - \frac{1}{2}\ddot{p}_x t_3^2 \tag{5-36}$$

式中， $t_3 = t - t_f^x + t_b^x$, $t_3 \in \left[0,\ t_b^x \right]$ 。

对所生成的笛卡儿路径 $\boldsymbol{P}(t) = \left[p_x(t)\ \ p_y(t)\ \ p_z(t)\ \ \alpha(t) \right]^{\mathrm{T}}$ 利用逆向运动学问题所述方法求解目标点位姿所对应的各关节角度 $\boldsymbol{\Theta} = [\theta_1\ \theta_2\ \theta_3\ \theta_4]^{\mathrm{T}}$，并按照式（5-37）给出关节速度 $\dot{\boldsymbol{\Theta}}$ 和加速度 $\ddot{\boldsymbol{\Theta}}$ 值，最后将关节角度、速度和加速度输入机械臂控制系统。

$$\begin{cases} \dot{\boldsymbol{\Theta}}(t) = \dfrac{\boldsymbol{\Theta}(t) - \boldsymbol{\Theta}(t - \delta t)}{\delta t} \\ \ddot{\boldsymbol{\Theta}}(t) = \dfrac{\dot{\boldsymbol{\Theta}}(t) - \dot{\boldsymbol{\Theta}}(t - \delta t)}{\delta t} \end{cases} \tag{5-37}$$

式中， δt^{-1} 为路径更新率。

由于逆向运动学存在多组解，故需考虑如何从多组解中筛选出合适的解作为机械臂运动构型。在筛选解的过程中，首先按照着陆器本体干涉条件进行初步筛选，若仍存在多组解则将上一时刻各关节角度作为参考，以关节角度最小变化原则进一步筛选。此外，为确保规划路径的实际合成运动为直线轨迹，各关节需采取同时转动的伺服执行方式。

关节空间规划与笛卡儿直线规划方法较为类似，只是以关节角度替代位姿向量。由于规划对象是关节角度，因而不用进行逆向运动学计算，可直接将生成的路径输入机械臂控制系统。已知关节 i（i=1、2、3 或 4）在起始时刻（t=0）和终止 t_f 时刻的起始角度 $\theta_i(0)$ 和终止角度 $\theta_i(t_\mathrm{f}^i)$，且起始时刻和终止时刻的角速度均为 0，匀速段的速度为 $\dot{\theta}_i$，匀加速段的加速度为 $\ddot{\theta}_i$，匀减速段的加速度为 $-\ddot{\theta}_i$，则生成的路径为：

① 匀加速段（$t \in \left[0, \ t_\mathrm{b}^i\right]$）：

$$\begin{cases} \theta_i(t_1) = \theta_i(0) + \dfrac{1}{2}\ddot{\theta}_i t_1^{2} \\ \dot{\theta}_i(t_1) = \ddot{\theta}_i t_1 \\ \ddot{\theta}_i(t_1) = \ddot{\theta}_i \end{cases} \tag{5-38}$$

式中，$t_1 = t$；$t_\mathrm{b}^i = \dfrac{\dot{\theta}_i}{\ddot{\theta}_i}$ 为关节 i 在匀加速段的持续时长。

② 匀速段（$t \in \left[t_\mathrm{b}^i, t_\mathrm{f}^i - t_\mathrm{b}^i\right]$）：

$$\begin{cases} \theta_i(t_2) = \theta_i(0) + \dfrac{1}{2}\ddot{\theta}_i(t_\mathrm{b}^i)^{2} + \dot{\theta}_i t_2 \\ \dot{\theta}_i(t_2) = \dot{\theta}_i \\ \ddot{\theta}_i(t_2) = 0 \end{cases} \tag{5-39}$$

式中，$t_2 = t - t_\mathrm{b}^i$，$t_2 \in \left[0, \ t_\mathrm{f}^i - 2t_\mathrm{b}^i\right]$；$t_\mathrm{f}^i = t_\mathrm{b}^i + \dfrac{\theta_i(t_\mathrm{f}^i) - \theta_i(0)}{\dot{\theta}_i}$ 是关节 i 的运动终止时间。

③ 匀减速段（$t \in \left[t_\mathrm{f}^i - t_\mathrm{b}^i, \ t_\mathrm{f}^i\right]$）：

$$\begin{cases} \theta_i(t_3) = \theta_i(0) + \dot{\theta}_i\left(t_\mathrm{f}^i - \dfrac{3}{2}t_\mathrm{b}^i\right) + \dot{\theta}_i t_3 - \dfrac{1}{2}\ddot{\theta}_i t_3^{2} \\ \dot{\theta}_i(t_3) = \dot{\theta}_i - \ddot{\theta}_i t_3 \\ \ddot{\theta}_i(t_3) = -\ddot{\theta}_i \end{cases} \tag{5-40}$$

式中，$t_3 = t - t_\mathrm{f}^i + t_\mathrm{b}^i$，$t_3 \in \left[0, \ t_\mathrm{b}^i\right]$。

需要注意的是，在设置各关节角速度和角加速度时，需确保所有关节运动持续时间相同，即 $t_f^1 = t_f^2 = t_f^3 = t_f^4$。

星表采样任务作业的实施过程包括采样、放样和样品转移。采样完成采样器与土壤的交互，实现样品的收集；放样将收集到的样品放入位于着陆器的初级密封罐；样品转移将初级密封罐转移至上升器的密封罐。这 3 类作业都需要对机械臂的运动路径进行规划。为确保作业安全，可引入多个中间位置以将路径细分为多段子路径。对于大范围转移的子路径采用关节空间规划，以避免对多个逆向动力学解进行筛选；对于小范围运动或者需要末端精细控制的子路径采用笛卡儿空间规划。

采样作业的执行流程为：①机械臂由初始状态展开并运动至采样中间点位置（采用关节空间规划）；②根据预先指定的采样点给出月壤/火壤上方点坐标，由采样中间点位置运动至上方点（采用关节空间规划）；③由上方点运动至实际采样点，需要精细控制末端位姿（采用笛卡儿直线规划），将在机械臂采样过程精调控制功能设计与实现中详细讨论；④判定是否采样成功，若成功则由实际采样点运动至采样中间点（采用关节空间规划），准备进入放样任务，否则运动至上方点重复运动流程③。

放样作业的执行流程由采样中间点开始，依次为：①由采样中间点运动至放样中间点（采用关节空间规划）；②由放样中间点运动至放样点，需要精细控制末端位姿（采用笛卡儿直线规划）；③放样完成后由放样点运动至放样中间点（采用笛卡儿直线规划）；④由放样点运动至采样中间点（采用关节空间规划）；⑤若采样未结束，则继续转入采样作业，否则退出放样作业。

由于样品转移任务对规划精度有较高的要求，对末端执行器的姿态角度有一定要求（在样品转移过程中末端执行器姿态角度 α 为 90°，即垂直向下），并且样品转移过程中机械臂的运动范围较大，因而该任务可具体分解为下面 3 个子任务依次进行规划。

① 抓罐作业的路径规划。该子任务作业的执行流程为：首先采用关节空间直线规划控制机械臂由采样中间点开始运动至抓取中间点；随后再通过笛卡儿直线规划实现从抓取中间点运动至初级密封罐抓罐点，在抓取初级密封罐时末端执行器的姿态角度需保持 90°，该步骤需要精调控制。

② 提罐作业路径规划。提罐子任务作业是将初级密封罐经 2 次规划提升至中间点（均采用笛卡儿直线规划）。整个运动过程需要保持末端执行器姿态不变（即末端执行器姿态角度保持 90°），并且需保证运动路径竖直向上，故在笛卡儿直线规划时只对基座坐标系下的位置分量 z 进行路径规划，其他位置分量不变，得到笛卡儿生成路径后在末端执行器姿态角度 90° 不变的前提下对位置

路径进行逆向运动学问题计算，此时最多可解得 4 组解，经筛选后得到各关节角度和速度值。

③ 放罐作业的路径规划。放罐子任务作业的执行流程为：先采用关节空间规划由转移中间点运动至初级密封罐释放中间点；然后经笛卡儿直线规划从释放中间点运动至放罐点，该步骤需要精调控制；放罐完毕后，经过笛卡儿直线规划由放罐点运动至释放中间点；之后采用关节空间规划从释放中间点运动至转移中间点；最后机械臂由转移中间点运动到初始状态，整个表取任务至此结束，采用关节空间规划。

3. 机械臂采样过程精调控制功能的设计与实现

采样机械臂构型多为类人上肢的多自由度细长结构，在采样操作中存在一定的柔性，同时机械臂关节存在间隙误差，与机械臂末端期望位置存在一定偏差。根据理想的期望位置进行控制时，机械臂的柔性特征使得计算的控制量与真实需要的控制量之间存在一定偏差，控制不够精确。对于精度要求较高的作业环节，特别是当末端执行器接近地形上的采样点、初级密封罐的放样点、初级密封罐的抓罐点和上升器密封罐上方附近的放罐点等目标时，位姿偏差和控制量偏差将给这些作业的成功实施带来极大的风险。为了解决位姿和控制量的偏差问题，本节引入了基于相对位姿的机械臂控制方法，即利用多次视觉定位结果增量式引导机械臂逐渐逼近目标，实现精调控制。

与采样区分析一样，机械臂采样过程精调控制依赖于遥测光学图像，这些图像来源于安装在不同位置的相机。不同的安装位置决定了相机的视场和观测到的图像特征，例如，安装于着陆器侧面的相机能够同时观测到末端执行器的圆形部件和采样点，安装于末端执行器的微小相机不仅能看到采样点还能看到初级密封罐的圆形罐口和上升器密封罐的圆形罐口，安装于上升器的相机则能够观测到在上升器密封罐上附近布设的棋盘格靶标。机械臂采样过程精调控制正是利用这些椭圆形（圆形）特征和棋盘格靶标来推断机械臂与目标的相对位姿。下面将分别介绍基于棋盘格靶标的精调控制方法和基于椭圆特征的精调控制方法。

（1）基于棋盘格靶标的精调控制方法

基于棋盘格靶标的精调控制主要流程分为 3 步：首先检测棋盘格角像素位置；其次测量相机和棋盘格坐标系的相对位姿，从而确定机械臂末端和罐口的相对位姿；最后计算精调控制量，逐渐向减少相对位姿的方向进行调整控制，直到末端执行器逼近目标。

棋盘格靶标布设于上升器罐口附近，用于密封罐定位。为了检测棋盘格角点的位置，相对简单的方法是采样 OpenCV 提供的函数，但是这种方法鲁棒性差，棋盘格如果有轻微的遮挡或者倾斜角度较大就会使得检测失败。考虑到机械臂或者其他部件可能遮挡棋盘格，建议采用基于生长的角点检测方法，绕过遮挡，检测更多的棋盘格角点。下面简单描述该方法的主要步骤，具体细节请参阅文献[8]。

基于生长的角点检测方法分为 3 个步骤：①定位棋盘格角点位置。首先构造 2 种不同的角点原型［见图 5-21（a）、图 5-21（b）］，每种角点原型的每个原型由 4 个滤波核{A,B,C,D}组成；然后利用这 2 种角点原型来计算每个像素点与角点的相似程度；最后利用极大值抑制得到角点的像素级位置［见图 5-21（c）］；②亚像素级角点定位。首先计算角点周围的边的方向，然后对 3×3 范围内的边缘点进行拟合，计算角点的亚像素级位置；③角点生长。经过①和②处理后，大部分角点的位置已经明确，但可能存在角点检测遗漏的情况。这时首先任取一个角点作为种子点，然后找到该种子点的一个 3×3 的邻居角点阵列，通过外推得到 4 个方向的理论位置，根据理论位置在剩下的角点集合中找到最近的点。如果理论位置与最近的角点距离较小，将该最近的角点作为新的种子点；反之如果距离较大，则该理论位置应该作为新的角点加入到剩余的角点集合中，并将新的角点作为新的种子点。然后，根据新的种子继续生长，直到所有角点都经历了外推且没有新的角点生成。图 5-21（e）所示为输入图像［见图 5-21（d）］的所有角点。

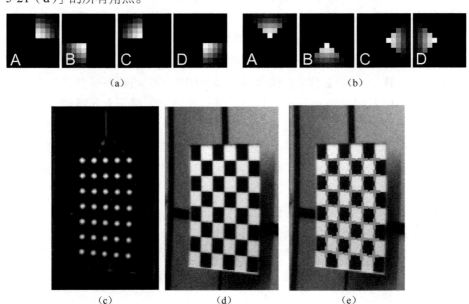

图 5-21　棋盘格靶标标定

已知棋盘格角点的像素 2D 坐标和 3D 坐标，估计相机相对于棋盘格坐标系的位姿即是求解 PnP 问题[9-10]。当 $n<3$ 时，PnP 问题无解；当 $n=3$ 时，P3P 利用 3 个点构造的位姿方程是 4 次的，最多存在 4 个解。当 $n=4$ 时，P4P 利用 4 个点构造位姿方程，虽然解是唯一的，但不能保证姿态矩阵为单位正交矩阵。当 $n \geq 5$ 时，将 P4P 的解作为迭代的初始值，利用递推最小二乘法求取相机的精确位姿参数。故增加更多的角点有利于提高定位精度和抗干扰能力。

如果相机坐标系相对于棋盘格坐标系的位姿通过上述过程得到，且棋盘格相对于罐口和罐口相对于基座的位姿通过预先标定确定，则相机相对于基座以及末端执行器相对于基座的位姿可通过计算得到。进而，在基座坐标系可计算机械臂末端位姿 $\varLambda_e$ 与罐口位姿 $\varLambda_g$ 的总偏差量 $\Delta\varLambda = \varLambda_g - \varLambda_e$。

假设 $r \in [0, 1]$ 表示总偏差量的比例，则 $r\Delta\varLambda$ 表示单次精调控制量。r 取值越小，单次精调控制量越少，柔性影响越小，调整后的机械臂末端执行器位姿与期望位姿 $\varLambda_e + r\Delta\varLambda$ 越接近；反之相反。经过单次精调控制，末端执行器位姿与罐口位姿的偏差约减少 $r\Delta\varLambda$。经过多次精调控制，即重复 3 个步骤，机械臂末端执行器将逐渐逼近罐口。可以看出，在保证柔性影响较小的情况下，r 越大需要的精调控制次数越少。

（2）基于椭圆特征的精调控制方法

图 5-22 所示为基于椭圆特征的机械臂末端位姿的精调控制流程，首先通过固定在末端执行器的手眼相机拍摄圆口目标罐图像，提取图像中的轮廓，拟合有效椭圆弧段；其次构建目标罐位姿解算模型，求解目标罐灌口与末端执行器之间的相对位置和轴向关系；最后根据机械臂构形约束解算关节角度，计算精调量，以控制机械臂运动。

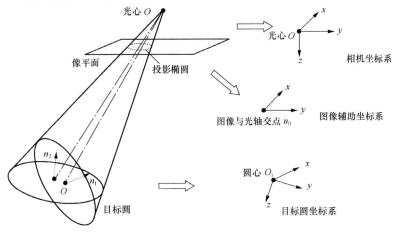

图 5-22　空间目标圆向像平面的投影

通过固定在末端执行器的手眼相机拍摄圆口目标罐图像，提取图像中的轮廓，并通过弧段筛选算法选择有效弧段和剔除无效弧段，利用最小二乘算法对每个有效弧段拟合椭圆[11]，合并交叠椭圆、剔除无效椭圆，得到单一目标椭圆，获取目标椭圆方程描述参数。其中，弧段筛选算法对图像中提取出的边缘点进行编组和筛选，舍去无效弧段，细分为 3 步[12]：第 1 步是边缘跟踪连接与细化；第 2 步是对连接和细化的曲线进行抽样和分割；第 3 步是对无效弧段进行剔除。

有效弧段对应的椭圆方程可以用带约束的二次曲线进行描述：

$$\begin{cases} g(\boldsymbol{\Theta}, \hat{\boldsymbol{u}}) = Ax^2 + 2Bxy + Cy^2 + 2Dx + 2Ey + F = 0, \\ \text{s.t.} \quad AC - B^2 > 0 \end{cases} \tag{5-41}$$

令 $\boldsymbol{\Theta} = \begin{bmatrix} A & B & C & D & E & F \end{bmatrix}$，$\hat{\boldsymbol{u}} = \begin{bmatrix} x^2 & 2xy & y^2 & 2x & 2y & 1 \end{bmatrix}$，则式（5-41）中的系数 $\boldsymbol{\Theta}$ 可以根据比例因子不同产生无数组解，且均不影响 $\hat{\boldsymbol{u}}$ 的取值。为了实现 $\boldsymbol{\Theta}$ 解的唯一性，可指定一个尺度因子，如 $F=1$ 或者 $\|\boldsymbol{\Theta}\| = 1$。令 $\hat{\boldsymbol{u}}_i = \begin{bmatrix} x_i^2 & 2x_iy_i & y_i^2 & 2x_i & 2y_i & 1 \end{bmatrix}$ $(i = 1, 2, \cdots, N)$ 表示有效弧段上的第 i 个像素点，则可得优化问题：

$$\begin{cases} \min_{\boldsymbol{\Theta}} \|U\boldsymbol{\Theta}\|^2 \\ \text{s.t.} \quad \boldsymbol{\Theta}H\boldsymbol{\Theta} = 1 \end{cases} \tag{5-42}$$

式中，$U = \begin{bmatrix} \hat{\boldsymbol{u}}_1^T, \hat{\boldsymbol{u}}_2^T, \cdots, \hat{\boldsymbol{u}}_N^T \end{bmatrix}^T$，表示有效弧段上的像素点集，$H$ 是由 $AC - B^2 > 0$ 得出的约束矩阵，定义为：

$$H = \begin{bmatrix} 0 & 0 & 1 & 0 & 0 & 0 \\ 0 & -2 & 0 & 0 & 0 & 0 \\ 1 & 0 & 0 & 0 & 0 & 0 \\ 0 & 0 & 0 & 0 & 0 & 0 \\ 0 & 0 & 0 & 0 & 0 & 0 \\ 0 & 0 & 0 & 0 & 0 & 0 \end{bmatrix} \tag{5-43}$$

对优化问题式（5-42）进行求解，可求解椭圆参数 A、B、C、D、E、F。

为了抑制图像噪声的影响，提高定位精度，可对有效弧段进行多次拟合，即第一次拟合后，将每个边界点代入式（5-42），计算残差。然后将残差较大的一部分点剔除，再对剩余的点进行二次椭圆拟合。该过程可以重复若干次，直到均方差小于某一阈值为止。

根据椭圆方程描述参数可求取经过椭圆的锥面标准方程的系数，利用椭锥面截面与目标罐口圆的尺寸关系解算目标罐罐口与相机之间的相对位置和轴向关系[13]，得到两组位置和轴线关系解，这是因为空间中尺寸相等的 2 个目标圆能够投影到像平面中形成同一椭圆图像。具体解算过程如下：

罐口圆在图像中成像满足透视投影原理：

$$\boldsymbol{u}_j = \boldsymbol{M}_\delta^j \boldsymbol{M}_p^j \boldsymbol{X}_c^j = \boldsymbol{M}_\delta^j \boldsymbol{M}_p^j [\boldsymbol{R}(\theta) \mid -\boldsymbol{R}(\theta)\boldsymbol{t}]\bar{\boldsymbol{X}}_w^j \qquad (5\text{-}44)$$

式中，$\boldsymbol{u}_j = (u_j, v_j, 1)^T$ 表示图像中椭圆弧线上的点；$\boldsymbol{t}$、$\boldsymbol{R}(\theta)$ 分别表示相机坐标系相对于基座坐标系的平移和旋转；$\boldsymbol{X}_c^j = (x_c^j, y_c^j, z_c^j)^T$、$\boldsymbol{X}_w^j = (x_w^j, y_w^j, z_w^j)^T$ 分别表示椭圆弧线上第 j 个点在相机坐标系和世界坐标系中的坐标；$\bar{\boldsymbol{X}}_c^j = [(\boldsymbol{X}_c^j)^T \ 1]^T$、$\bar{\boldsymbol{X}}_w^j = [(\boldsymbol{X}_w^j)^T \ 1]^T$ 为相应的齐次坐标；$\boldsymbol{M}_p^j \in \mathbf{R}^{3\times3}$ 表示从相机坐标系到图像的透视投影变换；$\boldsymbol{M}_\delta^j \in \mathbf{R}^{3\times3}$ 表示畸变参数矩阵。

椭圆弧线点 $\boldsymbol{u}_j$ 在图像平面内满足椭圆方程：

$$g(\boldsymbol{\Theta}, \boldsymbol{u}_j) = Au_j^2 + 2Bu_jv_j + Cv_j^2 + 2Du_j + 2Ev_j + F = 0 \qquad (5\text{-}45)$$

式中，A、B、C、D、E、F 为椭圆描参数，将上式转换成矩阵形式：

$$g(\boldsymbol{\Theta}, \boldsymbol{u}_j) = \begin{bmatrix} u_j & v_j & 1 \end{bmatrix} \begin{bmatrix} A & B & D \\ B & C & E \\ D & E & F \end{bmatrix} \begin{bmatrix} u_j \\ v_j \\ 1 \end{bmatrix} = \begin{bmatrix} u_j & v_j & 1 \end{bmatrix} \boldsymbol{S}_\Theta \begin{bmatrix} u_j & v_j & 1 \end{bmatrix}^T = 0 \qquad (5\text{-}46)$$

将式（5-44）代入式（5-46）可得经过相机光心和空间圆形成的椭圆锥的曲面方程：

$$(\boldsymbol{X}_c^j)^T (\boldsymbol{M}_\delta^j \boldsymbol{M}_p^j)^T \boldsymbol{S}_\Theta \boldsymbol{M}_\delta^j \boldsymbol{M}_p^j \boldsymbol{X}_c^j = 0 \qquad (5\text{-}47)$$

令 $\boldsymbol{Q} = (\boldsymbol{M}_\delta^j \boldsymbol{M}_p^j)^T \boldsymbol{S}_\Theta \boldsymbol{M}_\delta^j \boldsymbol{M}_p$，$\boldsymbol{X}_c^j = (x_c^j, y_c^j, z_c^j)$，则椭圆锥曲面方程：

$$(x_c^j, y_c^j, z_c^j)\boldsymbol{Q}(x_c^j, y_c^j, z_c^j)^T = 0 \qquad (5\text{-}48)$$

由 $\boldsymbol{Q}$ 为对称矩阵可知，存在正交矩阵 $\boldsymbol{P}$ 将 $\boldsymbol{Q}$ 对角化得：

$$\boldsymbol{P}^T \boldsymbol{Q} \boldsymbol{P} = \mathrm{diag}(\lambda_1, \lambda_2, \lambda_3) \qquad (5\text{-}49)$$

式中，λ_1、λ_2、λ_3 为 $\boldsymbol{Q}$ 的特征值，新的坐标空间中的点 $(x_{cs}^j, y_{cs}^j, z_{cs}^j) = \boldsymbol{P}^{-1}(x_c^j, y_c^j, z_c^j)$，从而得到旋转轴为 z_{cs} 轴的标准椭圆锥曲面方程：

$$\lambda_1 (x_{cs})^2 + \lambda_2 (y_{cs})^2 + \lambda_3 (z_{cs})^2 = 0 \qquad (5\text{-}50)$$

基于式（5-50）中的标准椭圆锥曲面方程可求得圆心位置 $(x_0^{cs}, y_0^{cs}, z_0^{cs})$ 和圆所在的平面法向量 $(n_x^{cs}, n_y^{cs}, n_z^{cs})$。进一步可计算相机坐标系下的圆心坐标 (x_0^c, y_0^c, z_0^c) 和圆法向量 (n_x^c, n_y^c, n_z^c) [14-15]。这里，(x_0^c, y_0^c, z_0^c) 是罐口中心在相机坐标系下的坐标，(n_x^c, n_y^c, n_z^c) 是罐口轴向在相机坐标下的表示。

定义 $\boldsymbol{M}_b^i = \begin{bmatrix} \boldsymbol{R}_b^i & \boldsymbol{T}_b^i \\ 0 & 1 \end{bmatrix}$、$\boldsymbol{M}_i^j = \begin{bmatrix} \boldsymbol{R}_i^j & \boldsymbol{T}_i^j \\ 0 & 1 \end{bmatrix}$、$\boldsymbol{M}_b^p = \begin{bmatrix} \boldsymbol{R}_b^p & \boldsymbol{T}_b^p \\ 0 & 1 \end{bmatrix}$、$\boldsymbol{M}_b^e = \begin{bmatrix} \boldsymbol{R}_b^e & \boldsymbol{T}_b^e \\ 0 & 1 \end{bmatrix}$ 和

$M_e^c = \begin{bmatrix} R_e^c & T_e^c \\ 0 & 1 \end{bmatrix}$ 分别为第 i 关节中心坐标系相对于机械臂基座坐标系、第 j 关节中心坐标系相对于第 i 关节中心坐标系、密封罐坐标系相对于机械臂基座坐标系、末端执行器坐标系相对于机械臂基座坐标系和相机坐标系相对于末端执行器坐标系的变换矩阵；R_b^i、R_i^j、R_b^p、R_b^e、R_e^c 分别为对应 5 类坐标系变换的旋转矩阵；T_b^i、T_i^j、T_b^p、T_b^e、T_e^c 为对应 5 类坐标系变换的平移向量。上述变量中，R_b^p、T_b^p 和 R_e^c、T_e^c 均通过预先标定的方式确定为已知量，而 R_b^e 和 T_b^e 可通过机械臂的构形状态近似计算得到，然而由于存在机械臂关节间隙误差和臂杆柔性误差，会导致求得的 R_b^e 和 T_b^e 存在一定误差，故需要根据测量结果校正计算得到。下面详细介绍求取 R_b^e 和 T_b^e 的过程。

沿密封罐坐标系 z 轴的单位向量在机械臂基座坐标系中表达为 n_b^p：

$$n_b^p = \left(n_x^{bp}, n_y^{bp}, n_z^{bp}\right) = R_b^p (0,0,1)^T \tag{5-51}$$

将其变换到机械臂末端执行器坐标系得：

$$X_e^p = \left(x_0^{ep}, y_0^{ep}, z_0^{ep}\right) = M_e^c (x_0^c, y_0^c, z_0^c, 1)^T$$
$$n_e^p = \left(n_x^{ep}, n_y^{ep}, n_z^{ep}\right) = R_e^c (n_x^c, n_y^c, n_z^c)^T \tag{5-52}$$

由式（5-51）和式（5-52）可知：

$$n_b^p = R_b^e n_e^p \tag{5-53}$$

$$T_b^p = R_b^e X_e^p + T_b^e \tag{5-54}$$

根据机械臂的构形约束及坐标系定义可知，$R_b^e = R_z(\theta_1) R_x(-\pi/2) R_z(\theta_s)$，其中，$\theta_s = \theta_2 + \theta_3 + \theta_4$，由式（5-53）可得：

$$R_b^e \begin{bmatrix} n_x^{ep} \\ n_y^{ep} \\ n_z^{ep} \end{bmatrix} = R_z(\theta_1) R_x(-\pi/2) R_z(\theta_s) \begin{bmatrix} n_x^{ep} \\ n_y^{ep} \\ n_z^{ep} \end{bmatrix} = n_b^p \triangleq \begin{bmatrix} n_x^{bp} \\ n_y^{bp} \\ n_z^{bp} \end{bmatrix} \tag{5-55}$$

因为 $R_z(\theta_1)$ 为单位正交矩阵，则：

$$R_x(-\pi/2) R_z(\theta_s) \begin{bmatrix} n_x^{ep} \\ n_y^{ep} \\ n_z^{ep} \end{bmatrix} = R_z^T(\theta_1) \begin{bmatrix} n_x^{bp} \\ n_y^{bp} \\ n_z^{bp} \end{bmatrix} \tag{5-56}$$

按行展开式（5-56）可得：

$$\begin{cases} n_x^{ep} \cos\theta_s + n_y^{ep} \sin\theta_s = n_x^{bp} \cos\theta_1 + n_y^{bp} \sin\theta_1 \\ n_y^{ep} = -n_x^{bp} \sin\theta_1 + n_y^{bp} \cos\theta_1 \\ n_z^{bp} = -n_x^{ep} \sin\theta_s - n_y^{ep} \cos\theta_s \end{cases} \tag{5-57}$$

上述方程中的后 2 个等式通过三角函数关系可变换得到关于 $\sin\theta_1$ 和 $\sin\theta_s$ 的一元二次方程。根据一元二次方程求根公式分别求得 θ_1 和 θ_s，各有 2 个解。再根据第 1 个等式筛选得到唯一的 θ_1 和 θ_s，从而求得旋转变换矩阵 $\boldsymbol{R}_b^e$。根据式（5-54）即可求得 $\boldsymbol{T}_b^e$：

$$\boldsymbol{T}_b^e = \boldsymbol{T}_b^p - \boldsymbol{R}_b^e \boldsymbol{X}_e^p \tag{5-58}$$

下面介绍根据 $\boldsymbol{T}_b^e$、$\boldsymbol{R}_b^e$ 和机械臂构形求解 θ_2、θ_3 的过程。

由定义可知，$\boldsymbol{T}_b^e$、$\boldsymbol{T}_b^4$、$\boldsymbol{T}_4^e$ 分别为末端坐标系原点在基坐标系下的坐标、连杆 4 坐标系原点在基坐标系下的坐标、末端坐标系原点在连杆 4 坐标系的坐标，则：

$$\boldsymbol{T}_b^e = \boldsymbol{T}_b^4 + \boldsymbol{R}_b^4 \boldsymbol{T}_4^e \tag{5-59}$$

式（5-59）中 $\boldsymbol{R}_b^4 = \boldsymbol{R}_b^e$，$\boldsymbol{T}_4^e = [a_4, 0, 0]^T$，因此可求得 $\boldsymbol{T}_b^4$。同样由定义可知：

$$\boldsymbol{T}_b^4 = \boldsymbol{T}_b^1 + \boldsymbol{R}_b^1 \boldsymbol{T}_1^4 \tag{5-60}$$

从式（5-60）可知：$\boldsymbol{T}_1^4 = (\boldsymbol{R}_b^1)^T (\boldsymbol{T}_b^4 - \boldsymbol{T}_b^1) = \boldsymbol{R}_z^T(\theta_1)(\boldsymbol{T}_b^4 - [0,0,d_1]^T) \triangleq [t_x^{14}, t_y^{14}, t_z^{14}]^T$（$d_1$ 参见图 5-7）。将 $\boldsymbol{T}_1^4$ 依次展开可得：

$$\begin{aligned} \boldsymbol{T}_1^4 &= \boldsymbol{R}_1^3 \boldsymbol{T}_3^4 + \boldsymbol{T}_1^3 \\ &= \boldsymbol{R}_1^3 \boldsymbol{T}_3^4 + \boldsymbol{R}_1^2 \boldsymbol{T}_2^3 + \boldsymbol{T}_1^2 \\ &= \boldsymbol{R}_1^2 \boldsymbol{R}_2^3 \boldsymbol{T}_3^4 + \boldsymbol{R}_1^2 \boldsymbol{T}_2^3 + \boldsymbol{T}_1^2 \end{aligned} \tag{5-61}$$

将 $\boldsymbol{T}_1^4 = [t_x^{14}, t_y^{14}, t_z^{14}]^T$ 代入式（5-61）并将其展开可得：

$$\begin{cases} t_x^{14} = a_2 \cos\theta_2 + a_3 \cos(\theta_2 + \theta_3) \\ t_y^{14} = -(d_2 + d_3 + d_4) \\ t_z^{14} = -(a_2 \sin\theta_2 + a_3 \sin(\theta_2 + \theta_3)) \end{cases} \tag{5-62}$$

将式（5-62）的前两个等式联立构建关于 θ_2 和 $\theta_2 + \theta_3$ 为自变量的方程组，消去 $\theta_2 + \theta_3$ 可得到关于 θ_2 的一元二次方程，可得到 2 组解，比对 2 组解与已知的机械臂构形状态之间的相似关系即可求得唯一的 θ_2，进而可求得 θ_3。利用 $\theta_4 = \theta_s - \theta_2 - \theta_3$ 得到 θ_4，从而完成了对 θ_1、θ_2、θ_3、θ_4 的求解。

由于目标罐罐口中心坐标和法线有 2 组解，求得的 θ_1、θ_2、θ_3、θ_4 也有 2 组解。将这 2 组解分别与机械臂遥测关节角度进行比较，选取最相近的一组关节角度作为最终的解。当末端执行器位姿和罐口位姿都已具备，可采用与棋盘格靶标相同的精调量计算策略，增量式控制机械臂运动。

|5.4　采样机器人地面操控训练评估|

采样机器人地面操控训练内容包括认知训练、专项训练和综合协调训练。认知训练的主要目的是理解采样任务流程、机械臂运动正向/逆向运动学、双目定位和单目椭圆定位、四自由度采样机械臂的构型和坐标系定义等基本内容。协调训练是指同一参训人员与不同参训人员组队完成任务流程的协作能力，即参训人员不仅要掌握好本岗位的操控流程，还需要与其他岗位进行时序协同和数据对接。认知训练和综合协调训练的评价规则在第 2 章已经提及，本节针对不同专项训练给出评价指标，包括主观指标和客观指标。主观指标涉及基础理论掌握程度、操作熟悉程度、操作技巧等方面；客观指标又分为质量指标和风险指标，质量指标指可量化的操控精度参数，风险指标指必须达到的操控结果。当每一个参训人员的各项操控能力进行量化评分后，训练评估系统可自动按照训练模式组织参训人员进行训练。下面主要围绕客观指标进行介绍。

5.4.1　采样区分析评估方法设计

采样区分析子系统以遥测图像和地形高程为输入，完成采样点选择、采样点定位和采样量计算等功能，需关注的评估指标如图 5-23 所示。

（1）采样点选择评估指标：可采性用于判定地形上一点是否可以作为采样点，是关于安全性、可达性、平坦度和机械臂-地形距离的函数。对于安全的地形点，可采性退化为平坦度和机械臂-地形距离的加权求和，权重系数决定了可采性值，从而影响了采样点的分布，即不同的权重系数对应不同的采样点分布。假定标准采样点集由专家给出，可将给定权重系数的采样点集与标准采样点集的距离定义为一个评价指标。采样点点集距离越小，采样点分布性质越好，权重设置越有效，属于质量指标。同理，采样点点集与地形障碍物（石块和凹坑）的距离，即障碍物距离，也可以作为评价指标，但属于风险指标。

（2）采样点定位评估指标：双目视觉定位的关键是特征点匹配问题。如果自动点对匹配失败，操作员还需要交互指定匹配点。匹配点的指定精度与定位结果密切相关。定位精度指标可定义为采样点实际位置和定位结果的距离，属于质量指标。

（3）采样量计算评估指标：将高程差的绝对值积分限定到采样局部区域能

够提高采样量计算的精度。太大的局部区域误差较大，太小的局部区域导致采样量缺失。理想的局部区域应该使得计算的采样量和实际采样量的差距（采样量精度指标）最小。因此采样量精度指标在一定程度反映了操作员准确识别局部区域的能力，属于质量指标。

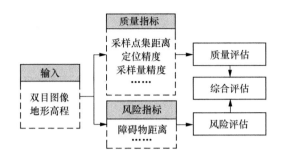

图 5-23　采样区分析训练评估

5.4.2　机械臂规划与控制评估方法设计

　　机械臂规划与控制子系统完成逆向运动学问题求解、安全性验证和路径规划等功能。逆向运动学问题要求操作员具备多解筛选能力。多次求解的筛选成功率可用来衡量操作员对运动学过程的理解，与控制过程密切相关，属于风险指标。安全性验证要求操作员能够根据任务阶段选择适当机械臂构型的简化模式，并判断简化的机械臂是否与本体或地形发生碰撞，如果存在碰撞现象但由于简化设置不合理导致碰撞漏检，风险极大，碰撞漏检率也属于风险指标。机械臂路径规划主要根据给定机械臂末端目标位姿、关节构型和约束条件，进行笛卡儿直线或关节空间规划。操作员需要将整个路径拆分为多段子路径，拆分规则自由度较高，不仅与路径规划理论有关，还依赖于工程实践经验。路径总长度、能量消耗、操作时间可作为衡量操控水平的质量指标，而运动过程中的机械臂与本地或者地形的碰撞概率应该作为风险指标，如图 5-24 所示。

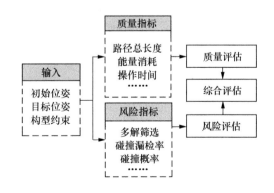

图 5-24　机械臂规划与控制训练评估

5.4.3 机械臂采样过程精调控制评估方法设计

给定目标位姿，精调控制首先利用棋盘格靶标或者椭圆特征测量相机和目标的相对位姿，随后根据手眼标定获得机械臂末端执行器在基座坐标系的当前位姿，最后精调量由当前位姿和目标位姿计算得到。

（1）基于棋盘格靶标的精调控制

当靶标图像成像不清晰导致角点缺失时，需要操作员手动标记出角点位置。标记的角度位置与实际角度位置的距离差异（角点检测精度）反映了操作员的操控能力，可以作为质量指标。当得到末端执行器的当前位姿后，需要根据目标位姿设置精调控制量。精调控制量取值太小，末端接近目标越慢，需要调整的次数越多；精调控制量取值太大，末端接近目标越快，可能会越过末端执行器位姿，来回振荡，反而需要调整的次数越多，也会导致较大的安全隐患。因此，精调次数也在一定程度反映了操控能力，可以作为另一个质量指标，而末端执行器在目标附近来回振荡的次数可作为风险指标，如图 5-25 所示。

（2）基于椭圆特征的精调控制

由于图像光照和背景复杂性，为了拟合出与靶标重叠的椭圆特征，通常需要手动增删椭圆特征点。拟合的椭圆和标准椭圆的参数差异（椭圆检测精度）反映了操作员定位椭圆边界的能力，可以作为质量指标。与基于棋盘格靶标的精调控制类似，精调次数也在一定程度反映了操控能力，可以作为另一个质量指标，如图 5-25 所示。

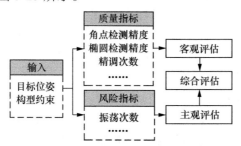

图 5-25 机械臂采样过程精调控制训练评估

| 参考文献 |

[1] DOBASHI Y, YAMAMOTO T, NISHITA T. Interactive rendering of atmospheric scattering effects using graphics hardware[C]//ACM SIGGRAPH/EUROGRAPHICS

Conference on Graphics Hardware. Geneve, Switzerland: The Eurographics Association, 2002:1-10.

[2] ERIC B, NEYRET F. Precomputed atmospheric scattering[J]. The Eurographics Association and Blackwell Publishing. 2008, 27(4):1-8.

[3] REEVES W T. Particle systems: a technique for modeling a class of fuzzy objects[J]. ACM Transactions on Computer Graphics. 1983, 2(2):359-375.

[4] 干微微, 谭喜堂, 申朝旭. 基于 OpenGL 的沙尘暴天气仿真研究[J]. 机电一体化, 2010, 16(10):54-57.

[5] 李保国. 分形理论在土壤科学中的应用及其展望[J]. 土壤学进展, 1994, 22(1):1-9.

[6] BORKOVER M, WU Q, DEBOVICS G. Surface area and size distributions of soil particles[J]. Colloids and Surfaces A: Physicochemical and Engineering Aspects, 1993, 73(1):65-76.

[7] 王功明, 郭新宇, 赵春江, 等. 基于粒子系统的土壤可视化仿真研究[J]. 农业工程学报, 2008(02):152-158.

[8] GEIGER A, MOOSMANN F, CAR O, et al. Automatic camera and range sensor calibration using a single shot[C]//IEEE International Conference on Robotics & Automation. Piscatway, USA: IEEE, 2012:3936-3943.

[9] 高翔, 张涛. 视觉 SLAM 十四讲: 从理论到实践[M]. 北京: 电子工业出版社, 2017.

[10] 徐德, 谭民, 李原. 机器人视觉测量与控制[M]. 北京: 国防工业出版社, 2016.

[11] FITZGIBBON A, PILU M, FISHER R B, Direct least square fitting of ellipses[J]. IEEE Transactions on Pattern Analysis and Machine Intelligence, 1999, 21(5):477-480.

[12] LIU Z Y, QIAO H. Multiple ellipses detection in noisy environments: a hierarchical approach[J]. Pattern Recognition, 2009, 42(11):2421-2433.

[13] BIN H, YONGRONG S, YUNFENG Z, et al. Vision pose estimation from planar dual circles in single image[J]. Optik, 2016, 127: 4275-4280.

[14] 苗锡奎, 朱枫, 丁庆海, 等. 基于星箭对接环部件的飞行器单目视觉位姿测量方法[J]. 光学学报, 2013, 33(4):123-131.

[15] HUANG B, SUN Y, ZHU Y, et al. Vision pose estimation from planar dual circles in a single image[J]. Optik, 2016, 127(10):4275-4280.

后　记

　　空间机器人是用于代替航天员在太空中进行科学试验、出舱操作、空间探测等活动的特种机器人。空间机器人代替航天员出舱活动可以大幅度降低风险和成本。受限于智能化水平，空间机器人在太空或星表环境中还难以自主执行复杂的操作任务。地面遥操作系统即机器人远程操控系统，为空间机器人在空间非结构化环境中的复杂应用提供了决策支持与安全保障，成为地面操作员与空间机器人沟通的桥梁，实现了人类智慧向太空的延伸，并且已经在未知星球的无人化深度探索和长期的在轨驻留实验中发挥了巨大的作用。

　　自 20 世纪 70 年代人类第一次将"月球车 1 号"送上月球，地面遥操作系统及远程操控技术就成为机器人在星表探测和各类在轨操作的关键支撑。随着技术的革新，地面遥操作模式也经历了长足发展，星表探测机器人遥操作从最初的人工判读卫星地图规划行驶路径发展到今天的星球车和地面分工实施：地面完成探测任务规划与验证，星球车按照地面控制指令或者自主完成避障行驶和任务操作；在轨服务遥操作也从最初的预编程与手动控制发展到今天的视觉引导的机器人自主规划控制或天地大回路规划控制。空间机器人的自主探测与操作的能力越来越强，遥操作理念也不断演化升级，形成了天地一体、人机混合的远程操控模式。

　　本书是在空间机器人应用逐步增多、自主能力逐渐增强，同时我国在载人航天、深空探测和特殊试验领域多次执行遥操作任务的背景下撰写而成的。针对空间机器人遥操作任务中面临的地面远程操控体系不够健全且缺少系统性设计、操作员对深空探测与操作类任务认知不够全面且缺少基础理论支持等问题，本书结合北京航天飞行控制中心遥操作创新团队在"玉兔"系列月球车遥操作、"嫦娥五号"月面采样遥操作和空间站机械臂在轨服务遥操作等一系列航天重大工程任务中的经验积累，从机器人在在轨服务、星球表面巡视探测和采样探测等方面介绍操控训练方面的知识，以期为地面操作员的训练提供理论和技术指导。

近年来，随着人工智能技术的飞速发展与广泛应用，机器人在空间中的应用呈现自主化、智能化、群体化的发展趋势，地面操控也呈现出新的发展特点，逐渐由当前依靠地面规划为主的操控模式向在轨行为自主、地面综合规划指导的方向发展。然而从智能技术在机器人领域的应用速度来看，未来很长一段时间机器人将继续以单一功能的智能化为主，机器人的感知、认知、规划与决策能力远不及人类，因此复杂的空间机器人探测与操作类任务仍然长期需要依靠地面人工支持，人在回路的操控模式仍然是未来提升空间机器人探测与操作能力、确保任务可靠执行的重要手段。

智能技术尤其是深度学习技术的深度应用将会给机器人操控模式带来很大转变，空间机器人不仅将具有自主探测与操作的能力，还将具有在轨或在星表长期持续学习的能力，通过在任务执行的过程中不断学习各类技能来提升自身感知、规划、决策、控制以及环境适应水平。针对复杂任务，还能够通过多个机器人的同步在线学习，学习人类的协同操作技能，从而提升多机器人或机器人群体协同作业的智能化水平。

未来，数字孪生技术也将与智能技术深度融合，通过构建智能进化的数字孪生体，可建立孪生支持下的空间机器人虚实融合远程操控系统。基于该系统，设计从虚拟空间到真实空间的技能迁移学习策略，通过数字孪生体在虚拟环境中的技能学习训练与迁移应用，可提升空间机器人实体的实际任务操作能力，实现空间机器人实际操作能力和数字孪生模型的同步进化。

综上所述，随着空间机器人应用的智能化发展，地面远程操控技术正在向天地一体、孪生支持、虚实融合、智能学习的方向发展。伴随着智能化发展的大潮，地面远程操控将成为空间机器人学习人类技能、提升智能化水平的重要手段。本书是对空间机器人地面操控系统的初步体系化探索，希望能为发展空间机器人智能化探测与灵巧操作技术、构建新的航天器操控模式提供良好的支撑。

刘传凯

2020 年 11 月 9 日